21世纪高等学校数字媒体艺术专业系列教材

Maya
角色动画技术从入门到实战 微课视频版

周京来 徐建伟 ◎ 编著

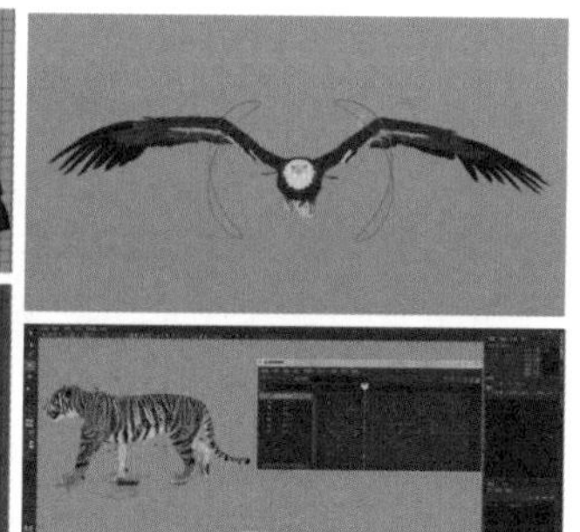

清華大学出版社
北京

内 容 简 介

本书从Maya 2020软件基础操作、动画理论和基础动画开始讲解，从入门到实战，融入作者十多年的项目制作经验和高校教学经验，以实用技能为核心，详细剖析了三维动画制作中Maya角色动画技术。每章案例遵循由浅入深、循序渐进的原则，注重应用实战。每章案例都是以思维导图、案例分析、案例实践三个部分来划分，层次分明、步骤清晰，内容通俗易懂。案例全部提供微课视频讲解，非常适合初、中级用户快速、有效、系统地学习Maya角色动画制作技术。

全书通过9个综合动画案例详细讲解Maya动画制作的思路、方法和技巧。本书共分8章，第1章三维动画基础；第2章三维动画入门；第3章角色Pose设计；第4章角色行走动画制作；第5章角色跑步动画制作；第6章老虎行走动画制作；第7章老鹰飞翔动画制作；第8章动捕数据应用动画。通过本书的学习，读者能在短时间内快速掌握必要的动画制作技能与制作技巧。

本书适合作为全国各院校数字媒体、影视动画、游戏设计、三维动画设计和动漫设计等相关专业的教材，也可作为三维动画爱好者的自学用书和三维动画培训班的培训教材。

图书在版编目（CIP）数据

Maya 角色动画技术从入门到实战：微课视频版 / 周京来，徐建伟编著 . —北京：清华大学出版社，2022.3（2023.7 重印）

21 世纪高等学校数字媒体艺术专业系列教材

ISBN 978-7-302-59940-1

Ⅰ . ① M… Ⅱ . ①周… ②徐… Ⅲ . ①三维动画软件－高等学校－教材 Ⅳ . ① TP391.414

中国版本图书馆 CIP 数据核字 (2022) 第 007192 号

责任编辑：刘 星
封面设计：刘 键
责任校对：焦丽丽
责任印制：杨 艳

出版发行：清华大学出版社

网 址：http：//www.tup.com.cn，http：//www.wqbook.com
地 址：北京清华大学学研大厦 A 座 **邮 编：**100084
社 总 机：010-83470000 **邮 购：**010-62786544
投稿与读者服务：010-62776969，c-service@tup.tsinghua.edu.cn
质 量 反 馈：010-62772015，zhiliang@tup.tsinghua.edu.cn

印 装 者：三河市龙大印装有限公司
经 销：全国新华书店
开 本：188mm×260mm **印 张：**13 **字 数：**303 千字
版 次：2022 年 3 月第 1 版 **印 次：**2023 年 7 月第 3 次印刷
印 数：4501～6500
定 价：89.00 元

产品编号：093039-01

前言

动画行业被誉为21世纪中国最有发展前景的朝阳行业之一，具有非常广阔的市场和就业前景，电影、游戏、动漫、广告、自媒体这些行业都是对动画师需求比较旺盛的行业。

“三维动画”是高等院校动画专业中重要的专业课程之一，其制作也是游戏设计、影视动画、动漫制作行业中重要的工作之一。三维动画是三维动画项目制作的中期环节，三维动画的质量关系到整部影片的质量，所以三维动画至关重要，可以说是从事计算机动画（CG）行业的基石，是CG制作人员必须掌握的一门重要专业技术。在高等学校开设本课程要本着“因材施教”的教育原则，把实践环节与理论环节相结合，从易到难，深入浅出，逐步展开知识点，以掌握实用技术为原则，以提高动画专业教育水平为目标。

时光荏苒，岁月如梭，从毕业到现在我一直工作在动画制作的第一线，希望把多年在三维动画项目制作中积累的经验和技巧，以及在高等院校教学中积累的教学经验分享给大家，将流行的三维动画技术与动画流程呈现在读者面前。同时希望更多的影视、游戏、动画爱好者加入CG行业中，加速国内影视、动漫、游戏产业的发展。

本书主旨为“授人以鱼不如授人以渔”，让读者快速有效地掌握实用的专业技能，成为社会技术应用型人才。我希望本书能给广大读者带来实实在在的帮助，提高读者的专业技能，成为读者在三维动画前进道路上的“领路人”。

一、内容特色

与同类书籍相比，本书具有如下特色。

● 零基础入门

本书可帮助毫无三维动画基础的读者快速入门三维动画制作领域，在短时间内让其掌握成熟的三维动画制作技法。从零基础到中高级动画，制作技法讲解循序渐进，案例全部提供视频化讲解，非常适合初、中级用户快速、有效、系统地学习Maya三维动画技术。

● 理论与实践相结合

本书遵循学以致用的原则，坚持理论与实践相结合，以提高读者三维动画技术为宗旨，强调实践性、应用性和技术性，以培养现代技术的应用者、实施者和实现者为目标。本书作者有十多年丰富的工作经验，案例来自实践，注重应用实战，教材内容突出技术应用，做到职业标准、岗位要求的有机衔接，使教材更加实用。为了更加生动地诠释知识要点，本书案例选取配备了大量新颖的图片，以便提升读者的兴趣，加深对相关理论的理解。

● 实用技能为核心

本书案例选材主要从适应当前社会应用型人才的需求出发，以实用技能为核心，将动画技术的理论知识和真实企业三维动画的实践案例紧密结合。本书注重通过丰富的项目案例来帮助读者更好地学习和理解三维动画的相关知识和应用技巧。本书涉及的案例主要有小球基础动画、台灯弹跳动画、角色Pose设计、角色行走动画、角色跑步动画、老虎行走动画、老鹰飞翔动画、角色动捕数据动画应用。

● 创新原则

本书及时根据新技术、新标准、新规范等更新编写内容，图文并茂，每章案例都配有视频教程，语言生动，突出前沿，着力打造精品。采用五维一体教学法中的“项目实践法”的教学方式。案例中设计了很多技巧提示，读者不仅可以快速掌握一定的实战经验，而且可以快速掌握三维动画的制作技巧。

二、配 套 资 源

● 教学课件（PPT）、教学大纲、素材文件、案例工程文件等资料，可扫描此处二维码下载或者到清华大学出版社官方网站本书页面下载。

配套资源

● 微课视频（460分钟，32集），可扫描正文中各章节相应位置的二维码观看。

三、致　　谢

本书由资深动画师周京来负责全书统稿，编写第4~8章，并制作配套的教学文件、素材文件及每章案例的视频教学文件；由石家庄工程职业学院的徐建伟老师编写第1~3章。

本书能够顺利出版要感谢我的父母、家人、领导和朋友们的支持与鼓励，特别感谢精英集团、精英教育传媒集团、河北传媒学院、石家庄工程职业学院、河北天明传媒有限公司、北京精英远航科技有限公司、河北清博通昱教育科技集团有限公司的领导与同事们，在他们的鼓励和帮助下，我的潜能得到发挥，并超越了自我。

我一直信奉古人说的“书山有路勤为径，学海无涯苦作舟”。人生的价值在于不断的追求，相信现在的努力和付出，未来一定会得到收获。与其蜻蜓点水般浅尝辄止，不如在一个细分领域内扎下根来深度学习。当你在这个领域有了足够的知识与理论之后，下一步就是重点放在实践中练习，方能转化为自己的能力和知识。

限于作者的水平和经验，加之时间比较仓促，疏漏或者错误之处在所难免，敬请读者批评指正。

周京来

2021年8月

C O N T E N T S 目录

1 第1章 三维动画基础

C O N T E N T S

C O N T E N T S

165 第7章　老鹰飞翔动画制作

视频讲解：45 分钟（5 集）

186 第8章　动捕数据应用动画

视频讲解：14 分钟（2 集）

第 1 章 三维动画基础

1. 学习三维动画的相关理论知识
2. 掌握Maya动画制作类型
3. 掌握动画十二法则

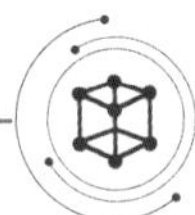

教学目标

- Maya 软件概述
- Maya 动画类型
- 动画制作流程
- 动画十二法则

1.1 思维导图

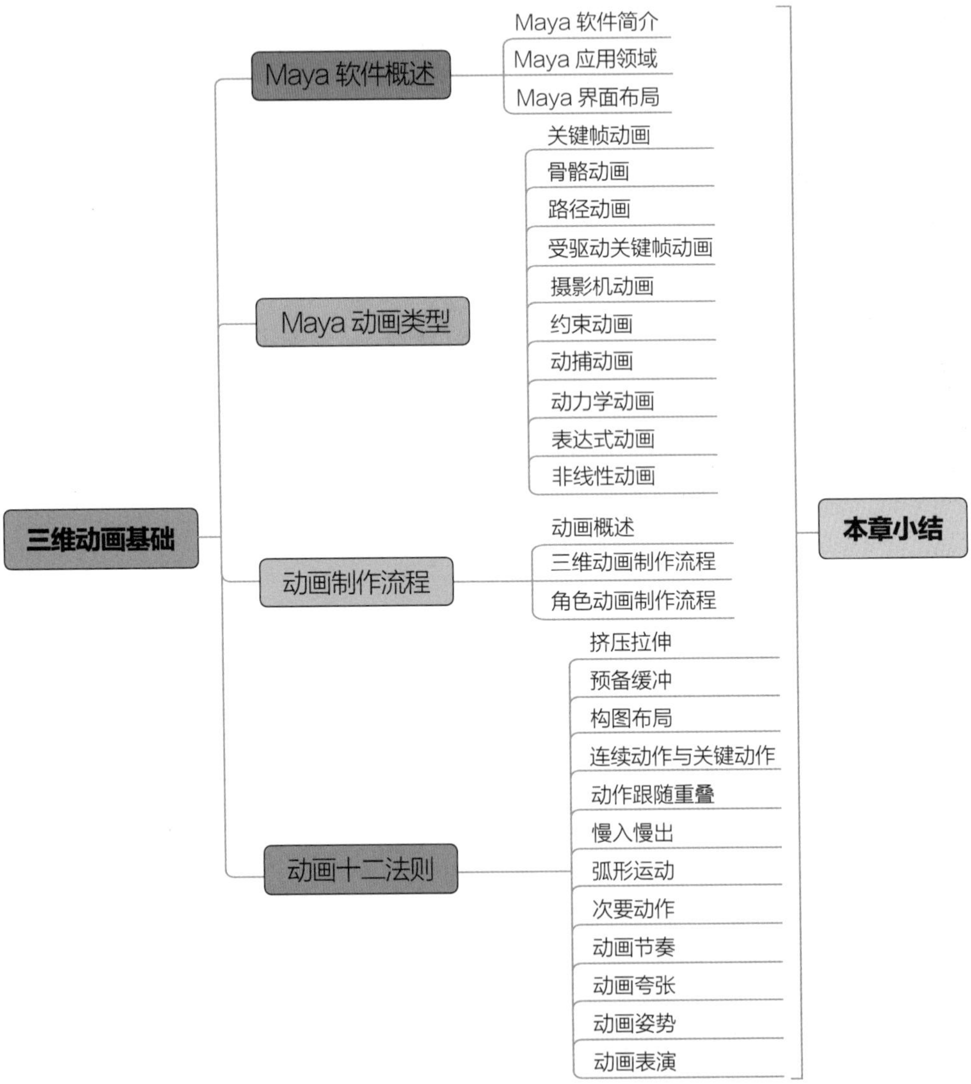

1.2 Maya 软件概述

1.2.1 Maya 软件简介

Maya是目前世界上最为优秀的三维建模、影视动画、游戏设计、电影特效渲染高级制作软件之一。它由业界最具创意的专业人员开发而成，最早由美国Alias公司在1998年推出。该软件曾获得过奥斯卡科学技术贡献奖。2005年，Autodesk公司花费1.82亿美元现金收购Alias公司，并且发布了Maya 8.0版本，从此Alias正式改名为Autodesk Maya。Autodesk公司每年都进行软件版本的更新与完善。Maya 2020软件开启界面，如图1-1所示。

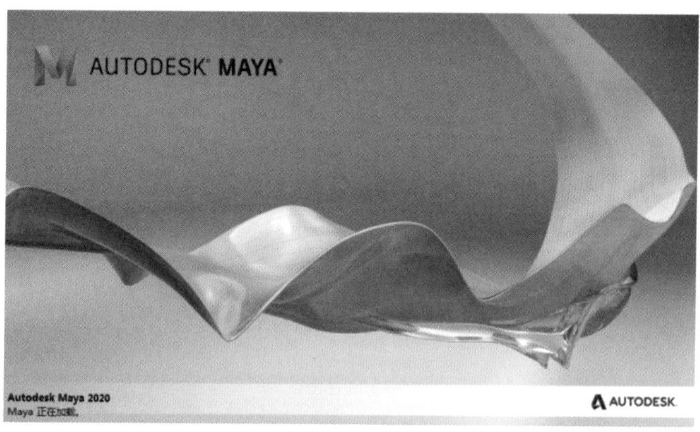

图1-1

Maya作为一款顶级三维动画制作软件，深受世界各地顶级专业三维艺术家及动画师们的喜爱。Maya功能强大，声名显赫，是制作者梦寐以求的制作工具。掌握Maya软件，会极大地提高工作效率和产品质量，调节出逼真的角色动画，渲染出电影级别的真实效果。Maya凭借其强大的功能、高大上的用户界面和丰富的视觉效果，一经推出就引起了游戏、影视、动画界的广泛关注，成为世界顶级三维动画制作软件，如图1-2所示。

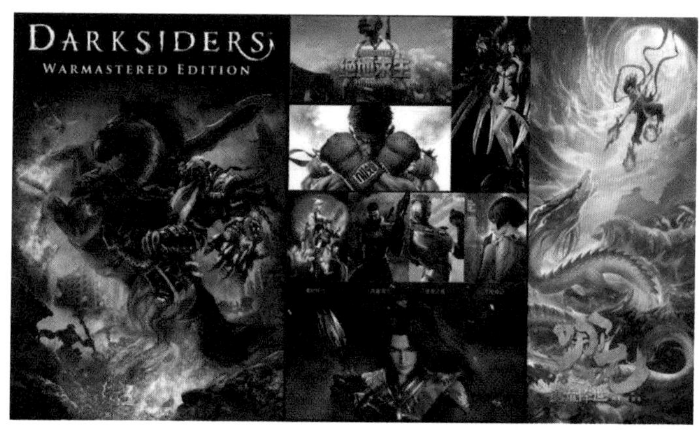

图1-2

1.2.2 Maya应用领域

Maya能够快速高效地制作逼真的角色、无缝的CG特效和令人惊叹的游戏场景，被广泛应用于角色动画制作、电影场景角色制作、电影特技、电视栏目包装、电视广告、动画片制作、游戏设计、工业设计等领域。

国产三维动画正在日益崛起，Maya软件参与国内动画电影的代表有《魔比斯环》《秦时明月》《大圣归来》《白蛇缘起》《哪吒之魔童降世》《姜子牙》等，如图1-3所示。

图1-3

Maya软件自诞生起就参与了多部国际大片的制作，从早期的《玩具总动员》《变形金刚》到后来热映的《阿凡达》《功夫熊猫3》《海洋奇缘》等众多知名影视作品的动画和特效都有Maya的参与。Maya参与制作的经典电影，如图1-4所示。

图1-4

Maya有着广泛的应用领域，它能满足游戏开发、角色动画、电影、电视视觉效果、虚拟现实和设计行业方面日新月异的制作需求，专为流畅的角色动画和新一代的三维工作流程而设计。新版本给予设计者新的创作思维与工具，让用户可以更方便、更自由地进行创作，将创意无限发挥，提供更加完整的解决方案。

1.2.3 Maya界面布局

界面是每个用户接触软件的第一部分，也是比较重要的一部分，只有对软件的界面布局有详细的了解，才能在制作过程中更快速地调用各种工具，提高工作效率。

本书使用的是Autodesk Maya 2020官方中文版，开启界面有一项新特性亮显设置，如图1-5所示。通过勾选亮显新特性复选框，可以快速查看并学习Maya 2020新增的工具菜单命令。

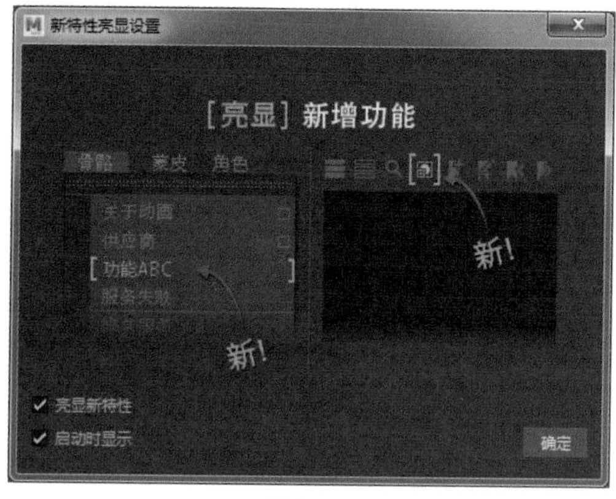

图1-5

Maya 2020界面布局如图1-6所示，主要分为标题栏、菜单栏、状态栏、工具架、工具盒、视图菜单、视图按钮、视图区、通道盒、层编辑器、快捷布局按钮、链接网站、时间滑条、范围滑条、命令行、帮助行。

图1-6

1. 标题栏

标题栏显示的是软件版本信息、文件保存路径信息、选择对象和文件保存格式的信息，如图1-7所示。

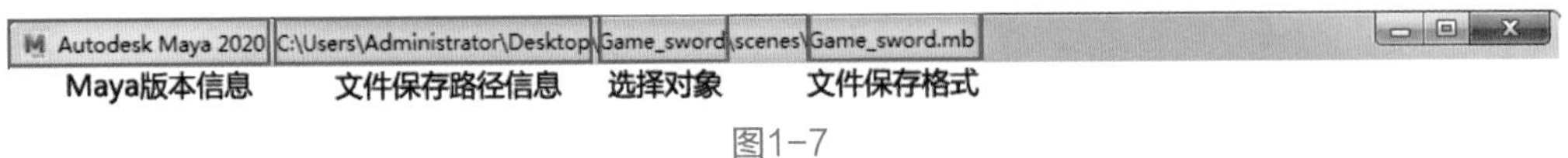

图1-7

2. 菜单栏

菜单栏包含了Maya的所有操作命令，主要分为公共菜单栏和模块专属菜单栏两部分，如图1-8所示。

图1-8

当切换的模块不同时，专属菜单栏的内容也会随着改变，如图1-9所示。

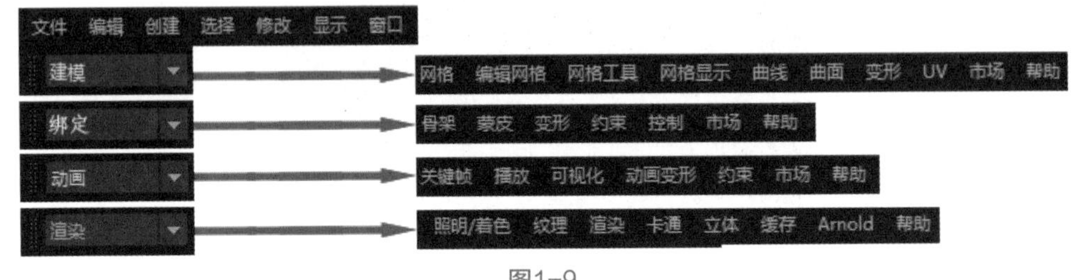

图1-9

在展开菜单栏时，单击虚线可以将面板改为浮动式，这样就可以自由移动菜单命令，如图1-10所示。

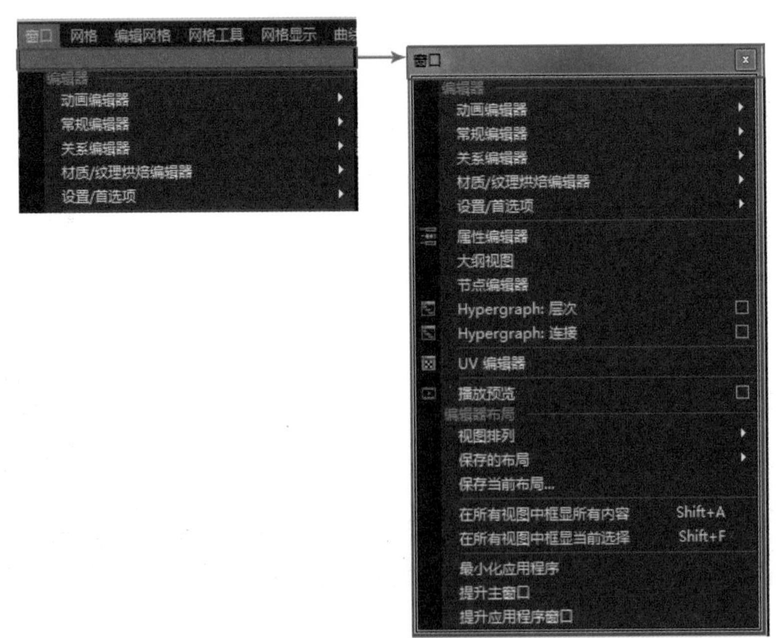

图1-10

3. 状态栏

状态栏也分为多个区域，主要由一些常用命令按钮组成，主要包括模块切换、选择模式、选择遮罩、锁定按钮、吸附工具、显示材质编辑器、显示/隐藏建模工具包、显示/隐藏角色控制、显示/隐藏属性编辑器和显示/隐藏通道盒等，如图1-11所示。

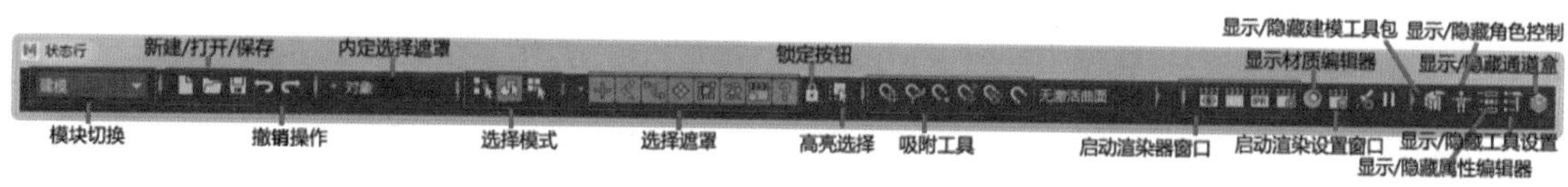

图1-11

4. 模块切换菜单

通过状态栏上最左端的下拉菜单可以进行模块的切换，通过键盘快捷键也可以快速切换到所需的模块，F2为建模模块、F3为绑定模块、F4为动画模块、F5为特效模块、F6为渲染模块。功能模块切换如图1-12所示。

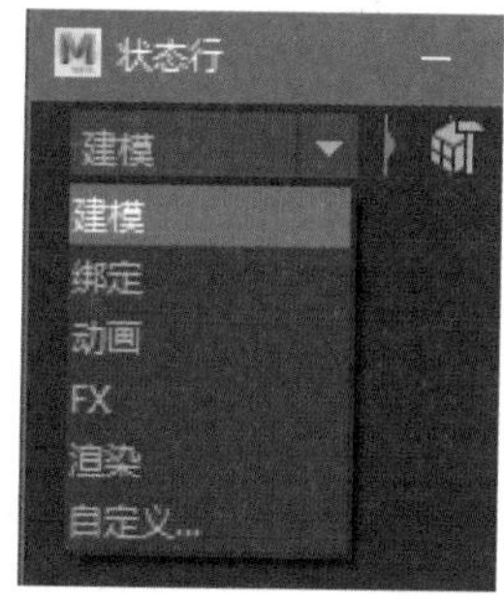

图1-12

5. 工具架

Maya工具架非常重要，在制作模型时经常会用到。它集合了Maya各个模块下最常使用的命令，并以图标的形式分类显示在工具架上。这样工具架中的每个图标相当于相应命令的快捷方式，通常执行命令只需要单击该图标即可。

工具架分为上下两部分，最上面一层为标签栏。标签栏下方设置图标的一栏为工具栏。注意，标签栏上的每一个标签都有文字，每个标签实际对应着Maya的一个模块相关命令，如工具架中多边形标签下的图标集合，对应着多边形常用的建模相关命令。工具架如图1-13所示。

图1-13

6. 工具盒

通过工具盒中的工具可以对视图中的物体进行快捷操作，这些工具也都有相应的快捷键，需要大家熟练掌握其操作，如选择工具为Q键，移动工具为W键，旋转工具为E键，缩放工具为R键，如图1-14所示。

7. 快捷布局按钮

通过提供的快捷布局按钮，可以更加快捷地切换窗口，同时也可以编辑操作窗口，如图1-15所示。

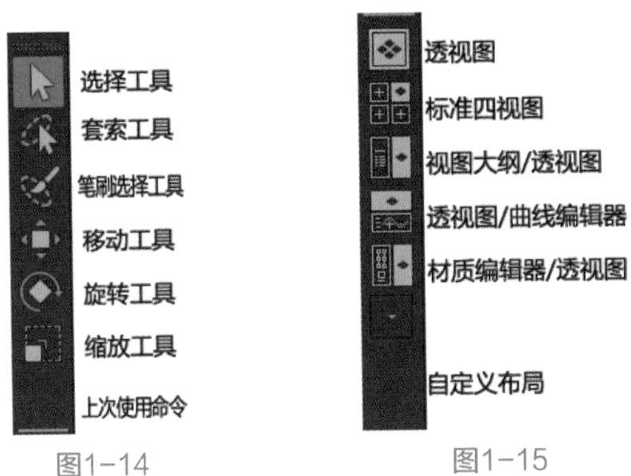

图1-14　　图1-15

8.时间轴

时间轴包括时间滑条和范围滑条，主要应用于Maya的动画制作，用户可以随意拖动时间滑块、设置时间长度、设置自动记录关键帧，而最重要的是在时间轴上设置动画关键帧和动画播放控制操作等，如图1-16所示。

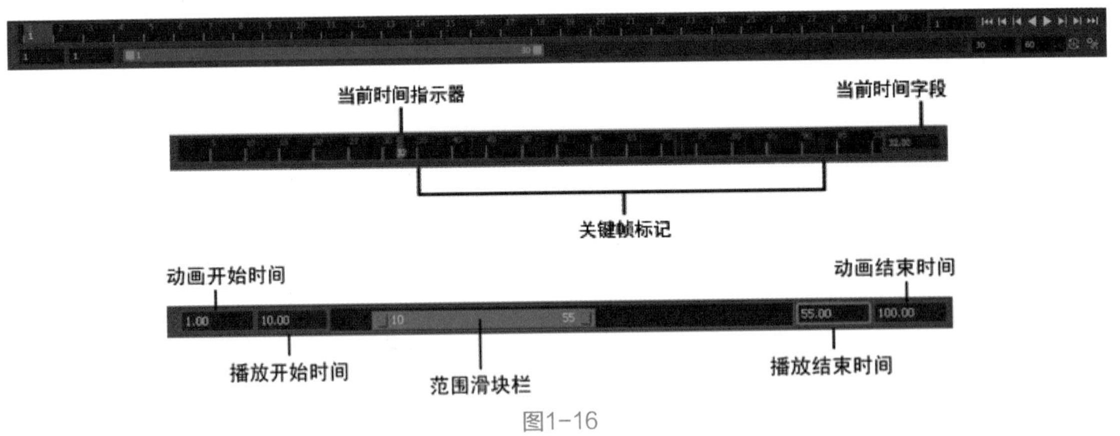

图1-16

9.命令行/帮助行

命令行用来输入Maya的MEL（Maya内嵌语言）命令，它分为左右两栏。左侧是命令输入栏，用于输入命令；右侧是信息反馈栏，用于显示命令的执行结果（注意：灰色底纹表示命令执行准确；红色底纹表示命令执行错误或命令无法执行；紫色底纹表示警告信息）。

帮助行用来显示命令执行时的操作提示，当执行命令时，在这里可以看到操作提示。

命令行/帮助行，如图1-17所示。

图1-17

10.通道盒/层编辑器

通道盒既可以直接改变对象的属性，如位移、旋转、缩放、可视性等，也可以对这些属性设置动画，同时还可以在通道栏中添加自定义的属性。

默认情况下，层编辑器显示在通道盒面板的底部。单击“通道盒/层编辑器”图标可将其打开。层编辑器不仅可以对场景中的对象进行分类管理，而且可以控制层中对象的可视性、可选择性以及可渲染性，如图1-18所示。

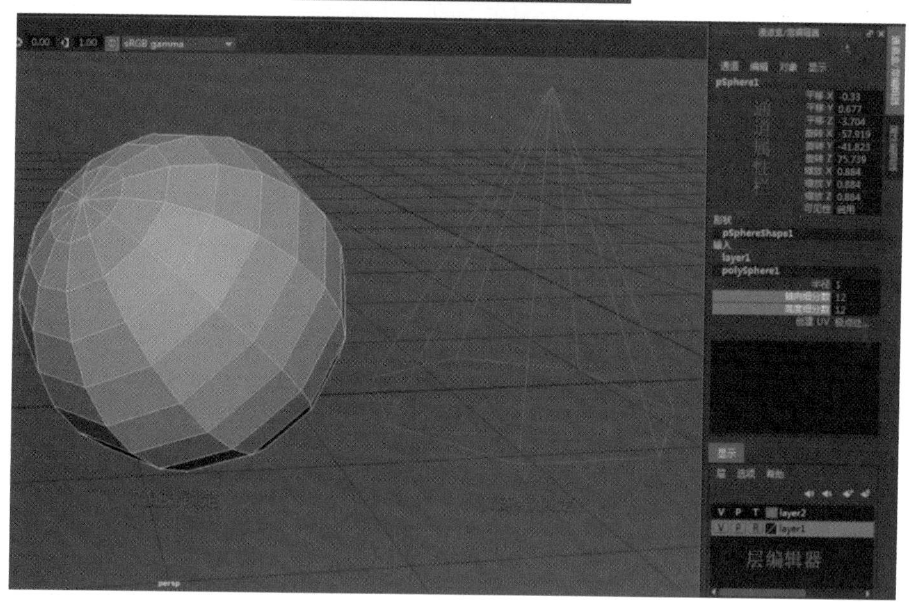

图1-18

技巧提示

用户界面（UI）的显示或隐藏，用户可以在显示菜单中选择UI元素命令，通过勾选或取消勾选来显示或者隐藏主窗口中的UI元素。

1.3　Maya动画类型

动画是一门技术和艺术相结合的学科，因此进行动画创作前需要系统地了解动画的技术类型，Maya动画技术的类型主要包括关键帧动画、骨骼动画、路径动画、受驱动关键帧动画、摄影机动画、约束动画、动捕动画、动力学动画、表达式动画、非线性动画等多种。根据不同的情况可以选择不同的动画技术类型，以高效地完成工作任务。

1.3.1　关键帧动画

动画是创建物体和编辑物体的属性随时间变化的过程。在关键帧动画中，用户通过为属性在不同的时间上设置关键帧来创建动画。关键帧是一个标记，它表明物体属性在某个特定时间点的值。关键帧动画是Maya动画制作中最常用的形式之一，其通过设置角色关键姿势，然后将角色关键姿势连接起来形成连贯的角色动画，如图1-19所示。

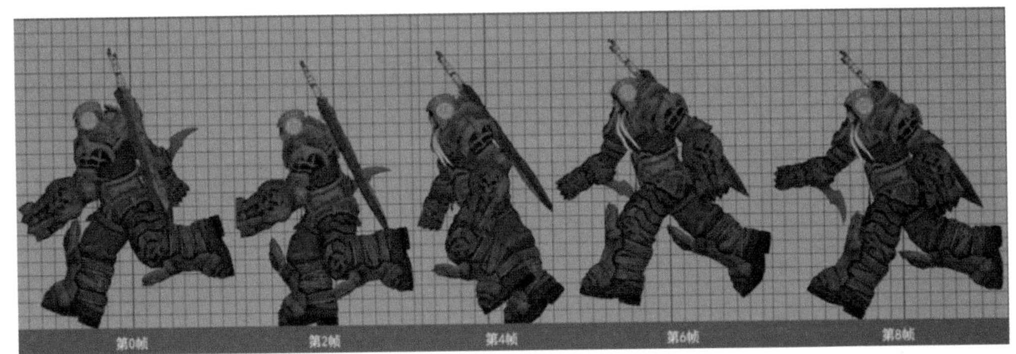

图1-19

技巧提示

关键帧动画要将更多的注意力放在关键帧的位置和时间的处理上。

1.3.2 骨骼动画

骨骼动画主要通过对模型设置一套骨骼绑定系统，将模型绑定蒙皮到骨骼上，然后通过给模型控制器添加关键帧动画，实现模型合理生动的变形动画。

骨骼动画主要分为FK动画（正向动力学运动动画）和IK动画（反向动力学运动动画）。FK动画通常用在角色肢体的自身自然伸展动作上，例如角色走路时挥动手臂的动作等，其特点在于父层级关节控制子层级关节进行运动，并且所有骨骼关节的运动轨迹呈现完美的弧形，整体的动作自然流畅。IK动画通常用在物体与角色有交互性的事件处理上，例如角色手举重物等。其特点是子层级带动父层级进行运动，动画时只考虑末端骨骼的位置状态进行直线变化，而其他关节的旋转运动轨迹由Maya自动解算。

骨骼动画是一种较为烦琐的动画类型，需要动画制作者了解运动规律并手动为角色制作每一个关键动作，如角色动作或角色表情动画等，如图1-20所示。

图1-20

1.3.3 路径动画

路径动画是指物体能够沿设定的曲线路径进行动画。使用路径动画可以让用户轻而易举地快速制作出特定的轨迹动画效果，避免了因使用关键帧创建动画带来的不流畅性和不自然性。例如，要制作一架直升机沿弧形轨迹进行飞行的动画。首先在场景中创建一条曲线，选择直升机模型Shift加选曲线路径，执行绑定模块或者动画模块中约束菜单里运动路径下的连接到运动路径命令，调整运动路径节点下的相关属性设置，然后单击动画时间线中的播放动画按钮，该直升机将沿曲线路径进行飞行动画，如图1-21所示。

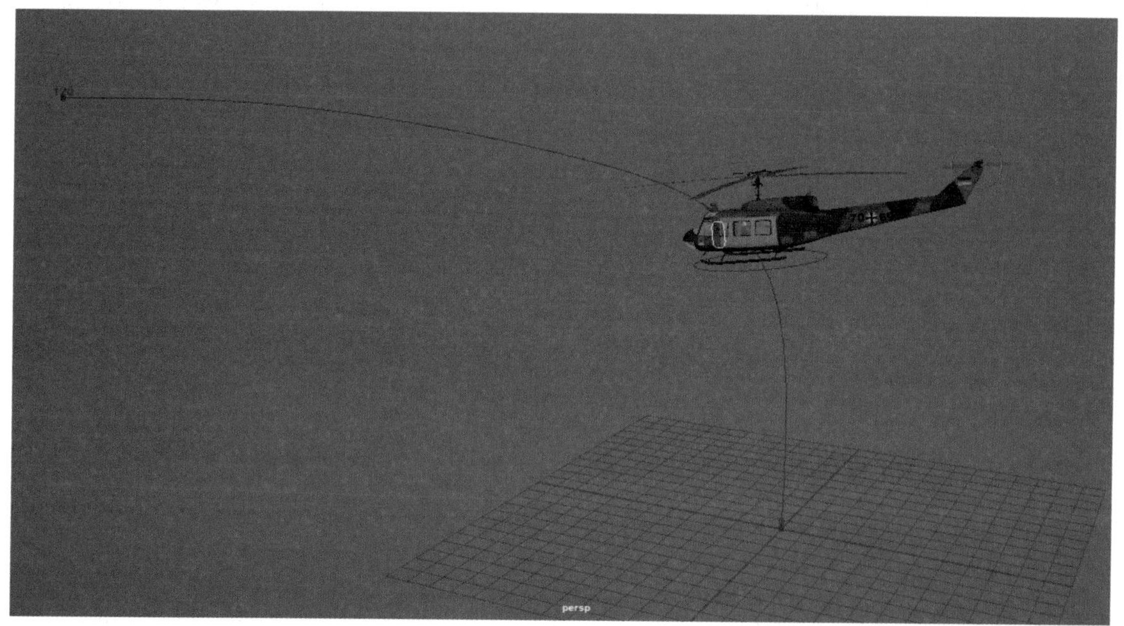

图1-21

1.3.4 受驱动关键帧动画

受驱动关键帧动画也可以简称为驱动动画。受驱动关键帧动画是Maya中一种比较独特的关键帧动画类型，主要是通过物体之间属性相关联来间接驱动物体运动，通常主要应用在绑定动画过程中。

受驱动关键帧动画允许用户通过设置受驱动关键帧来使用一个对象的属性链接和驱动另一个对象的属性。例如，将直升机门控制器的旋转Y作为“驱动者”（Driver）属性为其设置关键帧，并且将直升机门模型的Y旋转作为“受驱动者”（Driven）属性为其设置关键帧。驱动完成后，通过旋转直升机控制器就可以实现直升机开门或关门的动画效果，如图1-22所示。

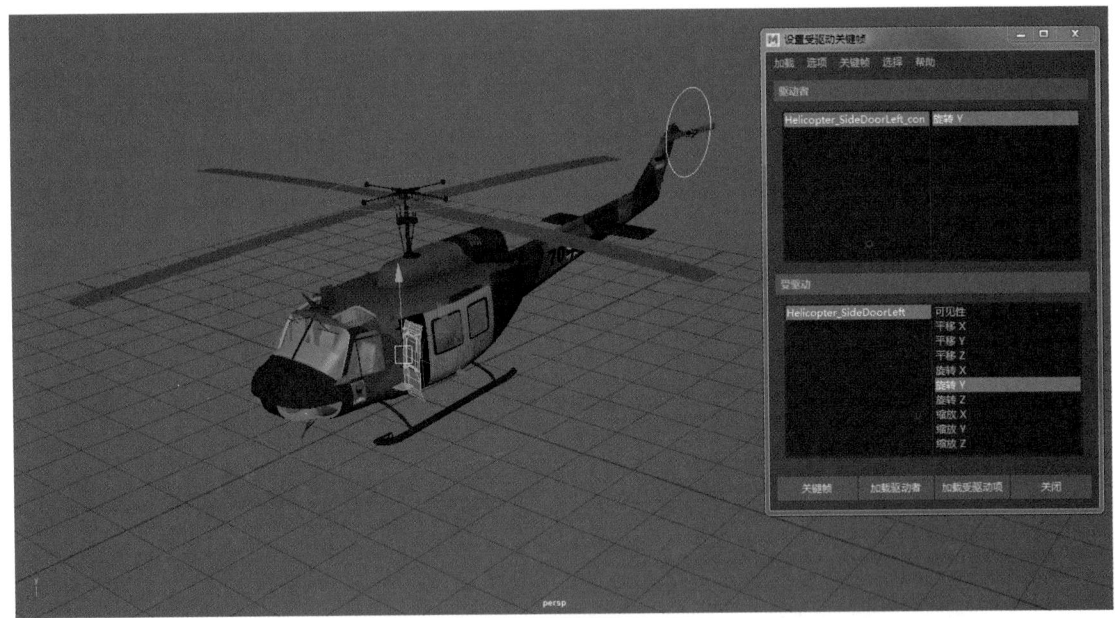

图1-22

技巧提示

受驱动关键帧动画与关键帧动画的区别在于，关键帧动画是在不同时间值位置为物体的属性值设置关键帧，通过改变时间值使物体属性发生变化。而受驱动关键帧动画是在驱动物体不同的属性值位置为被驱动物体的属性值设置关键帧，通过改变驱动物体属性值使被驱动物体属性值发生变化。关键帧动画与时间相关，受驱动关键帧动画与时间无关。创建受驱动关键帧动画之后，可以在曲线图编辑器对话框中查看和编辑受驱动关键帧的动画曲线，这条动画曲线描述了驱动物体与被驱动物体之间的属性连接关系。

1.3.5 摄影机动画

摄影机动画主要通过Maya提供的摄影机命令，创建摄影机并记录摄影机相关属性的关键帧动画，它通常应用于项目中的镜头动画或比较复杂的动画场景。例如，实现汽车的向前行驶动画，可以通过加入摄影机动画实现跟踪汽车的行驶路线，如图1-23所示。

图1-23

1.3.6 约束动画

约束动画可以利用与其他物体的绑定来控制物体的位置、旋转以及缩放等。约束动画主要包括父子约束、方向约束、缩放约束、注视约束、极向量约束，通常用在骨骼绑定动画过程中。例如，实现直升机的螺旋桨旋转动画，可以通过选择直升机的螺旋桨控制器加选直升机的螺旋桨组模型，执行约束菜单下的方向约束，勾选保持偏移，如图1-24所示。

图1-24

技巧提示

建立约束关系的操作方法为：先选择约束物体，后选择被约束物体。解除约束关系的方法为：在大纲视图删除被约束物体的节点链条即可。

1.3.7 动捕动画

随着科学技术的发展，数字技术进入动画制作领域，特别是动作捕捉技术的出现，动捕动画为动画设计提供了许多便利。所谓动作捕捉技术，原理就是在穿着动捕服真人演员的关键骨节部位设置跟踪器，由Motion Capture系统捕捉跟踪器位置，再经过计算机处理后得到三维空间坐标的动作数据，然后动画师再调试这些动作数据来应用到绑定好的动画角色上。一般来说，经验丰富的动画设计师一天能制作8秒动作就非常难得了，而如果应用动作捕捉技术制作动画，一天可以制作几十分钟的动画。相比于手Key动画制作，其动画制作速度更快，效率更高。例如，动捕动画使用导入的运动捕捉数据，将逼真的动画应用到场景中的角色，如图1-25所示。

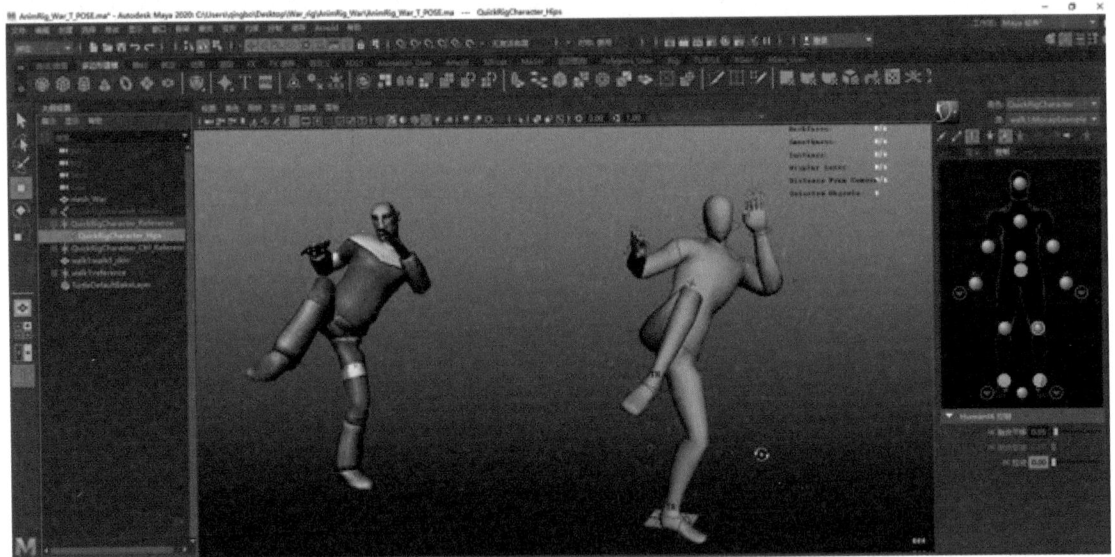

图1-25

1.3.8 动力学动画

Maya中的动力学系统是用来描述自然界中的物体是如何运动的。动力学运用了物理学的定律来模拟自然界的力的作用。先指定模拟物体所受的外力，然后软件就会自动计算出物体如何运动。和传统的关键帧动画相比，动力学动画更能模拟出真实的物理运动效果。例如，模拟波涛汹涌的海浪效果或海洋系统等动力学动画，如图1-26所示。

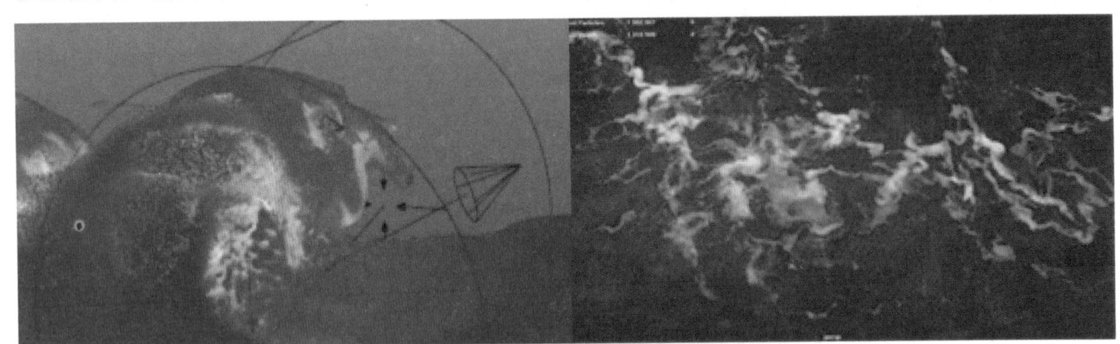

图1-26

1.3.9 表达式动画

表达式动画，是用户可以通过为对象属性编写程序脚本而实现的一种动画控制方式。表达式是用户向 Maya 提供的指令，用于控制随时间变化的属性。属性是对象的特性，例如 X 缩放、Y 平移和可见性等。表达式也可用于链接不同对象之间的属性，更改一个属性将改变另一个属性的行为。例如，可以通过表达式为蝠鲼的双翅增加流体和律动的动画效果，如

图1-27所示。

无论出于何种目的，都可以创建表达式为属性设定动画，但表达式还是对于随时间变化而递增、随机或有节奏地更改的属性最为理想。

图1-27

1.3.10 非线性动画

所谓非线性动画，是指在Maya非线性动画编辑器中对角色动画片段进行编辑或融合片段，从而为角色生成一系列平滑的动画效果，即运用非线性方式将制作好的一些动画片段进行分割、复制、合并和融合所得到的动画效果。非线性动画具有快捷、简便、随机的特性。它可以自由调节片段与片段之间的时间顺序，但应注意衔接上的流畅。非线性动画的优势显而易见，当制作好基于帧的动画后，可以将其转化为影片序列，然后通过对影片序列的快速编辑，就可以实现动作的延展、循环、分割，甚至不同动作间的叠加混合，大大提高动画的制作效率。例如，Maya为动画师提供了专门的非线性动画编辑器Trax Editor，如图1-28所示。

图1-28

1.4 动画制作流程

1.4.1 动画概述

提到三维动画，首先要了解一下动画的概念。动画（Animation），源自Animate，即“赋予生命”“使……活动”之意，就是把一些原先不具生命的不活动的对象，经过艺术加工和技术处理，使之成为有生命的会动的影像，即为动画。动画，简单理解就是能动的画面，再深层的理解就是赋予角色以灵魂，让角色具有独特的个性化与趣味化。动画的本质是运动，其实就是将多张连续的单帧画面连在一起就形成了动画。动画的概念不同于一般意义上的动画片。动画是一门复合型艺术，它是集合了绘画、漫画、电影、数字媒体、摄影、音乐、文学等众多艺术门类于一身的艺术表现形式。动画最早发源于19世纪上半叶的英国，兴盛于欧洲和美国，中国动画起源于20世纪20年代。1892年10月28日，埃米尔·雷诺首次在巴黎著名的葛莱凡蜡像馆向观众放映光学影戏，标志着动画的正式诞生。

目前社会上的动画行业从技术制作角度上主要划分为二维动画和三维动画。

二维动画一般指传统的手绘动画，主要应用的是Animate(Flash)动画技术。二维动画是每秒24张的动画，需要手绘一张一张的画，当然在制作过程中也分为一拍一、一拍二、一拍三、。一拍一就是每秒24张，这种动画相当流畅，人物的动作很自然，迪士尼动画大多采用一拍一。一拍二也就是每秒12张，它没有24张的动画顺畅，但是节约了一倍的时间，日本动画常常这样制作，不过现在很多动画都是采用结合方式（一拍一加一拍二）进行制作，二维动画影片，如图1-29所示。

图1-29

三维动画又称3D动画，它是随着计算机软硬件技术的发展而产生的一项新兴技术，主要是采用计算机三维技术生成的一系列内容连续的动态画面。三维动画和二维动画的核心运动规律理念是完全相同的，只是实现的工具不一样。三维动画比二维动画更直观，更能给观赏者以身临其境的感觉，由于其准确性、真实性以及可操作性，三维动画技术已被广泛地应用在各个行业领域。目前三维动画技术在国内正在迅速崛起，三维动画影片如图1-30所示。

图1-30

1.4.2 三维动画制作流程

三维动画的制作是一个比较复杂且系统的流程，主要概括为：前期策划、文学剧本、分镜头设计、人物设定、造型设计、三维角色建模、三维材质贴图制作、角色骨骼绑定、角色动画制作、影片渲染合成等制作环节。通常利用Maya软件制作一个游戏角色的项目流程相对简单。例如，动作冒险游戏《Darksiders Ⅱ（暗黑血统2）》里的乌鸦教父(Crowfather)的角色制作流程如图1-31所示。而一个标准的三维动画项目制作流程相对复杂一些，如图1-32所示。

1 在 Maya 里，创建BOX后
按照原画制作出3D模型。
2 整体加一些细节，衣服，胡须等。
参考图
3
3.接下来是展UV，给模型checker，基本保持checker的形状，不要变形太严重。
分UV要整齐，细分。

5 大体上色，在
PS,BodyPainter
里绘画。
6
7
给模型绑定骨骼
8 摆姿势

图1-31

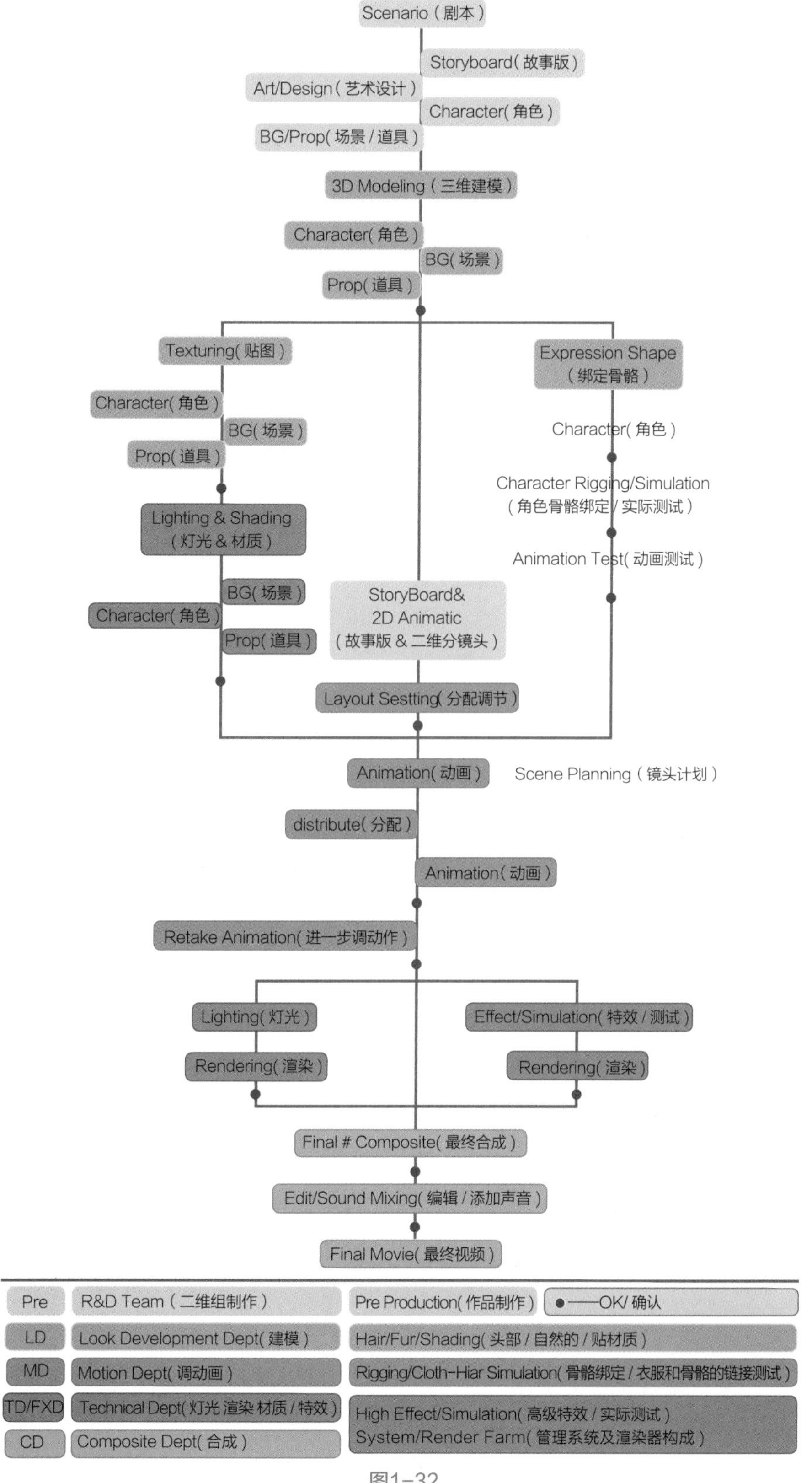
Scenario（剧本）
Storyboard(故事版)
Art/Design（艺术设计）
Character(角色)
BG/Prop(场景/道具)
3D Modeling（三维建模）
Character(角色)
BG(场景)
Prop(道具)
Texturing(贴图)
Expression Shape
（绑定骨骼）
Character(角色)
BG(场景)
Prop(道具)
Character(角色)
Character Rigging/Simulation
（角色骨骼绑定/实际测试）
Lighting & Shading
（灯光&材质）
Animation Test(动画测试)
BG(场景)
Character(角色)
Prop(道具)
StoryBoard&
2D Animatic
（故事版&二维分镜头）
Layout Sestting(分配调节)
Animation(动画)
Scene Planning（镜头计划）
distribute(分配)
Animation(动画)
Retake Animation(进一步调动作)
Lighting(灯光)
Effect/Simulation(特效/测试)
Rendering(渲染)
Rendering(渲染)
Final # Composite(最终合成)
Edit/Sound Mixing(编辑/添加声音)
Final Movie(最终视频)
Pre
R&D Team（二维组制作）
Pre Production(作品制作)
●—OK/确认
LD
Look Development Dept(建模)
Hair/Fur/Shading(头部/自然的/贴材质)
MD
Motion Dept(调动画)
Rigging/Cloth-Hiar Simulation(骨骼绑定/衣服和骨骼的链接测试)
TD/FXD
Technical Dept(灯光 渲染 材质/特效)
High Effect/Simulation(高级特效/实际测试)
System/Render Farm(管理系统及渲染器构成)
CD
Composite Dept(合成)

图1-32

三维动画项目环节具体介绍如下。

1.文学剧本

文学剧本是动画片的基础，要求将文字表述视觉化，即剧本所描述的内容可以用画面来表现，不具备视觉特点的描述(如抽象的心理描述等)是禁止的。动画片的文学剧本形式多样，如神话、科幻、民间故事等，要求内容健康、积极向上、思路清晰、逻辑合理。

2.分镜头剧本

分镜头剧本是把文字进一步视觉化的重要一步，是导演根据文学剧本进行的再创作，体现导演的创作设想和艺术风格。分镜头剧本的结构（图画+文字）表达的内容包括镜头的类别和运动、构图和光影、运动方式和时间、音乐与音效等。其中每个图画代表一个镜头，文字用于说明如镜头长度、人物台词及动作等内容，如图1-33所示。

图1-33

3.人物设定

咕咙咙：龙族中的天才少年，8岁，能文能武，能说能讲，侠肝义胆，古道热肠，勤奋好学，好为人师。（草绿色）

咕哩哩：漂亮的粉红猴子，6岁女孩，美丽善良，精灵古怪。（粉红色）

咕噜噜：胖乎乎的小牛，7岁男孩，好奇心极强，热爱冒险，好胜不服输。（红色）

咕叽叽：傲慢耍酷的浣熊，8岁男孩，个性强，逆反心理重，善用求异思维，爱讲冷笑话。（棕色）

以上各角色如图1-34所示。

图1-34

4.造型设计

造型设计包括人物造型、动物造型、器物造型等的设计，设计内容包括角色的外形设计与动作设计。造型设计的要求比较严格，包括标准造型、转面图、结构图、比例图等，如图1-35所示。

图1-35

5.三维角色建模

根据二维的人物设定图稿，制作出相应的三维模型，如图1-36所示。

图1-36

6.三维角色材质贴图

根据二维的人物设定图稿，绘制出人物的材质与贴图，如图1-37所示。

图1-37

7.三维角色绑定

根据人体的骨骼结构，对人物创建骨骼系统，以便于后续动画制作，如图1-38所示。

图1-38

8.三维角色动画制作

用绑定好的人物模型和提供的二维分镜对角色做分镜上的动画，通过所掌握的技术，动画师可以随心所欲地塑造角色的性格特征，进行动画的调节，如图1-39所示。

图1-39

9.影片渲染合成

用已做好的人物动画和场景，渲染输出动画序列图片，利用AE软件进行特效合成制作，利用剪辑软件EDIUS进行影片剪辑和配音，最后输出视频影片，如图1-40所示。

图1-40

1.4.3 角色动画制作流程

在CG动画项目制作中，角色动画制作是三维动画制作步骤中非常重要的一个环节。通常角色动画制作流程主要分为STORYBOARDS(动画故事版)、LAYOUT(动画预演)、ANIMATION(动画关键帧)、FINAL(动画镜头渲染)四个环节，如图1-41所示。

图1-41

角色动画制作流程环节具体介绍如下。

1.STORYBOARDS（动画故事版）

动画故事版环节，根据项目剧本或导演要求由二维原画师绘画出故事分镜，一般动画故事版都是单色绘制，需要绘制出主要动作、镜头构图、光影关系，以及标注出运动方式、时间、音乐与音效等。动画故事版的最终目的是什么？对于公司来说就是向客户说明创意的可视化脚本，对于动画师来说就是在制作该镜头时进行动画制作时的画面指导。

2.LAYOUT（动画预演）

动画预演是把二维故事板变成真正三维动画的第一步，它是动画开始之前的一个准备过程或者是彩排，是介于二维故事板和三维化制作之间的一个环节，也是承上启下的一个桥梁，也可以理解为3D故事版制作环节。三维动画师根据故事版的设计方案，利用模型组和绑定组完成的文件制作出三维的初步镜头，动画预演制作不要拘泥于动作的细节，主要是交代出角色在环境中的比例和在镜头中的位置关系，以方便动画组后续工作的顺利完成。

3.ANIMATION（动画关键帧）

动画关键帧环节是一个从粗到细的制作过程，其制作过程主要分为搜集动画参考素材、关键动作制作、过渡动作制作、动画曲线调整与动作细节润色阶段。

搜集动画参考素材，专业上称为Reference阶段，主要通过网站搜集相关动画资料（视频和动画素材），如果网站无法找到相关动画参考素材，也可以通过自我表演并拍摄成视频素材进行参考。

关键动作制作，专业上称为Blocking阶段，此环节主要设定关键姿势（开始姿势、结束姿势、中间姿势、在开始加预备、在结束加缓冲），确定整体动画的大框架，确定节奏。

过渡动作制作，专业上称为Breakdown阶段，简称BD，也翻译为小原画，它是指在关键帧后连接关键帧之间的画，通常也会将小原画称为过渡姿势或者重要的中间画。其在三维动画制作中起着连接关键的重要作用，三维动画是不是柔软流畅，是不是看起来真实可信和有趣，有很大一部分原因都在于过渡动作制作的优劣。

动画曲线调整，专业上称为Spline阶段，通常关键动作和过渡动作制作阶段都设置为Liner（线性模式），此模式使动画师更加容易设置角色的Pose和调整每个单独角色Pose的细节。此阶段主要通过曲线图编辑器将动画曲线设置成顺滑模式，使得动画曲线更加顺滑流畅。

动作细节润色，专业上称为Polished阶段，主要通过调整曲线图编辑器编辑动作运动轨迹，检查是否流畅，检查手指、眼睛、表情等细节动画是否有卡顿，检查肢体之间是否有细微穿帮等问题，然后再进行一些动画细节处理与整体润色（如动作跟随等十二法则应用、次要动作、运动细节）。

4.FINAL(动画镜头渲染)

动画镜头制作完成后还要进行灯光设置并分层渲染镜头序列，然后进行动画镜头合成，最终生成真实可信、动作自然流畅、表演生动有趣的视频动画。

1.5 动画十二法则

动画是运动的艺术，作为动画设计者，想要设计出自然流畅的运动画面，必须掌握动画十二法则。它适用于一切动画制作，在三维动画制作的过程中充分运用该法则是动画师的基本功。动画十二法则是迪士尼前辈们经过数十年的创作经验提炼出来的，它不但为动画学习者提供了入门指导，而且还能有效地指导动画作品的创作。如今这些法则已是无论二维动画专业还是三维动画专业角色动画师心中的“金科玉律”，是业余动画师要进入专业领域的最基本的专业知识。这里推荐读者闲暇时间可以认真研读一下曾获奥斯卡奖的迪士尼著名动画导演理查德·威廉姆斯编著的《动画人生存手册》，书籍封皮如图1-42所示。它被誉为动画人的“圣经”，它是一本深入解析动画原理制作技巧的权威动画教材，不论是初学者还是专业动画师，不论是传统二维动画还是三维动画，几乎是每个学习动画的人都必看的一本书。

图1-42

下面学习一下迪士尼动画前辈们总结的动画十二法则。

1.5.1 挤压拉伸

挤压和拉伸可以赋予所要表现的物体生命，使其不再显得僵硬。无生命的物体，如桌子、椅子，只是做单纯的位移等动画，是无所谓僵硬与否的。但凡是有生命的物体，无论是动作还是表情，都需要做一定的挤压和拉伸，才不会显得僵硬而突兀。简单来说，挤压和拉伸实际上是用来表示物体的弹性的。

物体受到力的挤压，产生拉长或者压扁的变形状况，再加上夸张的表现方式，使得物体本身看起来有弹性、有质量、富有生命力，因此较容易产生戏剧性。最经典的代表是小球弹跳，相同的原理也可以用此方式应用到角色上，如图1-43所示。

图1-43

技巧提示

挤压拉伸的原则是物体总体积是不变的。

1.5.2 预备缓冲

作用力等于反作用力，这个定律是理解预备动画的关键所在。角色每做一个动作，都需要搭配一个微妙的反方向的预备动画。预备动画通俗来讲，就是为了使动作更形象生动、更有力量，在进行既定方向的主动作前应该先有一个小幅度的反向运动。

在角色动画设计中，“预备动作”和“缓冲动作”是非常重要的两个环节。“预备—进行—缓冲”是动画片角色设计中特有的过程，预备和缓冲通常是联系在一起的。相对于预备，缓冲也是必不可少的，只要有运动，就有缓冲。缓冲也有两种情况：一种是力学的，一种是心理的。心理上的缓冲是使观众在情绪上有一个反应消化的时间，但缓冲更多的时候是指力学运动上的缓冲。缓冲的原理和预备很相似。由于惯性，一个强烈的运动势必要经过一个长时间的缓冲，如图1-44所示。

图1-44

动画角色的动作，必须让角色能够产生“预期性”，透过肢体动作的表演，或者分镜构图的安排，让观众预知角色的下一步动作，并让观众更能融入剧情中。例如，图1-45所示的动作，为了强调这个角色的动作，使之更加有力度，故在A、B帧（正向）中间加了一帧反向帧。

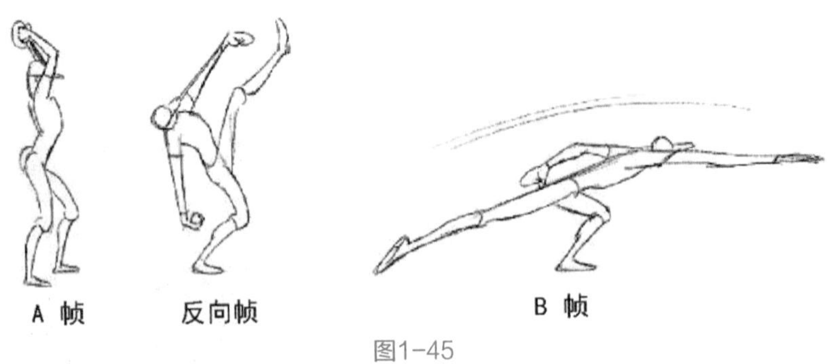

图1-45

在设计动画的动作时，每一个动作都有一个“反应”，称为“预备”。预备在表现动作时有以下两种作用。

（1）它是力量的聚集，为力的释放做铺垫，可以更好地表现力度。

（2）为使观众注意人物即将发出的动作，给观众一个预感。

不同的角色，预备动作也不相同。预备大的动作，对某些角色适用，但对另一些则不适用。例如，表现温柔的女性角色，预备动作就应该微妙、庄重些。

另一种“预备”是在释放之前的压缩，就好比弹簧，若要弹得越高，就得压得越紧，很多和力相关的动作都用这种办法来表现力的强度。还有一些情绪上的动作也用这种办法来夸张情绪。例如，一个惊讶的动作，先看，再预备，再开始吃惊，最后是夸张到极致。同样，一个温和的情绪动作，要有一个温和的预备动作。甚至在给诸如汽车、飞机、船等物体的启动做动画时，也要先有个预备动作，然后再开走。

技巧提示

预备的原理是：压缩越紧，爆发越强。预备有时候是力学因素造成的，有时候是心理因素的结果。即使一个微小的动作，也要有微小的预备和微小的缓冲。

1.5.3　构图布局

戏剧是由编剧和导演设计安排出来的，动画更是如此，因为动画的所有动作安排与构图都需要靠动画师的手创造出来，所以三维动画中的构图、分镜、动作、走位都需要仔细设计安排，避免在同一时间有过多琐碎的动作与变化。最重要的还是精心设计好每一个镜头与动作，经过设计之后，不仅可以让动画整体更好，还可以省去许多不必要的成本浪费，如图1-46所示。通常制作动画时，动画师需要参考真人的动作来进行动画设计。

图1-46

1.5.4　连续动作与关键动作

连续动作法，就像字面意思所说的，只需从起点开始制作，然后连贯地向发展方向继续制作。而关键动作法，不需要做成连贯的系列镜头，可以从第一个动作开始，或者从最后一个动作开始，或者从中间某个地方开始。选好并设定好动作之后，再去填补它们之间的空缺。在动作与动作之间加入过渡帧，直到使动作流畅而紧凑。在三维动画中，这两种方法都会使用，最理想的是两种方式的结合，如图1-47所示。但是因为软件可以提供更大的伸缩性、适应力，所以它们可以相互配合使用，然后探索出符合个人使用习惯或者适合以想要做出的动画类型的方式。

图1-47

以三维动画制作为例，人们多半是采用Pose To Pose（姿势到姿势）的制作方法，首先需要收集姿势素材或者自己对动画进行手绘，把想法确定下来，然后打开Maya软件进行操作，确立摄像机位置，对动画创建主要Pose，注意要把曲线调成递进式。其次丰富动画，给动画加些次要动作和蓄势Pose，确立整体动画节奏。此时将曲线调成样条线曲线。最后，调整动画曲线，对曲线进行优化，完成动画制作。

1.5.5 动作跟随重叠

动作跟随指的是角色主体的“附属物”，其动作是相对独立的，动作时不能与角色主体的动作同步处理，而是会出现动作延迟的物理现象。在制作三维动画的角色动作时，既要考虑角色主体的动作，还要考虑角色附属物体本身的重量、质感和空气的阻力等因素，如图1-48所示。跟随动作是三维动画制作人员应当掌握的动画制作技巧。跟随动作没有固定形式，角色主体动作不同，所产生的跟随动作也不同，动画设计人员要结合具体项目剧情进行处理。动作跟随现象很多，如人物脖子上的长丝巾、帽子上的飘带、小狗的长耳朵、奔马的尾巴等。

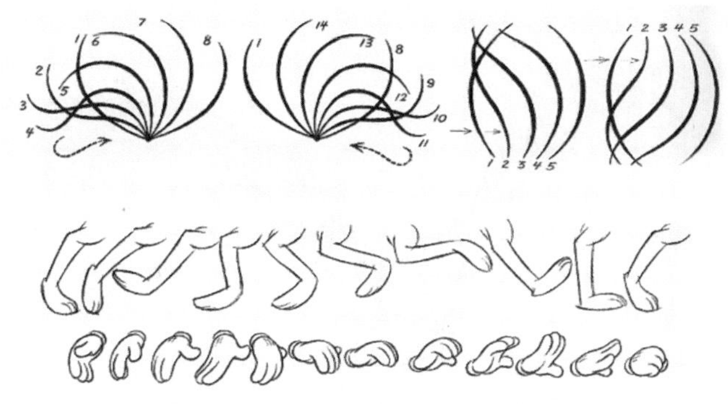

图1-48

动作重叠则是指角色肢体各部位在表演动作过程时，各个部分不会同时发生与结束，而是根据主被动及跟随关系做不同步的现象。重叠运动可以增加运动的自然与真实感，并能提升角色的力量感，是非常重要的动画法则之一。例如，卡通狗在反应背后招唤的声音时，通常可能会先动眼睛，再转回头，头转到一半时再转动肩膀，如图1-49所示。

图1-49

动作重叠本质上是因为其他动作的连带性而产生的跟随动作，而且在时间上动作之间有互相重叠部分，如图1-50所示。

图1-50

“没有任何一种物体会突然停止，物体的运动是一个部分接着一个部分的。”这是华特·迪士尼当初对于物体的诠释。

总之，动作跟随和动作重叠是活化动画角色极其重要的观念。

1.5.6 慢入慢出

一般动作在开始与结束时速度较慢，中间过程速度较快一些，因为一般动作并非等速度运动，这是正常的物理现象。青蛙的跳跃动画在制作中加入慢入慢出效果，如图1-51所示。静止的物体开始移动时由慢而快，而将要停止时的物体则会由快变慢，若以等速度方式开始或者结束动作，则会产生一种唐突的感觉。

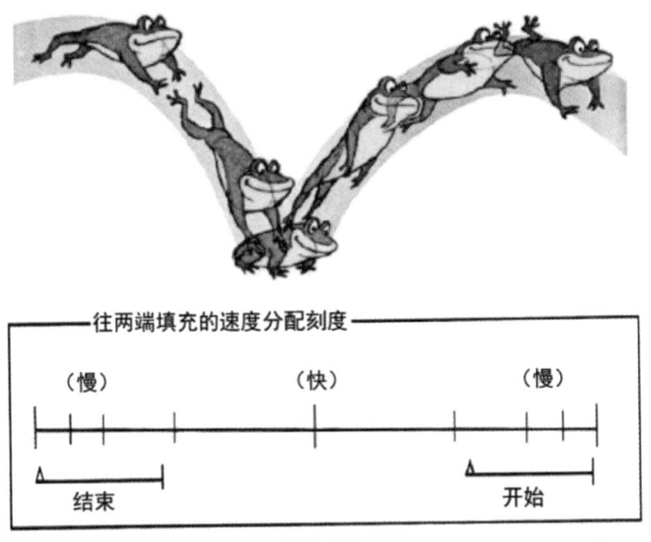

图1-51

1.5.7 弧形运动

但凡所有会动的生物，其组成的任何部分的运动轨迹皆为平滑的弧形曲线。人在跳跃时身体的弧线运动，要注意前后变化，把握加减速，充分考虑重力、空气阻力、摩擦力和力的传递等对弧线运动的影响，这样才能更好地体现动作优美的韵律感，如图1-52所示。

图1-52

1.5.8 次要动作

次要动作是指依附在主要动作之下的细微动作，虽然它属于比较微小的动作，但实际上却有画龙点睛的效果。次要动作并非不重要的动作，而是强化主要动作的关键，不仅可以使角色更生动真实，而且可让角色感觉有生命，如图1-53所示。

图1-53

1.5.9 动画节奏

动画节奏就是速度的快慢，过快或者过慢都会让该动作看起来不自然，而不同的角色也会有不同的节奏，因为动画节奏会影响角色的个性，也会影响动作的自然性。

动画的灵魂就是物体与角色的运动，而控制运动的关键就是动画节奏与重量感。

另一个控制运动的关键就是重量感，因为所有的物体都是有质量的，而节奏可以表现物体的重量感，这和一般人对自然界的认知有关，如图1-54所示。

图1-54

技巧提示

无论是音乐还是动画，控制好节奏都是制作流程中非常重要的一环。运动速度的改变，可以使角色的表演和情绪更加生动和细腻。卡通风格的动作要求节奏简单明快，写实风格的动作则要求节奏细腻，在细节上追求精益求精。

1.5.10 动画夸张

利用挤压与伸展的效果、夸张的肢体动作，或是以加快或放慢动作来增强角色的情绪及反应，这是动画有别于一般表演的重要因素，如图1-55所示。

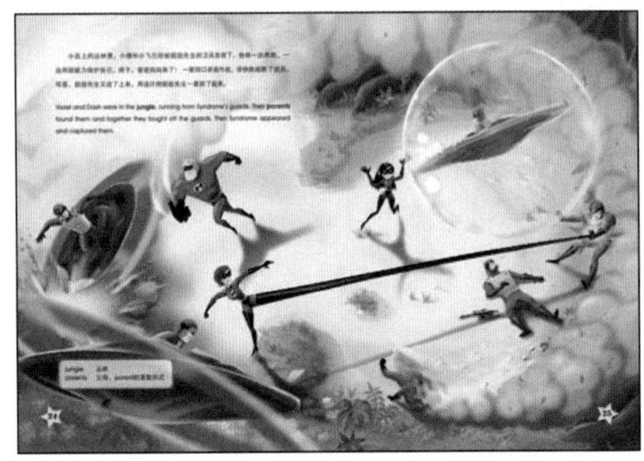

图1–55

1.5.11 动画姿势

生动、有趣、自然的动画姿势是良好动画的要素之一。动画的制作，视觉表现占了很大一部分，而视觉表现则需要非常扎实的绘画训练以及对美感的敏锐度，不论是制作传统动画还是计算机三维动画，动画师都需要有扎实的手绘技巧训练，才能将动画中所需要的画面清晰完整地表现出来。在进行角色动态速写时，只有对人体动态曲线有深入的了解，才能更加准确地把握角色姿势，如图1-56所示。

图1–56

1.5.12 动画表演

动画不仅是一种视觉艺术，还是一门表演艺术。制作动画的过程也是动画师的表演过程，甚至可以说动画表演的好坏决定动画影片的成败。动画表演是一部动画片的表现核心，动画片通过表演来传达剧情，推动故事情节的发展。因此，作为一名合格的动画师必须要学习动画表演知识，了解动画表演规律，掌握动画表演方法和技巧，最终才能设计创作出更加生动有趣的动画作品。

通常动画总是给人一种充满想象的感觉，画面表现浪漫而又超越现实。动画表演都是经由动画师与导演“创造”出来的，对画面表现的“自由度”极高，所以动画中的一切表现要素都是围绕着表演艺术而存在的。从表演艺术的角度审视动画，动画中的表演不是生活化的再现，也不是程序化的动作表现，而是一种超越于生活的夸张表现的肢体语言。肢体语言就是一些能够表达角色内心意念的肢体动作。肢体语言是表演动作的基础，并且能够起到强化情绪表达和丰富表演动作的作用。图1-57是电影《疯狂动物城》中的动画表演设计。

图1-57

本章小结

本章介绍Maya软件及Maya应用领域，熟悉Maya软件界面，重点学习Maya动画类型、动画概述、三维动画制作流程、角色动画制作流程，学习三维动画制作需要掌握的动画十二法则，为后续学习高级角色动画技术奠定扎实的理论基础。

1.6 习 题

（1）简述Maya的应用领域。

（2）简述Maya的动画类型。

（3）简述二维动画与三维动画的区别。

（4）简述三维动画的制作流程。

（5）简述角色动画的制作流程。

（6）简述在制作三维动画时通常需要遵循的动画法则。

第2章 三维动画入门

1. 学习三维动画的相关动画工具
2. 掌握Maya关键帧动画
3. 掌握台灯弹跳动画

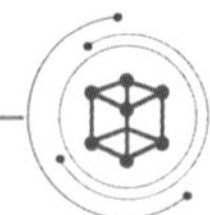

教学目标

- Maya 基础操作
- Maya 动画制作工具
- 小球动画
- 台灯原地弹跳动画

2.1 思维导图

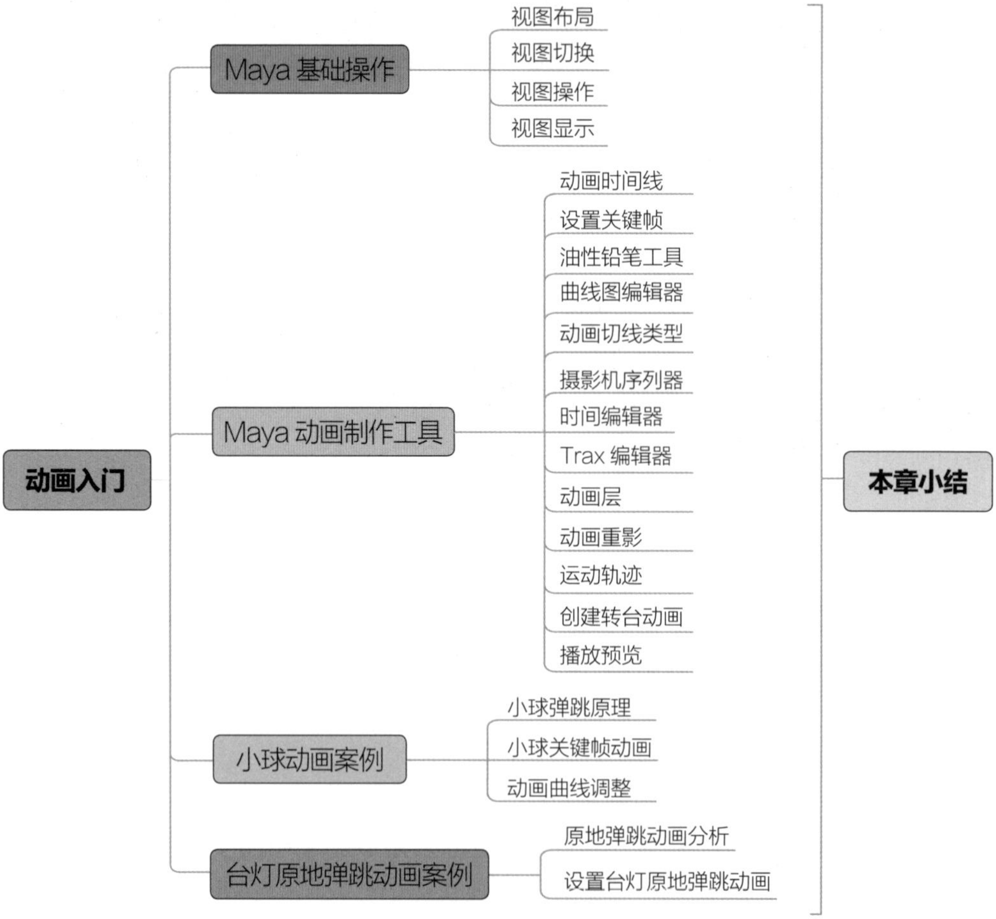

2.2 Maya 基础操作

2.2.1 视图布局

视图面板是用于查看场景中对象的区域。视图布局既可以是单个视图面板（默认），也可以是多个视图面板，视图布局的方案灵活多变，具体可根据用户需要随时改变。可以按Ctrl+Shift+M 组合键来切换面板工具栏的显示。

在Maya软件中有一个标准的四视图，分别是顶视图、透视图、前视图、侧视图，以方便用户从各个角度观察、操作，如图2-1所示。

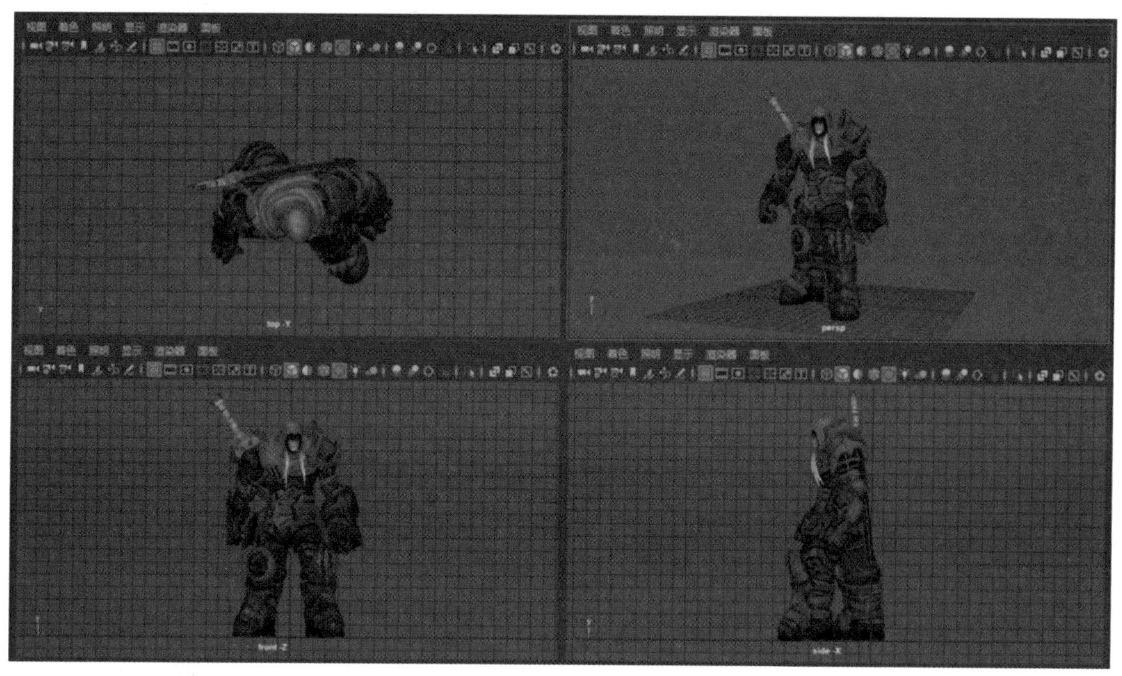

图2-1

2.2.2 视图切换

在多个视图中相互切换，是将鼠标选择在要进行切换的视图上，按键盘上的空格键就可以使当前的视图最大化显示，若再次按下空格键就会恢复原来的视图布局，如图2-2所示。

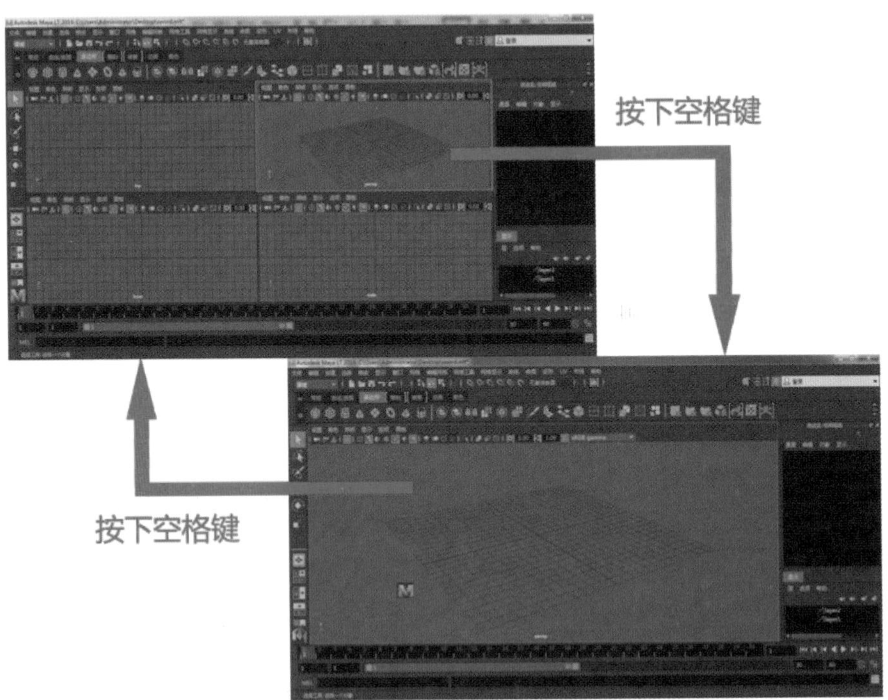

图2-2

也可以在任意视图中按住空格键会出现浮动菜单命令，同时在中心区Maya热键盒上用鼠标左键或右键滑动选择要切换到的视图，然后再松开空格键，即可切换到想要的视图，如图2-3所示。熟练视图切换操作将有助于工作效率的提高。

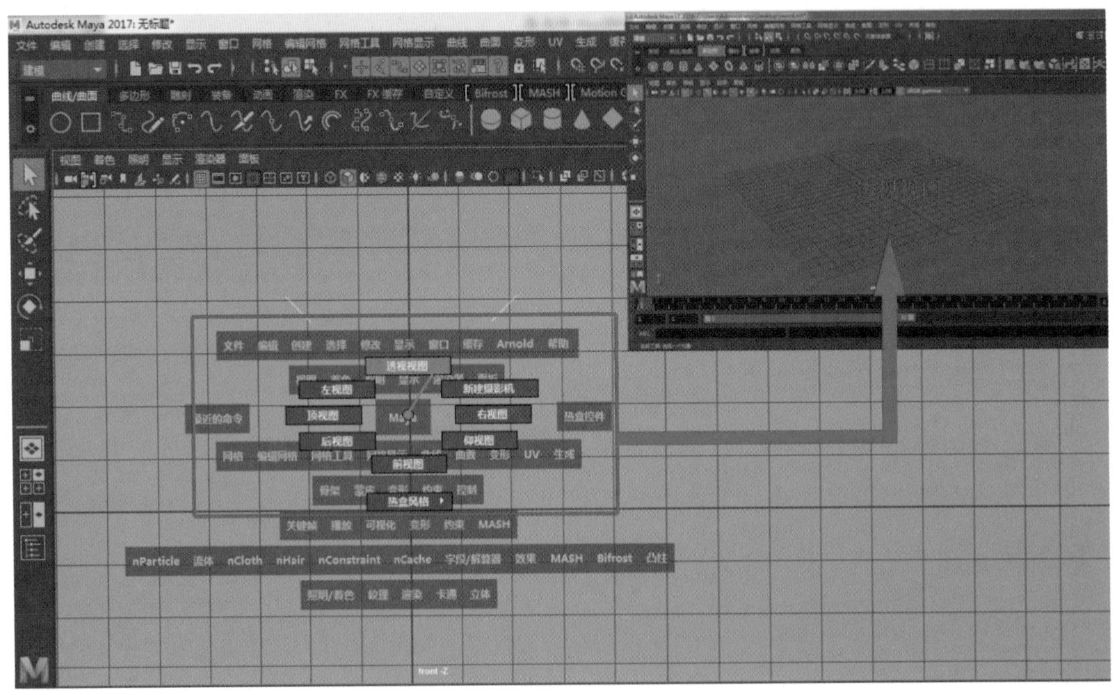

图2-3

2.2.3 视图操作

1.旋转视图操作

按Alt键 + 鼠标左键可旋转视图，如图2-4所示。注意，只适用于三维透视图操作。

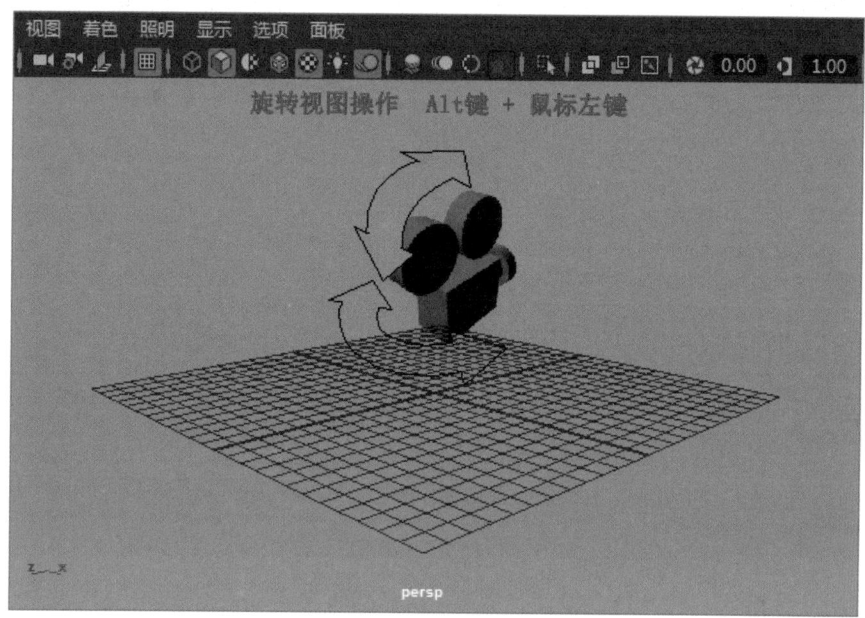

图2-4

2.平移视图操作

按Alt键 + 鼠标中键可平移视图，如图2-5所示。适用于任何视图操作。

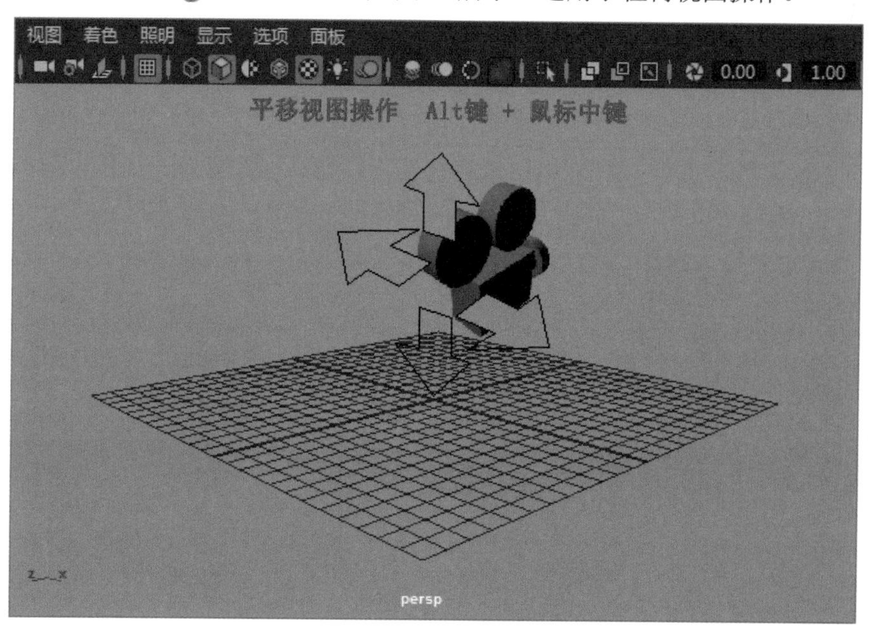

图2-5

3.推拉视图操作

按Alt键 + 鼠标右键可推拉视图（Alt键+鼠标右键向右拖动为拉近、向左为拉远、向上为推远、向下为推进），如图2-6所示。适用于任何视图操作。

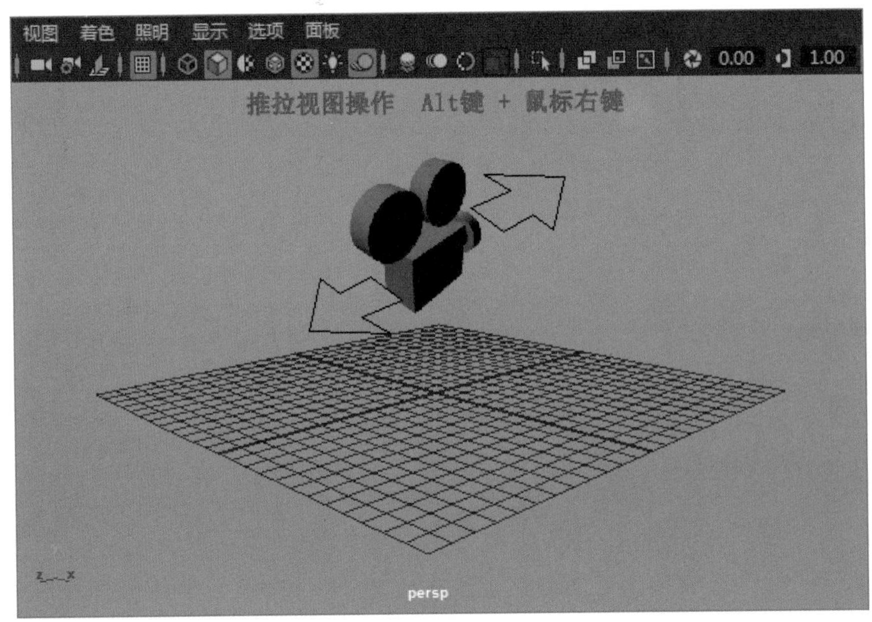

图2-6

2.2.4 视图显示

1.线框显示模式

快捷键为键盘上数字键4。视图中的模型物体将以线框模式显示，如图2-7所示。

2.实体显示模式

快捷键为键盘上数字键5。视图中的模型物体将以材质模式显示，如图2-8所示。注意：默认状态下是实体显示模式。

图2-7

图2-8

3.材质贴图显示模式

快捷键为键盘上数字键6。视图中的模型物体将会显示出链接在其表面上的纹理贴图，如图2-9所示。

4.灯光显示模式

快捷键为键盘上数字键7。视图中的模型物体将会显示出受到灯光照射的效果，可以在视图中看到灯光照射颜色、照射范围和投影效果等，如图2-10所示。

图2-9

图2-10

2.3　Maya动画制作工具

2.3.1　动画时间线

Maya 中的动画时间线提供了时间和关键帧设置的工具，包括时间滑块、范围滑块、播放控件、缓存播放和播放选项，如图2-11所示。

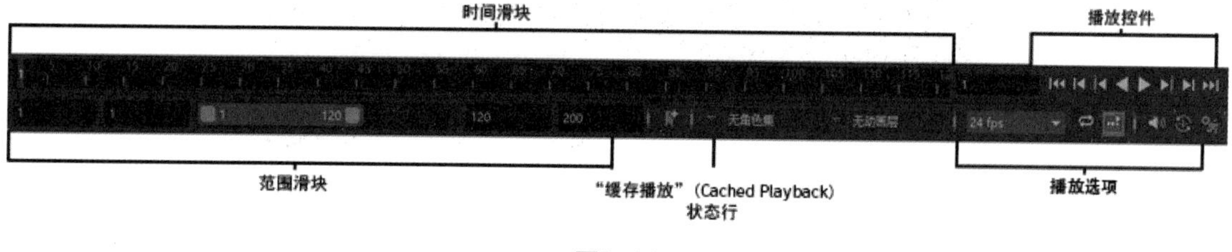

图2-11

1.时间滑块

时间滑块可以控制播放范围、关键帧（红色线条显示）和播放范围内的受控关键帧。 沿着时间滑块底部的蓝色条带是缓存播放状态行。

2.播放控件

播放控件主要用于播放动画的状态。播放控件，如图2-12所示。

图2-12

3.范围滑块

范围滑块用于控制时间滑块中反映的播放范围。通常使用范围滑块更改播放范围，如图2-13所示。

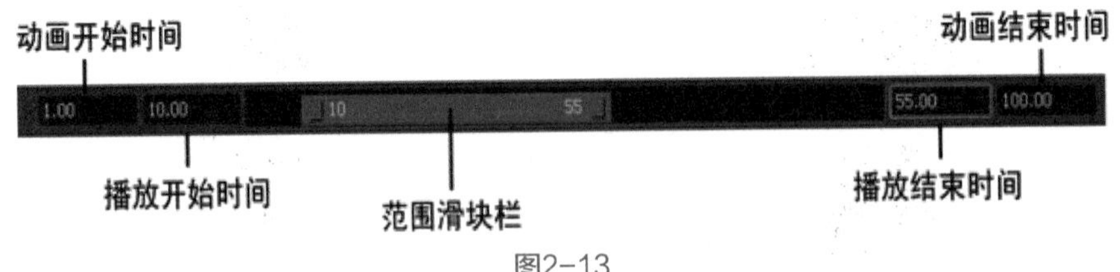

图2-13

动画开始时间：用于设定动画的开始时间。

动画结束时间：用于设定动画的结束时间。

播放开始时间：用于显示播放范围的当前开始时间。通过输入新的开始时间（包括负值）来更改该时间。如果输入的数值大于播放结束时间，则播放结束时间会自动调节数值，且大于播放开始时间。

播放结束时间：用于显示播放范围的当前结束时间。通过输入新的结束时间来更改此时间。如果输入的数值小于播放开始时间，则播放开始时间会自动调节数值，且小于播放结束时间。

4.播放选项

播放选项主要用于更改有关动画播放的设置，如图2-14所示。

图2-14

A选择播放帧速率：通过帧速率菜单可以设置场景的帧速率，以每秒帧数（fps）表示。它显示当前的帧速率。

B循环播放：可切换连续循环、播放一次、往返循环 3 个动画播放状态。

C缓存播放切换：单击此图标可打开/关闭缓存播放，缓存播放仅重新计算已在后台更改的场景部分，使用户可以实时预览和处理动画。

D自动关键帧模式：使用此图标可切换启用或关闭自动关键帧模式。使用自动关键帧后，当用户更改当前时间和属性值时，系统自动在属性上设置关键帧。

E动画首选项：此图标是时间滑块首选项的快捷方式，通过它可以设置用户想要的关键帧标记样式，以及要显示在时间滑块上的时间。

2.3.2 设置关键帧

1.设置关键帧的步骤

（1）在属性通道栏右击选择KeySelect。

（2）S键设置全部关键帧。

（3）快捷键Shift+W设置位移关键帧。快捷键Shift+E设置旋转关键帧。快捷键Shift+R设置缩放关键帧。

（4）AutoKey开启自动记录关键帧按钮开关（注意应用此功能之前，必须要先设置一个关键帧，然后再开启）。

2.关键帧编辑的步骤

1）剪切关键帧

剪切单个关键帧：在动画时间线上选择单个关键帧，在关键帧上右击并从显示的弹出菜单中选择“剪切”。

剪切多个关键帧：在动画时间线上选择多个关键帧，按住 Shift 键并在“时间滑块”中的关键帧范围内进行拖动，右击并从显示的菜单中选择“剪切”。

2）复制并粘贴关键帧

复制并粘贴单个关键帧：在动画时间线上选择单个关键帧，在关键帧上右击并从显示的弹出菜单中选择“复制”。

复制并粘贴多个关键帧：在动画时间线上选择多个关键帧，按住 Shift 键并在“时间滑块”中的关键帧范围内进行拖动，右击并从显示的菜单中选择“复制”。

3）捕捉关键帧

捕捉单个关键帧：在动画时间线上选择单个关键帧，右击并从弹出的菜单中选择“捕捉”。

捕捉多个关键帧：在动画时间线上选择多个关键帧，按住 Shift 键并在“时间滑块”中的关键帧范围内进行拖动，右击并从弹出的菜单中选择“捕捉”。

技巧提示

为了防止在制作动画过程中产生小数帧，可以执行捕捉关键帧操作，这样动画数值就可以自动吸附至整数帧。

4）删除关键帧

删除单个关键帧：在动画时间线上选择单个关键帧，在关键帧上右击并从显示的弹出菜单中选择“删除”。

删除多个关键帧：在动画时间线上选择多个关键帧，按住 Shift 键并在“时间滑块”中的关键帧范围内进行拖动，右击并从显示的菜单中选择“删除”。

5）缩放关键帧

通过缩放关键帧可以更改一系列关键帧的持续时间，或更改动画曲线分段的值。

（1）选择多个关键帧，按住 Shift 键并在“时间滑块”中的关键帧范围内通过移动外部的箭头，可以缩放关键帧。

（2）在“曲线图编辑器”中，选择“编辑”菜单下“缩放”命令，打开对话框，通过“时间缩放/枢轴”选项可以将动画范围的持续时间进行缩放。

（3）在“曲线图编辑器”中，选择“区域”工具可以缩放选择的关键帧。

（4）在“曲线图编辑器”中，选择“调整时间”工具可以缩放选择的关键帧。

6）移动关键帧

（1）打开移动关键帧工具，选择“编辑” → “变换工具” → “移动关键帧工具 ”，进行移动关键帧。

（2）选择关键帧，先在“曲线图编辑器”中按下W键，然后利用鼠标中键进行移动关键帧。

7）快速选择到关键帧

（1）选择上一个关键帧：选择一个关键帧，然后按 Alt + ,（逗号）键，以将当前选择移动到上一个关键帧。

（2）选择下一个关键帧：选择一个关键帧，然后按Alt +。（句号）键，以将当前选择移动到下一个关键帧。

8）烘焙关键帧

通常在制作角色动画时，角色骨骼系统中存在 IK 控制柄的动画曲线和关键帧信息，但没有 IK 关节的信息，因为其位置是由 IK 控制柄上的动画确定的。若要查看和编辑 IK 关节的动画信息，需要执行“编辑”菜单下“关键帧”里的“烘焙模拟”命令，进行烘焙关键帧操作。

3.设置中间帧

1）添加中间帧

选择动画属性或通道，在“窗口” → “动画编辑器” → “曲线图编辑器”中，选择“关键帧”菜单下“添加中间帧”，可添加当前时间的中间帧。

2）移除中间帧

选择动画属性或通道，在“窗口” → “动画编辑器” → “曲线图编辑器”中，选择“关键帧”菜单下“移除中间帧”，可删除当前时间的中间帧。

4.关键帧显示类型

- 菱形关键帧：非加权切线。
- 方形关键帧：加权切线。
- 圆形关键帧：四元数曲线上的关键帧（无切线）。

2.3.3 油性铅笔工具

打开“油性铅笔”工具，单击“面板”工具栏中的“油性铅笔”图标，或从“面板”菜单中选择“视图”→“摄影机工具”→“油性铅笔”，如图2-15所示。油性铅笔工具使用详细说明，如表2-1所示。

图2-15

表2-1

图标	含义	描述
	添加帧（Add frame）	在“时间滑块”（Time Slider）中的当前时间添加油性铅笔帧
	移除帧（Remove frame）	在“时间滑块”（Time Slider）中的当前时间移除草图和油性铅笔帧
	铅笔（Pencil）	
	记号笔（Marker）	
	软铅笔（Soft Pencil）	
	更改颜色（Change color）	单击以打开颜色选择器的精简版，并更改工具颜色；双击以打开完全的颜色选择器

续表

图　标	含　义	描　述
	橡皮擦（Eraser）	在当前帧擦除油性铅笔草图上的笔刷笔画。 注： 如果正在 Wacom 设备上绘制草图且已安装最新的驱动程序，还可以使用光笔橡皮擦进行擦除
	显示前方帧重影（Show Pre-Frame Ghosts）	显示针对当前帧之前的帧的重影草图
	显示后方帧重影（Show Post-Frame Ghosts）	显示针对当前帧之后的帧的重影草图
	导入油性帧（Import Grease Frames）	打开一个文件浏览器，以便在正确的时间使用归档中的图像更新场景
	导出油性帧（Export Grease Frames）	创建包含场景油性铅笔图像的归档文件，以及包含图像名称和时间的一个.xml 文件，以便其他应用程序使用这些数据。用户可以共享油性铅笔场景
	帮助（Help）	打开“油性铅笔”（Grease Pencil）帮助

技巧提示

若要退出“油性铅笔”工具，按下快捷键Q即可退出。

2.3.4 曲线图编辑器

曲线图编辑器是一个功能强大的关键帧动画编辑对话框，包括工具菜单栏、大纲视图和图表视图。它提供一种更为直观的方式来操纵场景中的动画曲线和关键帧，用来显示场景动画的图表视图，以便用户通过多种方式创建、查看和修改动画曲线。

曲线图编辑器工具栏位于顶部，其中包括许多快速访问控件，用于在图表视图中处理关键帧和曲线。左侧是曲线图编辑器大纲视图，用户可以在其中找到表示动画曲线的曲线图编辑器节点，它类似于 Maya 的大纲视图功能。右侧是曲线图编辑器的图表视图，用户可以在其中编辑曲线和关键帧，如图2-16所示。

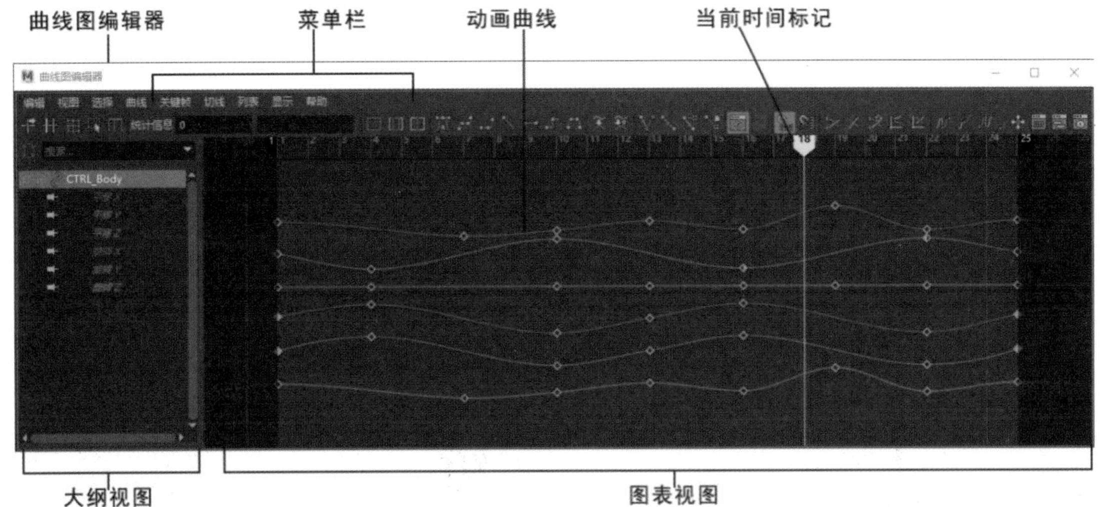

图2-16

打开曲线图编辑器，执行以下操作。

从主菜单栏中，选择“窗口”→“动画编辑器”→“曲线图编辑器”。

从视图菜单栏中，选择“面板”→“面板”→“曲线图编辑器”。

在曲线图编辑器中可进行的操作如下。

平移曲线图编辑器：按住 Alt 键并使用鼠标中键拖动。

缩放曲线图编辑器：按住 Alt 键并拖动鼠标右键。此操作会基于鼠标光标的位置使缩放居中。

水平垂直缩放动画曲线：按住 Alt + Shift 快捷键并使用鼠标右键拖动。

显示整体动画曲线：选择动画曲线，然后单击 F 键框显示当前选择。

锁定曲线：按 H 键锁定曲线，按 J 键解除锁定曲线。

调整曲线图编辑器中的动画曲线或关键帧的方法如下。

第1种方法：在曲线图编辑器中框选关键帧进行移动操作，注意要先选择需要移动的关键帧，在曲线图编辑器中按下W键加选鼠标中键同时拖动，可进行上下或左右移动关键帧操作。此时，如果再同时按Shift键，可以锁定水平或垂直方向进行移动。

第2种方法：在时间线上，按下Shift键同时在时间线上滑动鼠标，鼠标经过的区域会显示成红色，选择前面的小三角可以从前往后缩放关键帧，选择后面的小三角可以从后往前缩放关键帧，选择中间的小三角可以整体移动所选择的关键帧。

第3种方法：应用曲线图编辑器中“编辑”菜单下“变换工具”里的相关动画工具进行动画曲线的调整，如图2-17所示。

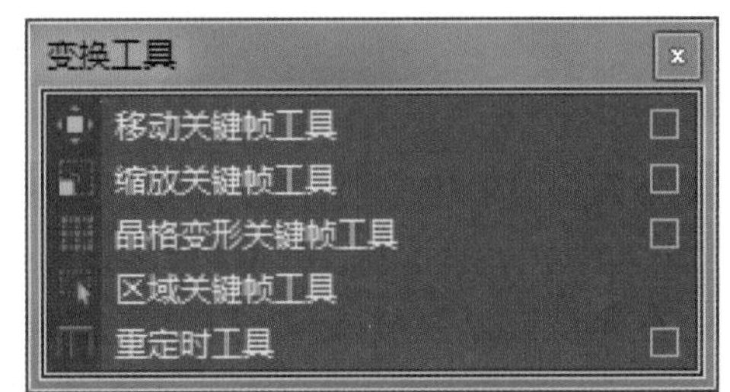

图2-17

1.移动关键帧工具

在“曲线图编辑器”中，选择“编辑”→“ 变换工具” →“移动关键帧工具”，以使用“移动关键帧工具”操纵关键帧组（按比例或相对于选定关键帧），如图2-18所示。

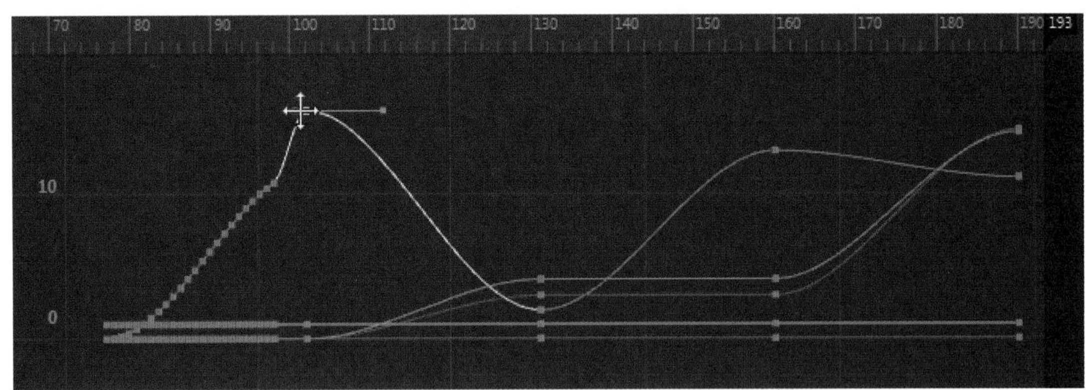

图2-18

技巧提示

仅当“曲线图编辑器”处于活动状态时，“变换工具”的“移动关键帧工具”才可用。

2.缩放关键帧工具

在“曲线图编辑器”中，使用“缩放工具”可在图表视图中缩放动画曲线分段的区域和关键帧的位置，如图2-19所示。

选择“变换工具” → “缩放关键帧工具”，可打开一个对话框进行缩放关键帧设置。可在“曲线图编辑器”中，使用“缩放关键帧工具”或者“区域关键帧工具”在图表视图中缩放动画曲线。

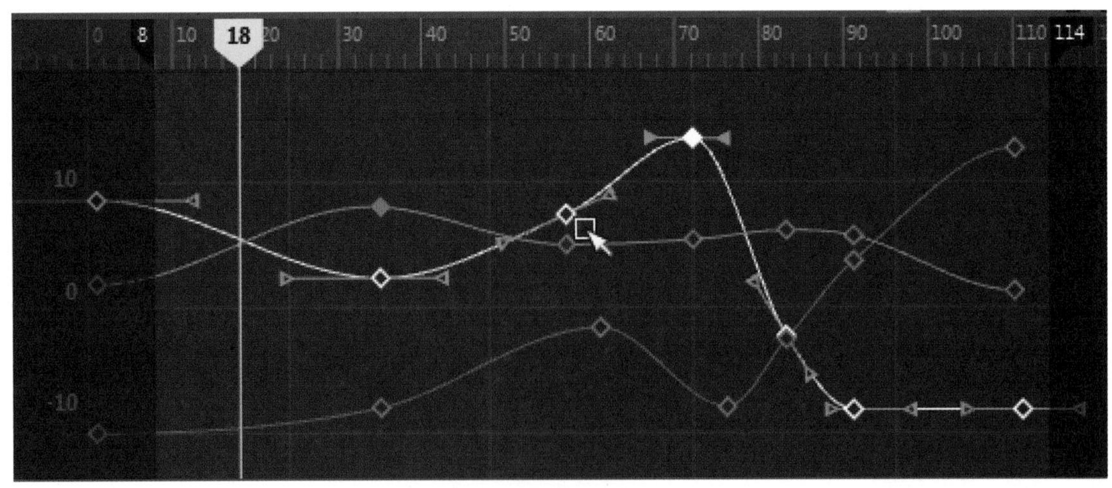

图2-19

技巧提示

在曲线图编辑器中选择动画曲线时，按下Shift键加选鼠标中键同时拖动，可以对选择的动画曲线进行上下缩放或左右缩放。

3.晶格变形关键帧工具

在“曲线图编辑器”中，单击图标，或选择“编辑”→“变换工具”→“晶格变形关键帧工具”，可使用晶格变形关键帧工具来操纵曲线，如图2-20所示。

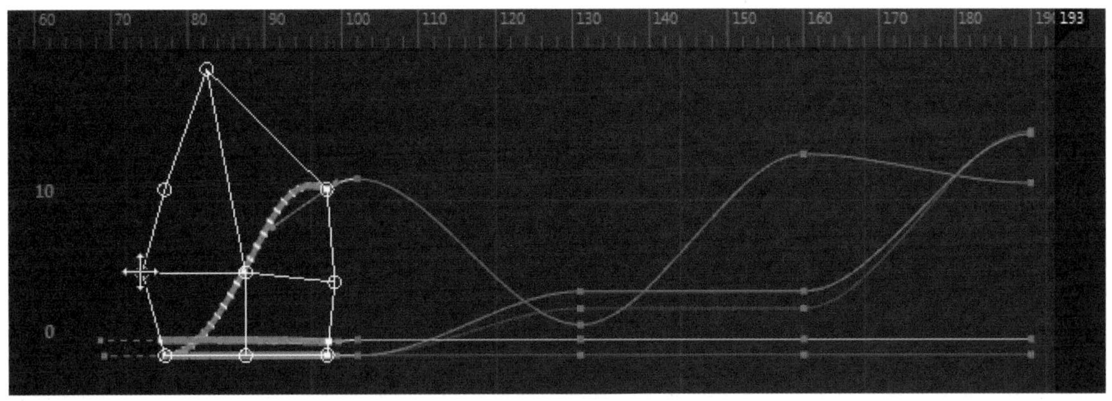

图2-20

晶格变形关键帧工具用于围绕关键帧组绘制晶格变形器，以便用户可以一次操纵许多关键帧。该工具可提供对动画曲线的高级别控制。围绕关键帧组绘制晶格后，可以移动该晶格的控制点，以变形受影响的动画曲线；也可围绕拾取的点缩放晶格点，以变换受影响的曲线。

用户还可以使用晶格变形关键帧工具，将位于单个（水平或垂直）图表视图轴中的关键帧变形。

4.区域关键帧工具

在“曲线图编辑器”中，单击图标，或者选择“编辑”→“变换工具”→“区域关键帧工具”，可以使用区域关键帧工具进行区域选择，如图2-21所示。

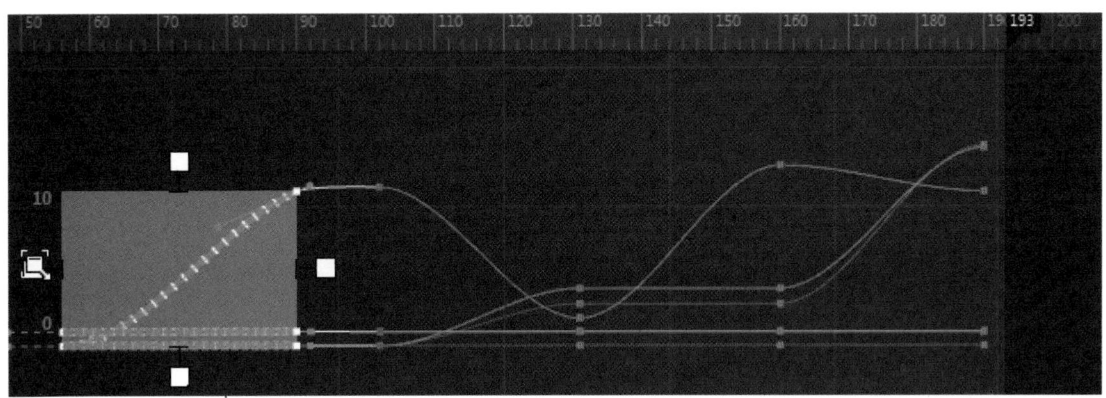

图2-21

通过区域关键帧工具，可以在图表视图区域中拖动以选择一个区域，然后在该区域内在时间和值上缩放关键帧。

5.重定时工具

在“曲线图编辑器”中，单击■图标，或选择“编辑 ”→“变换工具” →“重定时工具”，可启用重定时工具，如图2-22所示。

使用重定时工具可以创建和操纵重定时标记在时间方向上偏移曲线或曲线分段，或调整整个动画序列，以加快或减慢其速度变化。

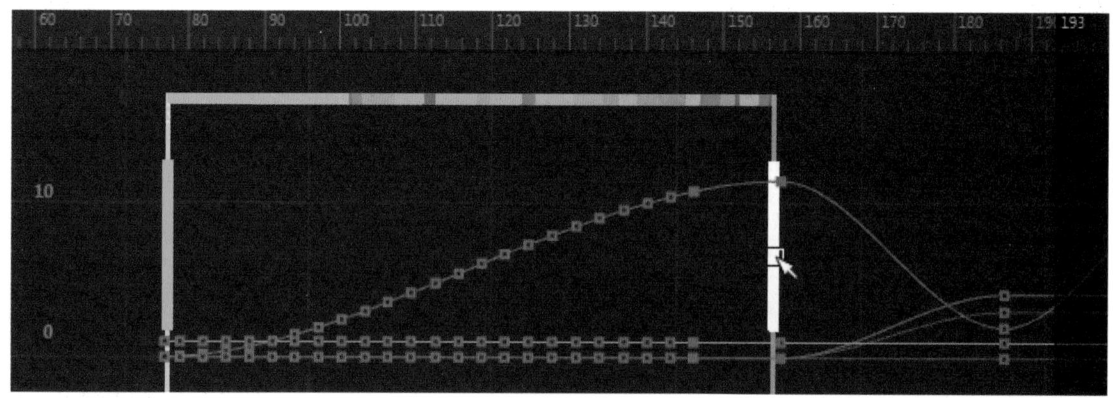

图2-22

技巧提示

若要退出重定时工具（Retime Tool），可选择任何其他工具。

2.3.5 动画切线类型

在制作三维动画过程中，通常都是通过调整曲线切线类型来达到调整动画速度变化的目的。

“切线”菜单将设置当前时间的关键帧或选定时间范围内的所有关键帧的切线类型。

1.样条线切线

“样条线切线”（Spline）类型是在选定关键帧之前和之后的关键帧之间创建一条平滑的动画曲线，如图2-23所示。

2.线性切线

“线性切线”（Linear）类型是将动画曲线创建为接合两个关键帧的直线，如图2-24所示。

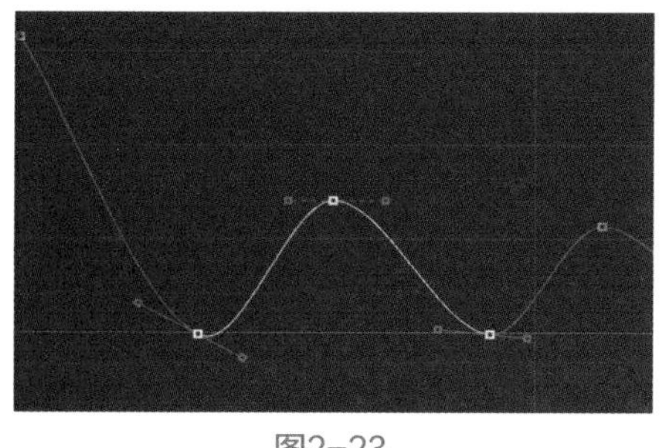
图2-23

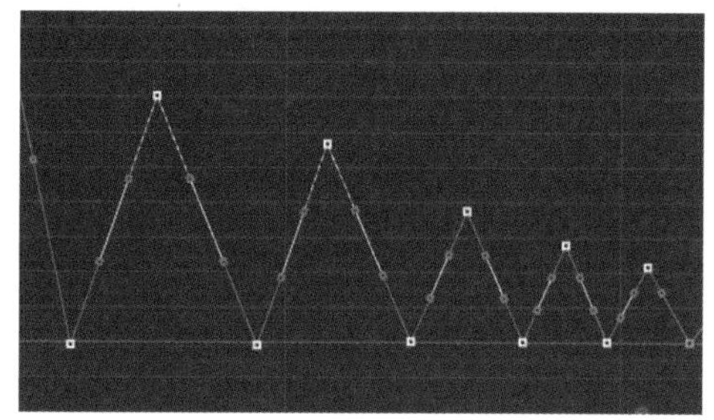
图2-24

3.钳制切线

“钳制切线”（Clamped）类型是创建具有线性和样条曲线组合特征的动画曲线，如图2-25所示。在Maya环境首选项中，“钳制切线”是默认的切线类型。

4.阶跃切线

“阶跃切线”（Stepped）类型是创建出切线为平坦曲线的动画曲线，如图2-26所示。若要创建类似闪光灯的效果，则需要使用阶跃切线。

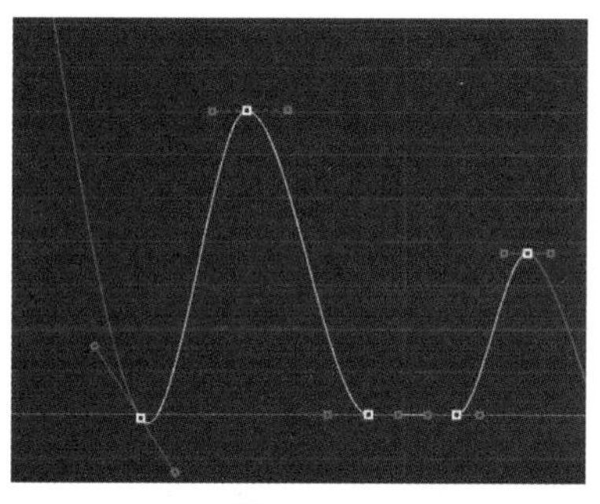
图2-25

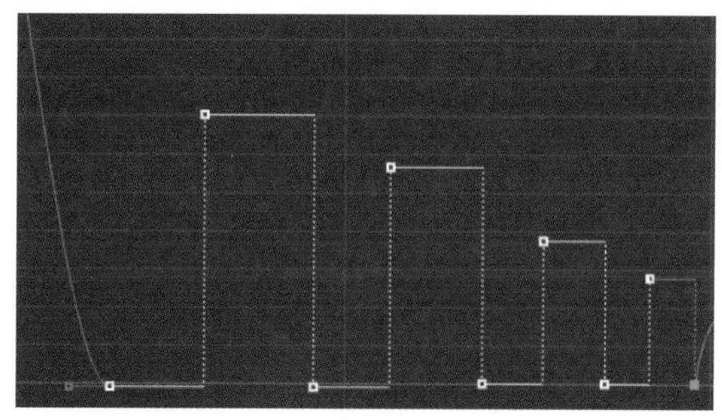
图2-26

5.平坦切线

“平坦切线”（Flat）类型是将关键帧的入切线和出切线设置为水平（渐变为 0 度），如图2-27所示。

6.高原切线

“高原切线”（Plateau）类型不仅可以使动画曲线缓入和缓出其关键帧（如样条线切线），而且还可以展平出现在等值关键帧（如钳制切线）之间的曲线分段，如图2-28所示。

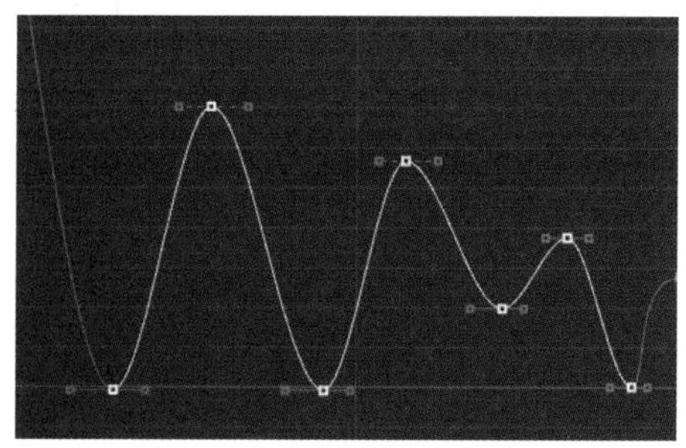
图2-27

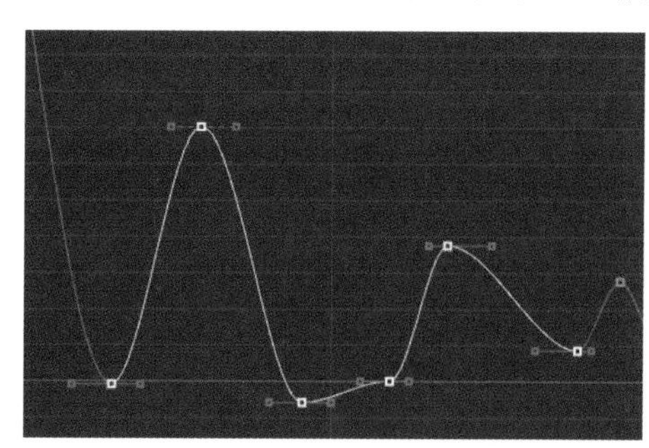
图2-28

技巧提示

断开切线：分别操纵入切线和出切线控制柄，即可编辑进入或退出关键帧的曲线分段，且不会影响其反向控制柄。

统一切线：此设置仅适用于断开的切线，统一后，断开的切线将重新连接起来，但会保留新角度。

2.3.6 摄影机序列器

应用“摄影机序列器”（Camera Sequencer）提供的工具，可以布置和管理摄影机快照，然后在场景中生成动画的一段渲染影片。用户可以开始在 Maya 中布置快照，或先导入用户自己的包含音频和视频片段信息的 FCP 格式编辑文件，即使对于大型场景，也可以生成影片片段，以实现实时播放。通过摄影机序列器，用户可以编辑事件和声音的同步和计时。使用摄影机序列器，可操纵关键帧时间，其在视图区域中表示为彩色矩形。这些块沿水平轴表示整型时间单位。垂直轴表示当前加载到摄影表大纲视图中的项目。

摄影机序列器包含菜单栏、工具栏、大纲视图、播放控件、快照视图区域和声音轨迹区域，如图2-29所示。

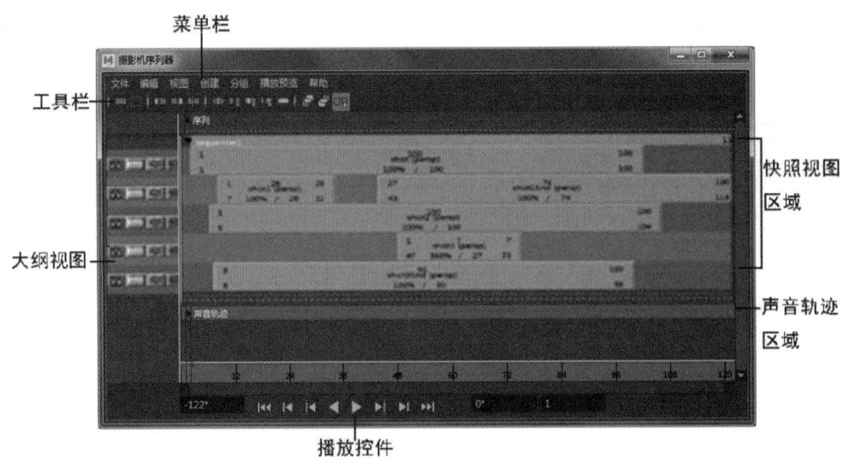

图2-29

打开摄影机序列器，执行以下操作。

（1）在“曲线图编辑器”窗口中，单击打开“摄影机序列器图标”。

（2）从主菜单中，选择“窗口”→“动画编辑器” →“摄影机序列器”。

（3）从场景视图中，选择“面板” →“面板”→“摄影机序列器”。

2.3.7 时间编辑器

“时间编辑器”是一个非线性动画编辑器，支持用户在易于使用的工作流中编辑和管理许多实际绑定角色，如图2-30所示。时间编辑器可用于对动画进行高级控制，使用户能以一种非线性、非破坏性的方式对序列进行分层和混合。它有助于用户重用和微调使用关键帧、表达式和约束创建的动画。在 Maya 中可以创建和编辑带任何可设置对象的关键帧或属性的动画序列。

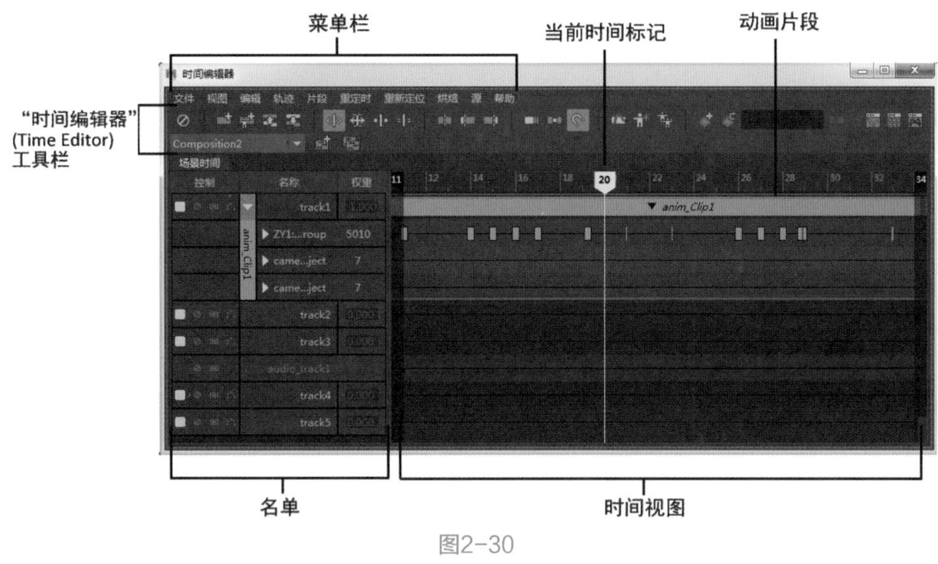

图2-30

2.3.8 Trax 编辑器

"Trax 编辑器"（Trax Editor）是一种高级动画工具，可用于选择和控制角色及其动画片段、层和混合动画序列，同步动画和音频片段，以及在映射的角色之间拖放动画片段，如图2-31所示。

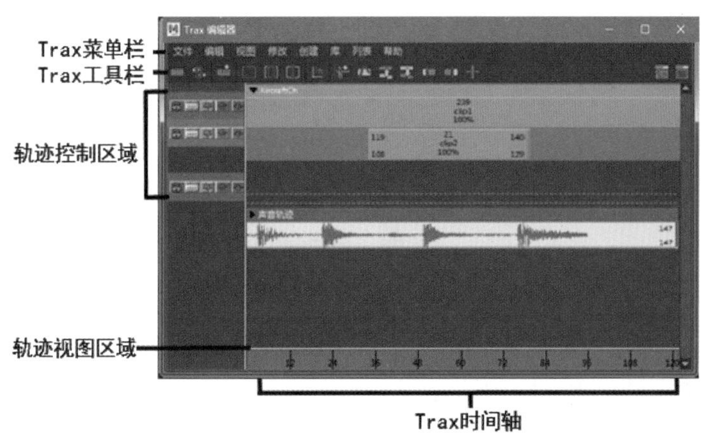

图2-31

使用"Trax 编辑器"（Trax Editor）可以处理除运动路径动画以外的任何类型的动画。例如，假定用户已为角色的行走设置了关键帧，并且希望将其变成循环行走，那么可以为关键帧动画序列创建片段，缩放并修剪该片段使其具有合适的长度以及类似的开始姿势和结束姿势，然后创建正确的循环行走片段。如果要更改循环行走的步调或节奏，可以为片段创建时间扭曲曲线，或者如果要将行走变成行进，可以直接操纵角色和关键帧进行剪辑。由于用户正在使用片段，因此可以对该角色的行走序列执行所有的这些操作，而不破坏原始关键帧动画。

2.3.9 动画层

动画层通常应用在场景中创建并混合多个级别的动画，而不破坏原始动画。创建动画层时有两种基本方法可供选择。一是先创建空层，稍后再将属性添加到其中，或者为选定对象创建层，然后让其属性自动添加到该层。二是确定创建动画层时动画层所处的层模式（相加或覆盖），或者先创建层，然后再更改层的模式。

使用动画层可以在一个场景中创建和混合多个级别的动画，如图2-32所示。创建层之后可用于组织新的关键帧动画，或者用于在不覆盖原始曲线的情况下在现有动画顶层设定关键帧动画。

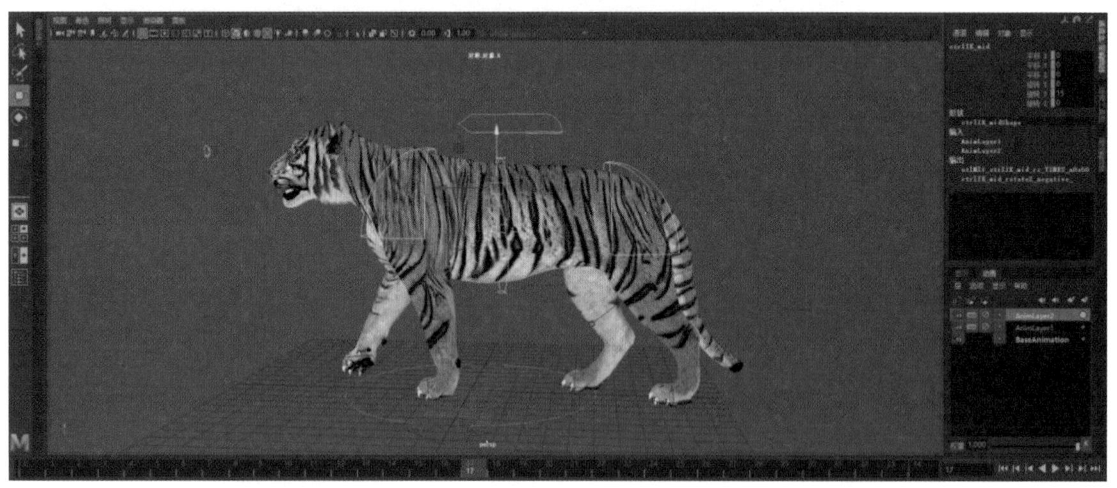

图2-32

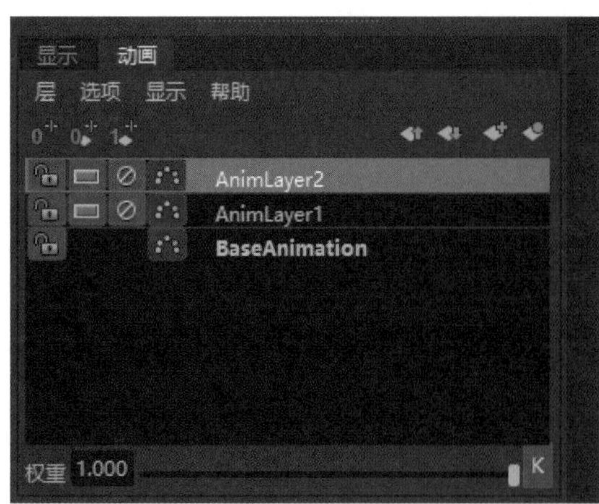

图2-33

动画层将动画保持在场景中，每层均包含关于各自指定属性的动画曲线。动画层以堆叠形式出现在动画层关系编辑器中，并根据堆叠的动画层将动画混合在一起，从而创建出最终的动画效果，如图2-33所示。

例如，用户可能会加载一个动画序列，其中有一个角色在奔跑和跳跃，用户希望在顶层创建一个新的动画层，以尝试修改跳跃动作。这时首先可以观看原始动画，以确定要在Y轴哪一点的位置上放大角色的运动，然后在新层上设定关键帧，以便查看 translateY 值的更改如何影响跳跃动作。如果对修改后的跳跃动作感到满意，则可选择合并动画层。如果决定保留原始动画不变，则可丢弃该层。

技巧提示

Maya动画层还可用于在不覆盖原始曲线的情况下修改动画，使用动画层修改现有动画。

用户还可以将层添加到时间编辑器中的现有动画，但要执行该操作，用户必须使用时间编辑器片段层。用户无法同时使用动画层和片段层驱动动画，因为这会产生冲突。

2.3.10　动画重影

通过对象动画重影可了解动画在场景中的移动方式，与只使用一条线来显示已设置动画对象移动位置的运动轨迹不同，重影对象在用户指定的时间点显示对象的半透明表示，如图2-34所示。

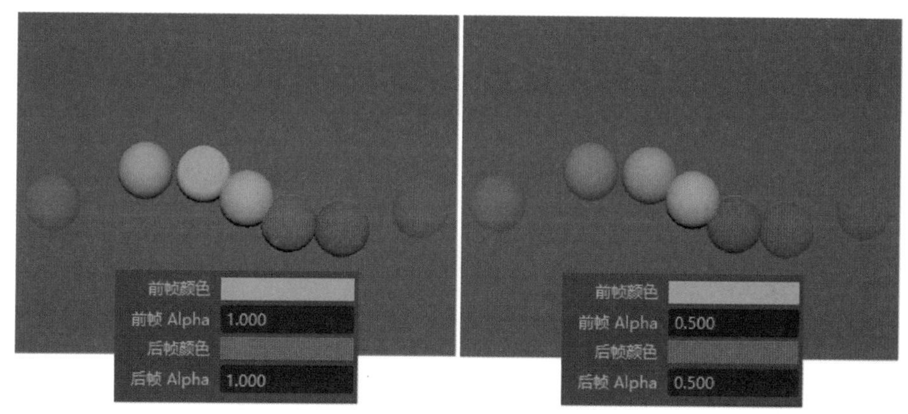

图2-34

“缓存播放”(Cached Playback)可用于为变形的网格生成重影，并提高播放速度。

重影的不透明度和颜色可轻松区分动画的各个帧。默认情况下，不透明度渐变从距离当前帧最近的重影线性向下渐变到距离当前帧最远的重影。可以使用“属性编辑器”(Attribute Editor)中的选项来调整重影不透明度和颜色。

技巧提示

为变形的网格生成重影时，必须启用缓存。

1.为对象生成重影

选择要为其生成重影的对象或层次的根。

在“动画”（Animation）模块中选择“可视化”→“为选定对象生成重影”（Visualize → Ghost Selected）→ ❐。

设定所需的“重影选项”(Ghost Options)，然后单击“重影”(Ghosts)。

2.设置绘制的重影的数量

打开“动画首选项”：选择“窗口” → “设置/首选项” → “首选项”（Window→Settings/Preferences→Preferences），然后选择“显示”(Display)下的“动画”(Animation)类别。

在“重影”区域中，设置重影首选项。

3.更改重影的颜色

选择“窗口” → “设置/首选项” → “颜色设置”（Window → Settings/Preferences→Color Settings）。

在“常规”（General）选项卡下，展开“重影”。

使用颜色滑块选择颜色。

4.取消对象的重影

选择对象，在“动画”模块中选择“可视化” → “取消选定对象的重影”（Visualize → Unghost Selected） → ❐。

根据需要设置取消重影选项，可以选择仅取消选定对象的重影，或取消选定对象及其所有子对象的重影。

5.取消场景中所有对象的重影

在“动画”块中选择“可视化” → “全部取消重影”（Visualize → Unghost All）。

6.在对象变换过程中禁用重影显示

转到“首选项”（Preferences）窗口中的“显示”(Display)类别。

在“性能”（Performance）区域中，启用“快速交互”(Fast Interaction)。

2.3.11 运动轨迹

图2-35

在三维动画制作中，所有的动画都是会有运动轨迹的，可以通过创建显示运动轨迹来查看关键帧之间的节奏、间距和速度，以此检查当前动画的制作是否合理。

创建可编辑的运动轨迹，选择要预览的已设置动画的节点，执行删除或隐藏运动轨迹的操作。

选择“可视化” → “创建可编辑的运动轨迹”（Visualize→Create Editable Motion Trail），如图2-35所示。

1.删除运动轨迹

在大纲视图中选择运动轨迹，然后按 Delete 键。

2.隐藏运动轨迹

在大纲视图中选择运动轨迹，然后按 Ctrl + H 快捷键。若要再次显示此运动轨迹，需要在大纲视图中选择此运动轨迹，然后按 Shift + H 快捷键。

2.3.12 创建转台动画

选择要为其创建转台动画的对象，执行动画模块中的“可视化”→“创建转台”。输入要查看转台在其中呈 360°全方位旋转的帧数，然后单击应用，如图2-36所示。设置的帧数确定转台动画的速度。例如，60 帧的转台动画的播放速度比 120 帧的转台动画快一倍。

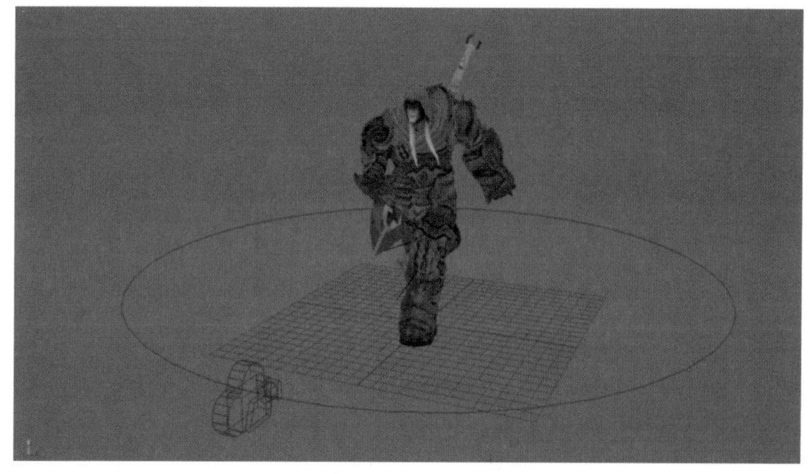

图2-36

技巧提示

默认情况下，转台动画开始于第1帧并播放指定的帧范围。按Esc键停止转动动画。

2.3.13 播放预览

播放预览是一种快速动画预览功能，通过对视图的每一帧进行“拍屏”，可用于绘制动画草图，从而提供最终渲染结果的逼真概念而无须花费时间进行正式渲染。通过播放预览，可以在播放期间逐帧对视口中的动画执行屏幕抓取，然后生成视频文件，并通过计算机系统默认的播放器播放出来，从而及时快速地评估动画效果。同时，也可以通过多种格式保存当前的视频文件。在时间滑块上右击，会弹出“动画控制”菜单，选择“播放预览”命令，“播放预览选项”对话框如图2-37所示。

图2-37

执行播放预览命令操作方法如下：

- “窗口”→“播放预览”(Windows→ Playblast)。
- 在“动画”(Animation)模块中，选择“播放”→“播放预览”（Playback →Playblast）。

技巧提示

在结束动画工作之前，动画师需要通过播放预览回放测试自己创作的动画效果。动画师不断检测并精修得越多，最终的动画作品效果会越好。

案例实战

视频讲解

2.4 小球动画

小球弹跳动画是动画师学习动画的入门基础训练课程。本章节通过简单小球下落动画制作，学习制作动画前必须掌握的软件基本操作命令。学习小球弹跳原理、学习如何创建关键帧及如何在曲线图编辑器中调整动画。学习 Maya 中的一些动画工具应用，目的是让大家熟练掌握这些工具的使用，因为这些工具在三维动画的制作过程中会经常用到。小球弹跳动画虽然简单，但是包含了动画中许多基础的运动规律。

2.4.1 小球弹跳原理

小球受重力影响下落（呈现加速度），接触地面反作用力弹起（同时受重力影响，速度递减），因为有阻力，高度也越来越低（高度呈一个递减的变化），如图2-38所示。

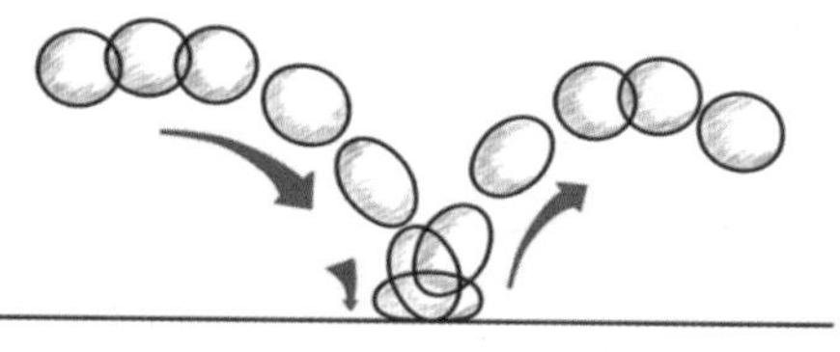

图2-38

小球从空中落下是加速运动，所以，小球Y轴位移曲线在小球落地前，应呈现加速度曲线。小球落地后，受到地面反弹向上弹起，此时为减速度运动，所以小球Y轴位移曲线为减速度曲线，如图2-39所示。

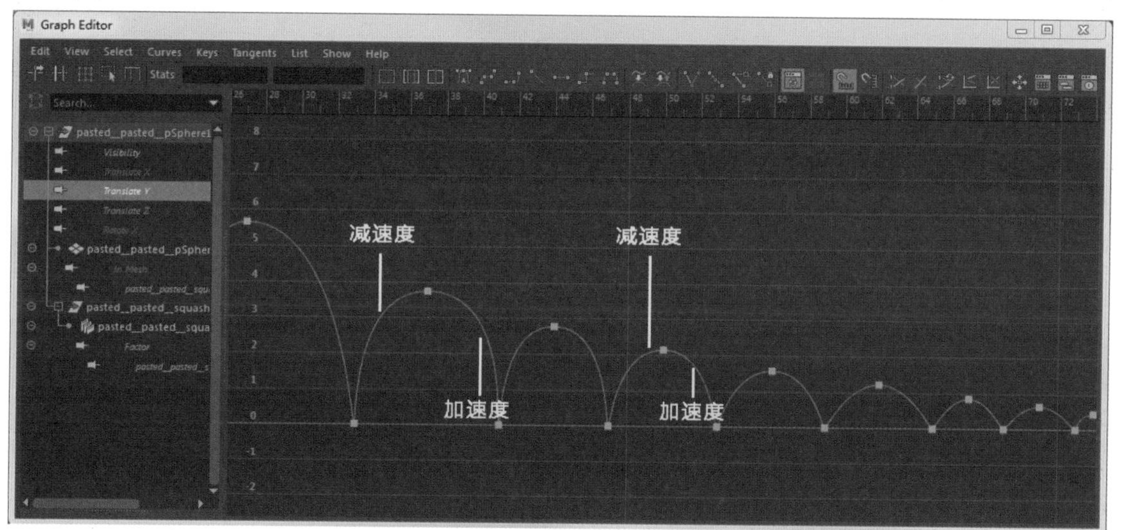

图2-39

不同材质的球弹跳的节奏也不同，如图2-40所示。不同质量的球体，其运动状态也是不同的。下面分别以桌球、足球和弹力球为例，来理解一下它们各自的运动特点。桌球弹跳的次数少；而足球由于重量的关系，弹跳的次数和高度会比桌球多很多；弹力球的运动速度是最快的，弹跳的次数也是最多的。

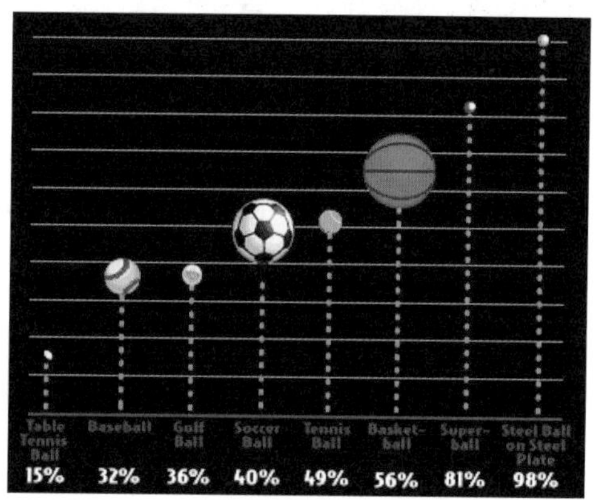

图2-40

2.4.2 小球关键帧动画

Step01 创建一个多边形球体，赋予一个材质球，将材质球的颜色调整为红色，如图2-41所示。

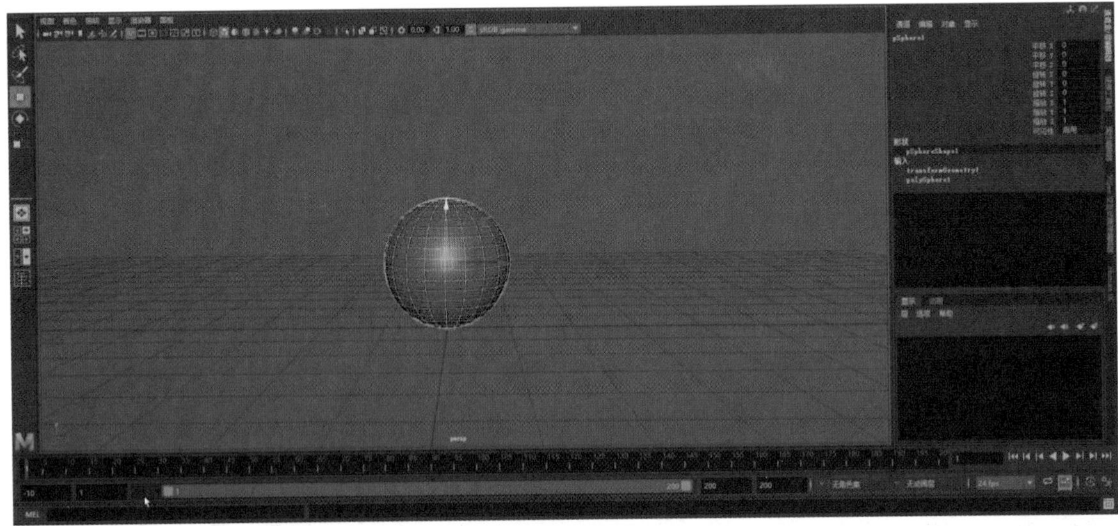

图2-41

Step02 打开动画“首选项”，将“时间滑块”“播放”栏“最大播放速度”设置为24fps×1，单击“保存”按钮，如图2-42所示。

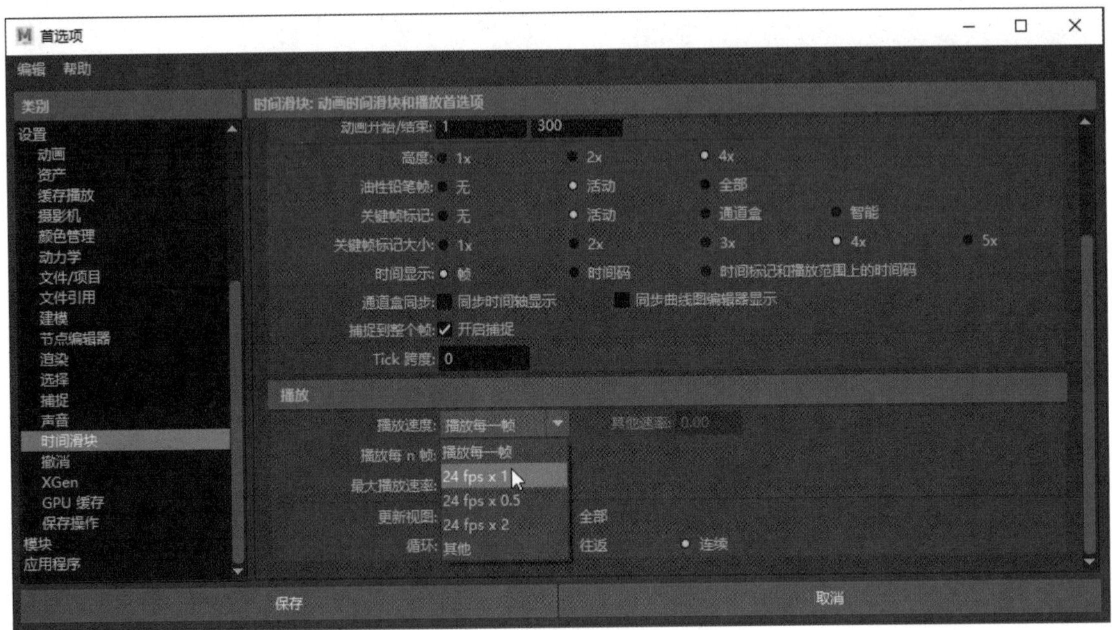

图2-42

Step03 在动画时间线第1帧位置按下S键，加入关键帧，此时动画时间线会有红色关键帧标记，右侧“通道盒/层编辑器”属性栏会有红色显示，如图2-43所示。

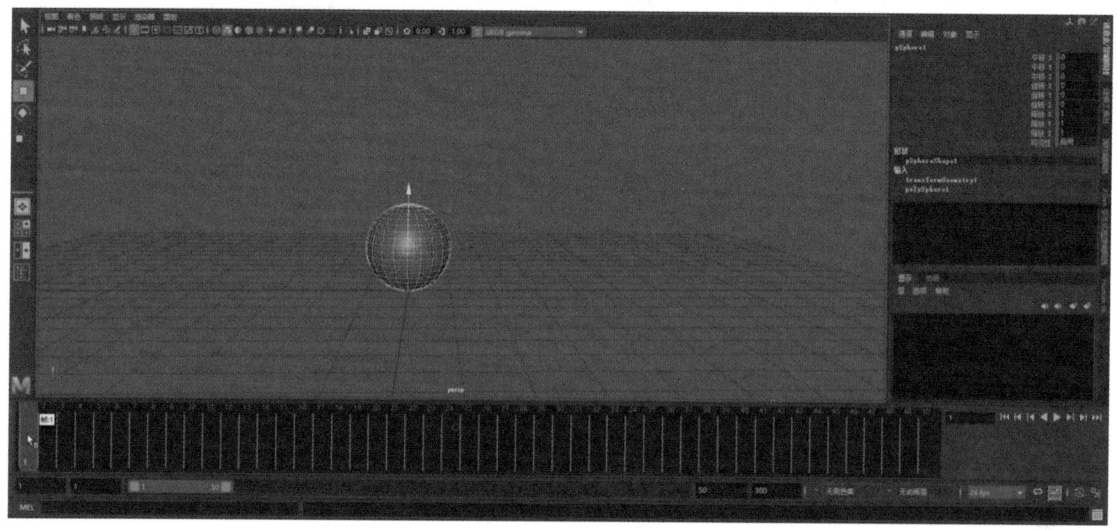

图2-43

Step04 分别在动画时间线第10帧、第20帧、第30帧、第40帧、第50帧位置上按下S键，设置小球的关键帧，如图2-44所示。

图2-44

Step05 执行“窗口”菜单“动画编辑器”选项下的“曲线图编辑器”，如图2-45所示。

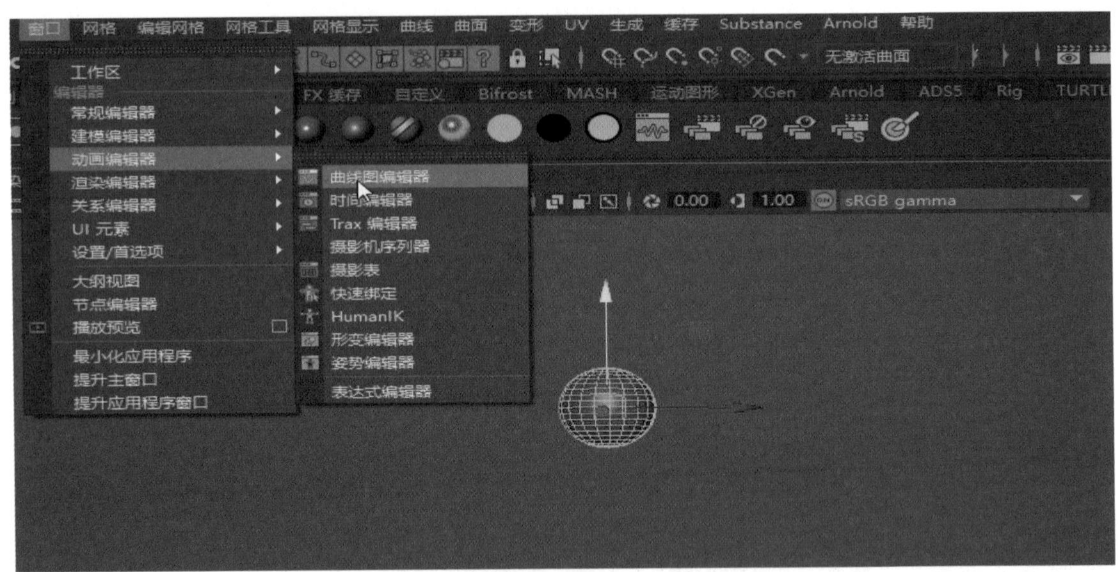

图2-45

Step06 开启“自动记录关键帧”按钮，此时再移动小球Y方向的位置，关键帧会被自动记录下来，如图2-46所示。

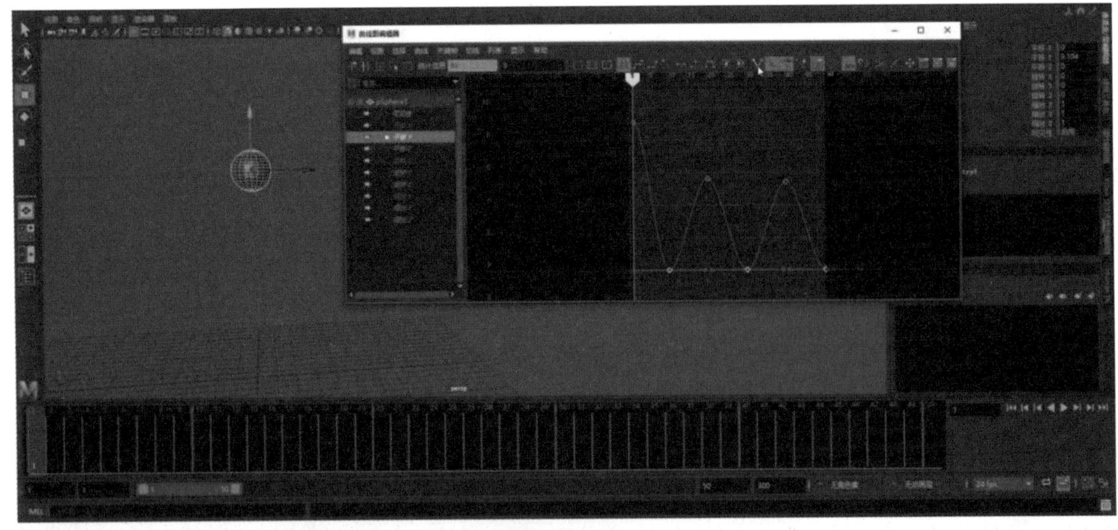
图2-46

Step07 由于小球是受重力下落，小球从空中落下是加速度运动，小球落地后受到地面反弹向上跳起，此时为减速度运动，小球落地与地面发生碰撞，直到力的消失，小球停止运动。实现小球的弹跳动画，一定要符合小球弹跳的运动规律，必须通过调整动画曲线来达到小球速度的变化，在“曲线图编辑器”工具栏中选择“断开切线”图标，调整动画曲线为抛物线，如图2-47所示。

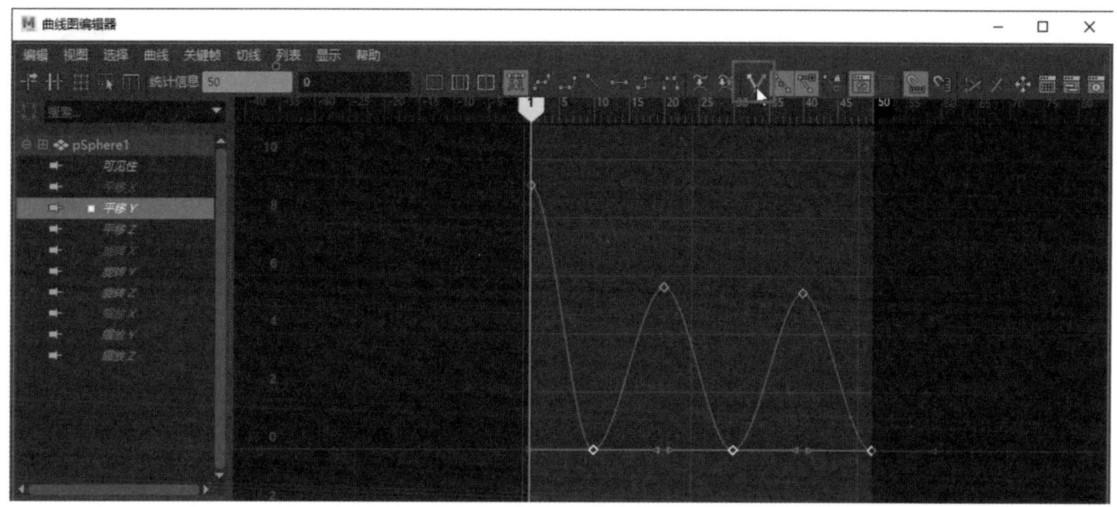

图2-47

2.4.3 动画曲线调整

Step01 此时小球弹跳的节奏很平均，间距没有变化，在动画时间线上按住Shift键选择关键帧进行移动，如图2-48所示。

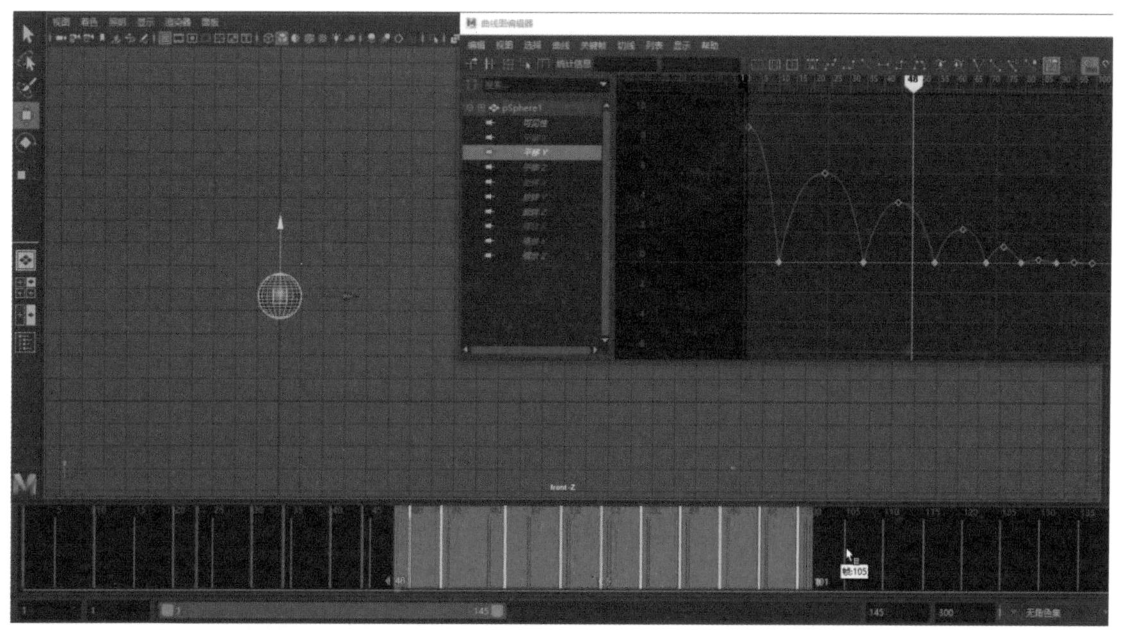

图2-48

Step02 接下来通过缩放关键帧和移动关键帧操作来调整动画曲线，从而改变小球弹跳的动画节奏变化，如图2-49所示。

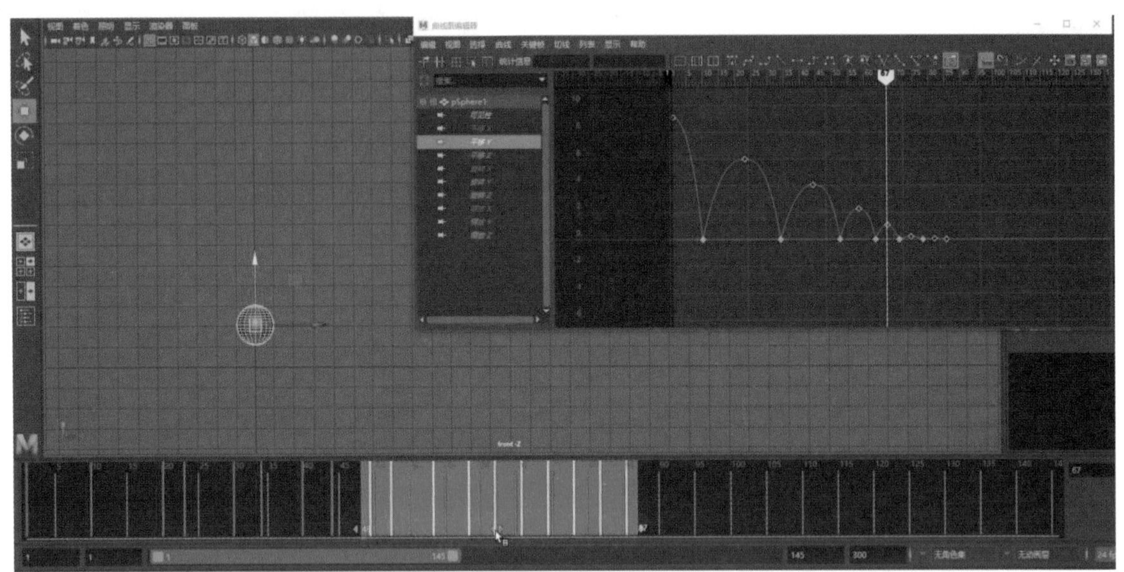

图2-49

Step03 由于对关键帧进行缩放操作，关键帧数值会出现小数，所以可以在动画时间线上按住Shift键选择关键帧，右击在弹出的菜单选择“捕捉”命令，此时选择的关键帧会自动捕捉到整数，如图2-50所示。

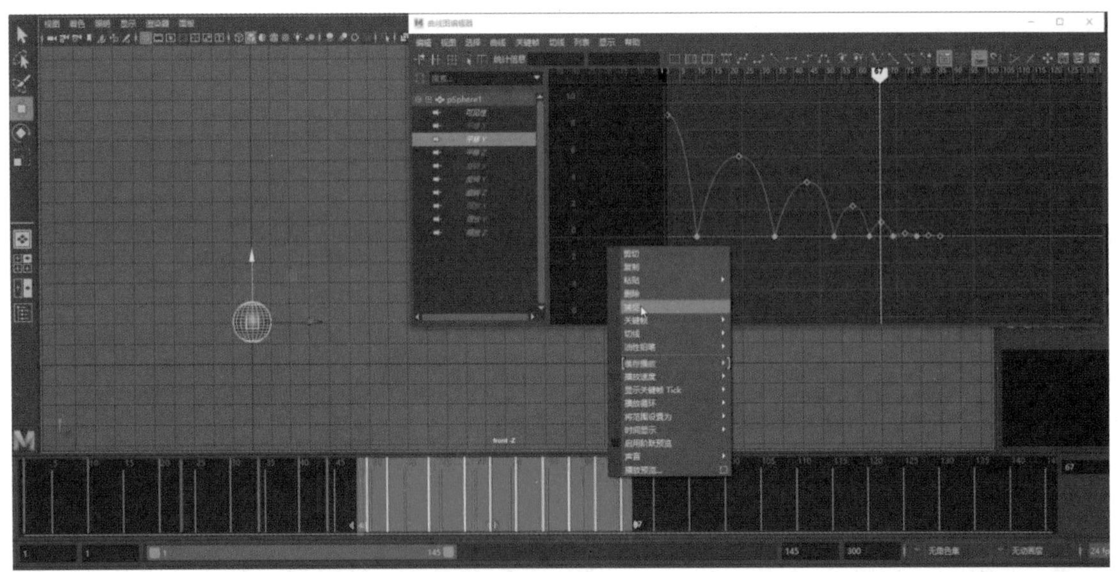

图2-50

Step04 最后调整一个正确的间距，小球的弹跳动画曲线，如图2-51所示，至此小球弹跳动画就完成了。单击“播放”按钮可查看动画效果。

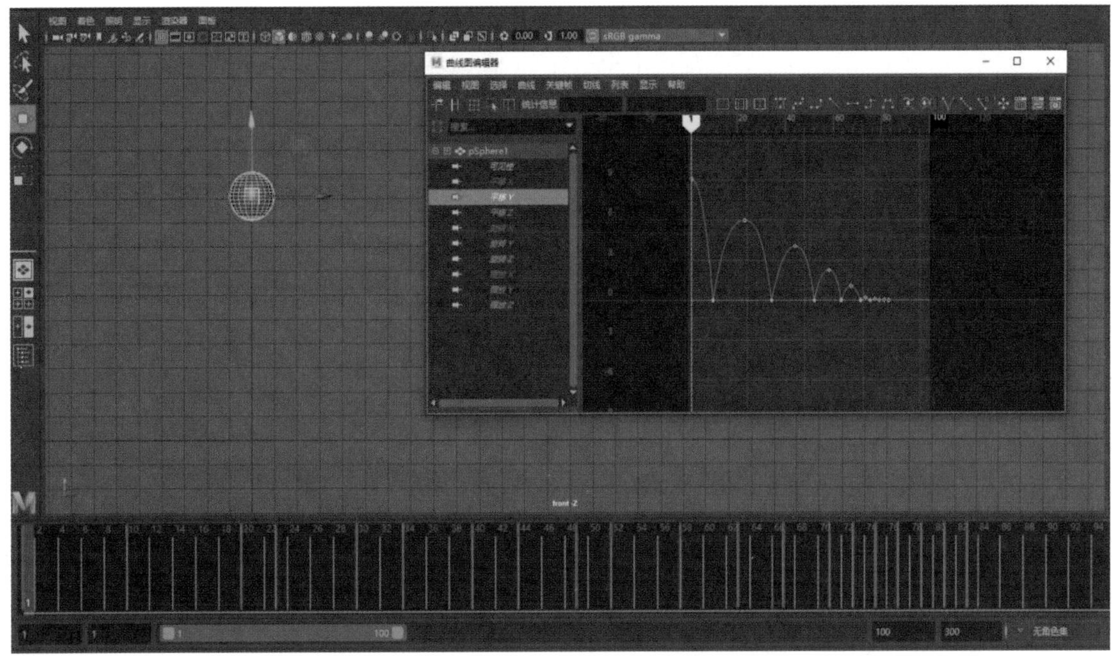

图2-51

2.5　台灯原地弹跳动画

视频讲解

2.5.1　原地弹跳动画分析

制作台灯弹跳动画，首先想到的应该就是皮克斯动画公司制作的小台灯片头动画，如图2-52所示，本节就来学习一下小台灯片头动画的一个镜头片段。制作动画之前先来学习一下台灯的弹跳动画原理，台灯本身是刚性的金属物体，当它准备弹跳的时候，它首先要做出弯曲的预备动作，跳起来后要做拉伸的动作，所以主要应用挤压拉伸的动画原理进行弹跳。

图2-52

台灯弹跳动画，力主要来自台灯本身，台灯的底部应先进行运动，然后力向上传递，带动台灯中间部分进行运动，最后头部跟随台灯中间部分进行运动。

视频讲解

2.5.2 设置台灯原地弹跳动画

Step01 在第1帧位置，设置台灯的开始动作。在第10帧位置，确定台灯起跳前的预备动作，此时台灯身体弯曲，重心下降，台灯处在自然的放松状态，如图2-53所示。

Step02 将时间滑块移动到第15帧的位置，此时台灯处在起跳前接触地面的状态，预备动作，身体向下弯曲，下蹲蓄力，一般来说这个动作越大，预备时间越长，也就意味着向上跳跃的力量越大，如图2-54所示。详细操作请参看微课视频。

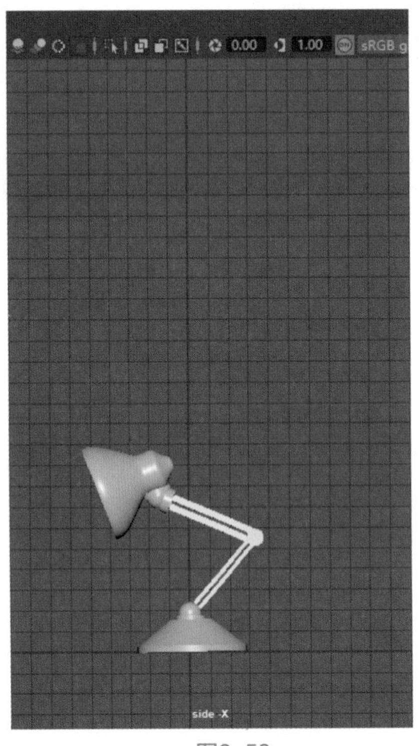

图2-53

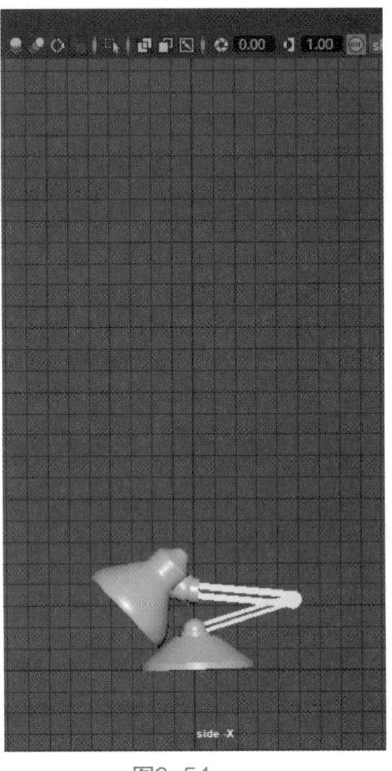

图2-54

Step03 将时间滑块移动到第18帧的位置，台灯起跳前有一个接触地面的拉伸动作，这个动作与下落接触地面的动作是必不可少的，如图2-55所示。详细操作请参看微课视频。

Step04 再将时间滑块移动到第20帧的位置，此时台灯向上跃起，处在腾空的状态，如图2-56所示。详细操作请参看微课视频。

Step05 再将时间滑块移动到第25帧的位置，台灯在空中滞留，实现动作保持，如图2-57所示。详细操作请参看微课视频。

Step06 将时间滑块移动到第28帧的位置，此时台灯下落到地面，处在接触地面的状态，如图2-58所示。详细操作请参看微课视频。

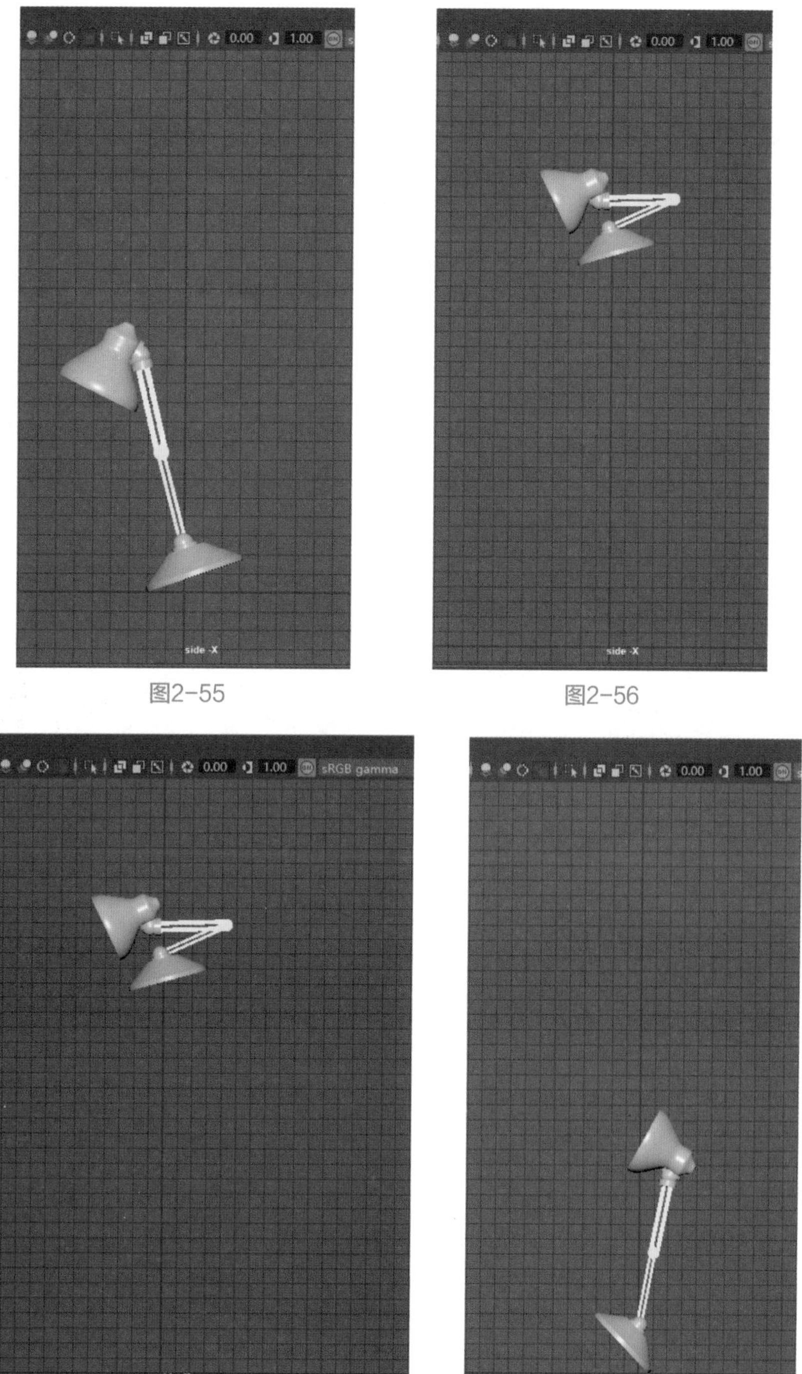

图2-55　　图2-56

图2-57　　图2-58

Step07 将时间滑块移动到第30帧的位置，台灯接触地面以后，身体重心下移弯曲，如图2-59所示。详细操作请参看微课视频。

Step08 将时间滑块移动到第35帧的位置，由于惯性的原因，台灯身体弯曲，重心下降，以释放剩余的能量。由于惯性，台灯先往上抬起头部，然后再恢复到开始动作，如图2-60所示。详细操作请参看微课视频。

Step09 最后加入小台灯的转头动画，如图2-61所示。详细操作请参看微课视频。

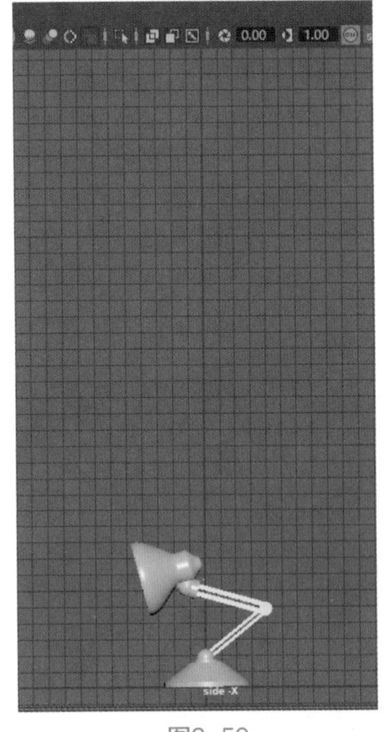

图2-59

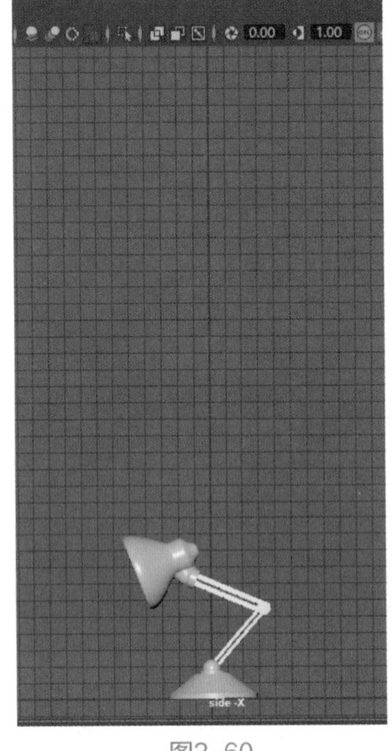

图2-60

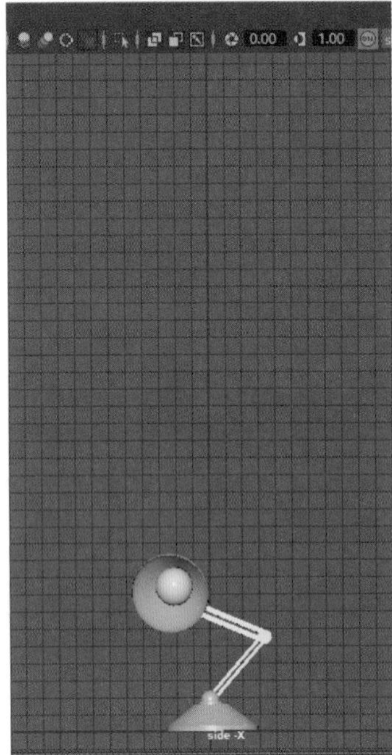

图2-61

本章小结

本章通过小球动画和台灯原地弹跳动画制作，学习动画制作前必须掌握的软件操作命令。本章介绍 Maya 中的一些动画工具，目的是让大家熟练掌握这些动画工具的使用，因为这些动画工具在三维动画的制作过程中都会经常使用。

不同的物体在弹跳过程中节奏不同，这是考验动画师节奏感的重要方面。

2.6 习　题

（1）简述小球弹跳的原理。

（2）简述台灯弹跳的原理。

（3）小球弹跳动画的练习。

（4）台灯弹跳动画的练习。

第3章 角色Pose设计

1. 学习角色Pose设计标准
2. 熟悉角色控制器
3. 掌握角色站立Pose设计

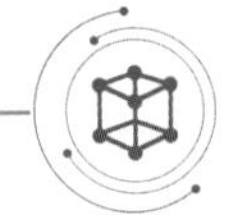

教学目标

- 导入绑定文件
- 熟悉角色控制器
- 搜集Pose参考
- 角色Pose衡量标准
- 角色Pose站立设计

3.1 思维导图

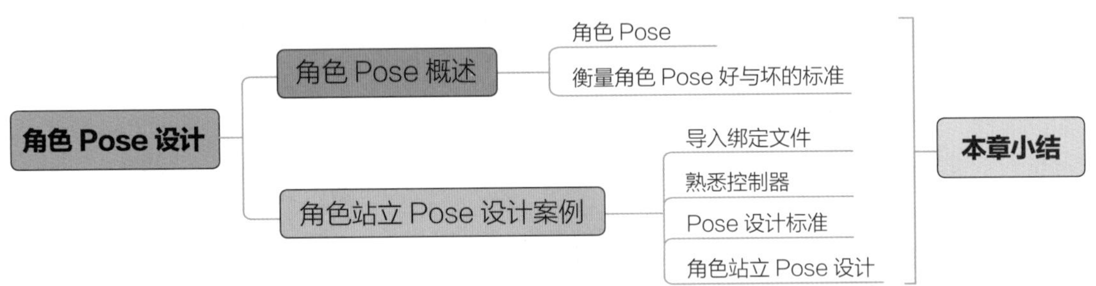

3.2 角色Pose概述

3.2.1 角色Pose

首先介绍一下什么是Pose？当Pose为名词时翻译是姿势、姿态，而当Pose为动词时，翻译为（画像、摄影等）摆姿势，在动画专业术语中则称为摆姿势、摆造型或Pose设计。一段流畅的动画是建立在一系列的关键帧基础之上的，每个关键帧上的角色Pose被称为关键姿势，正是这一帧帧的关键姿势决定了最终的动画品质。通常人们看过的所有影视动画或游戏动画，其中涉及的角色动画其实都是由一系列角色的关键Pose和过渡Pose来组成的动画画面，如何设计出优秀的Pose，一直以来是动画师不断研究的课题，所以角色Pose设计训练非常重要。

那么如何设计角色的Pose呢？

角色Pose设计的第一种方法是搜集大量参考素材，进行姿势模仿训练，经过大量练习达到一定程度时，根据故事设定的角色性格特征来进行角色Pose设计。

第二种方法是通过玩相关动作游戏，借鉴和学习游戏中一些好的角色Pose设计来提高自己Pose设计的能力。

本章以暗黑血统游戏战争骑士角色为例，重点学习如何设计游戏中角色的站立Pose，站立Pose最终效果如图3-1所示。

图3-1

在制作角色动画项目中，通常说动画师是在调节角色动作，实际上动画师就是在设计每一帧画面的角色Pose，而每一帧画面Pose又会直接影响到整体的动画效果。所以，在开始动画制作之前，首先要花大量时间来耐心学习如何有效正确地控制角色，为角色动作摆出恰当的关键姿势，姿势和动作是动画的全部。

3.2.2 衡量角色 Pose 好与坏的标准

角色动画是由一系列角色姿势组成，所以动画师需要掌握的第一件事就是如何制作一个好的角色姿势。

如图3-2所示，左侧角色Pose设计不合理，身体重心左右平均，动态线是直线，缺乏变化，角色看起来比较僵硬机械，整体姿势缺乏美感。而右侧角色动态线变化明显，重量分布平衡，角色剪影清晰，角色整体看起来则比较舒服，生动而又具有美感。

图3-2

那么衡量一个角色Pose好与坏的标准是什么呢？答案如下。

（1）角色的动态线。

（2）角色的剪影效果。

（3）角色的重量分布与平衡感。

1.角色的动态线

角色的动态线是贯穿人物的一条无形的线，营造角色动作的整体感和连贯性。通常姿势的设计都不是一条直线，而是一条动态曲线，直线会显得角色比较呆板缺乏美感。

制作角色姿势时，通常需要一个简单明了的行动路线，所有部件应随着角色身体整体运动路线进行运动。对于大多数姿势而言，角色的动态线都是弯曲的，用来表示角色身体或紧张或放松的部位。通常为角色Pose制作S形或C形的动态线来增强表现角色的力量感，如图3-3所示。

图3-3

2.角色剪影效果

若有一个好的动作剪影，无须观察角色的面部表情、衣服褶皱等细节，仅从其剪影就能看出当前动作的含义，如图3-4所示。三维动画制作过程中一个清晰分明的动作剪影显得至关重要，因为能够帮助观众快速地理解当前镜头中所发生的一切。

图3-4

技巧提示

> **Maya软件中可以通过按快捷键数字7键，进行角色剪影效果显示。按数字6键，进行角色纹理贴图效果显示。**

理解了动作剪影的原理和重要性，就可以在对角色设计关键动作时，从摄影机角度反复检验其剪影，以确保当前的动作姿势能够给予观众最直接准确的动作信息。

应定期使用剪影效果来检查设计的姿势是否清晰分明。

3.角色的重量分布与平衡感

角色重心在于保持角色的姿势平衡，而角色重量分布则重在表现角色动作的力度。角色姿势设计的核心是保持角色重心平稳和角色Pose的平衡感。设计角色姿势时始终需要检查角色的重量分布与平衡感，并确保角色重心落在角色的脚上，如图3-5所示。通常重心越大，物体越重。因此在设计角色Pose时，需要注意角色的重量分布与平衡感。

图3-5

案例实战

3.3 角色站立Pose设计

视频讲解

Step01 导入绑定文件。这里选择执行“文件”菜单下的“打开场景”命令，找到工程文件夹下的AnimRig_War.ma文件，单击“打开”按钮，这样绑定好的角色模型就被导入场景中了，如图3-6所示。

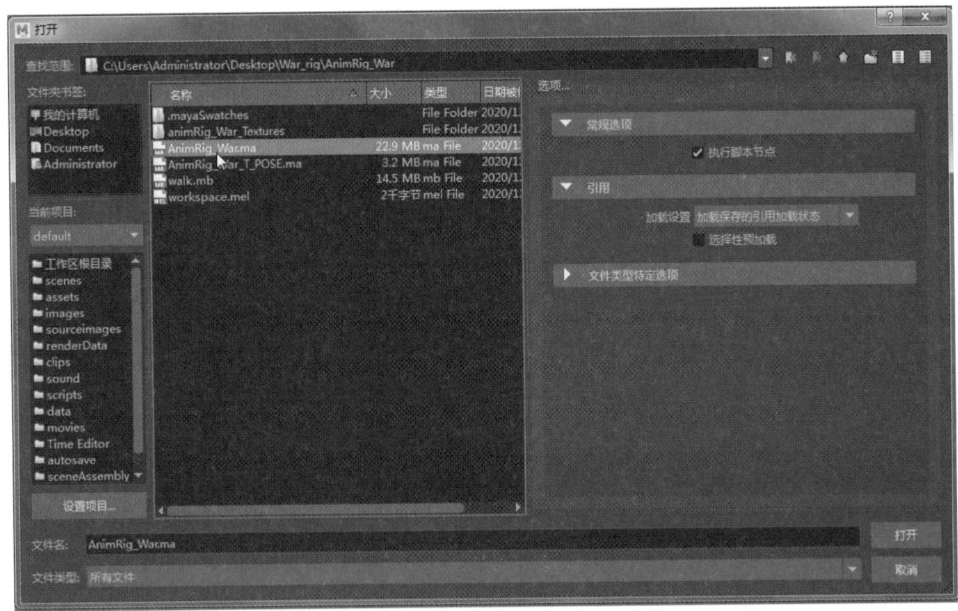

图3-6

技巧提示

绑定模型导入场景有以下三种方法。

（1）执行“文件”菜单下的“打开场景”命令。

（2）执行“文件”菜单下的“导入”命令。

（3）执行“文件”菜单下的“创建引用”或“引用编辑器”命令。

Step02 熟悉控制器。通常情况下可以通过执行“窗口”菜单下的“大纲视图”命令，进行角色层级的查看与隐藏。首先在场景中选择角色头部顶端的控制器，单击右侧“通道盒/层编辑器”属性栏，将“Facial_Vis”设置为0，隐藏面部控制器，如图3-7所示。

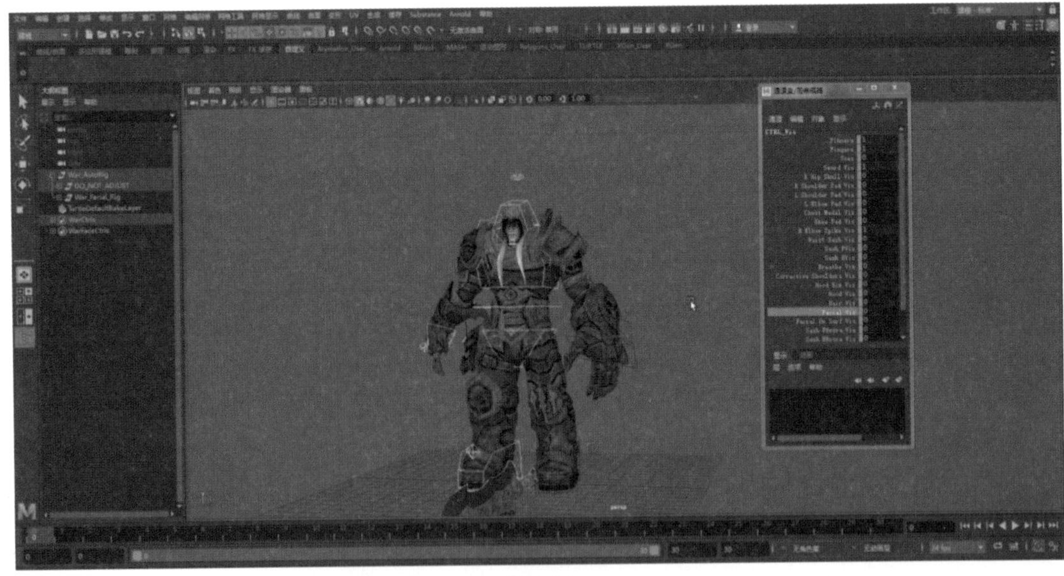

图3-7

Step03 寻找Pose参考。动画制作者在设计角色动作时不仅要参考拍摄的视频素材，而且要完全符合真实世界的动作且又要超越于现实生活，需要进行艺术化的处理，角色动作尽量设计得夸张有趣，这样才能让动画作品看起来更加真实生动。

研究并参考所选好的动画角色的动作，反复观察分析，时刻关注角色肢体动作。本章以暗黑血统游戏里的战争骑士Pose为参考，如图3-8所示。

图3-8

技巧提示

动画创作中研究探索十分重要。研究和学习是所有动画创作的第一步，首先要随时随地地研究和琢磨大自然和身边的事物，研究探索你要表达的主题和事物，通过相应的角色塑造以及创作的手段和方法去设计如何实现你的动画创作。然后才可以选择你的创作工序和风格。所以先期对角色主体的探索和研究，对所有的动画师及任何创作风格都是最重要的。

Step04 角色Pose设计。角色Pose设计之前，先简单分析一下角色的特征，战争骑士是男性角色，职业属于战士，身体素质比较强壮，所以在Pose设计的时候首先要表现男性的阳刚之气，其次还要表现出角色的力量感。开启FK系统，关闭IK系统，如图3-9所示。

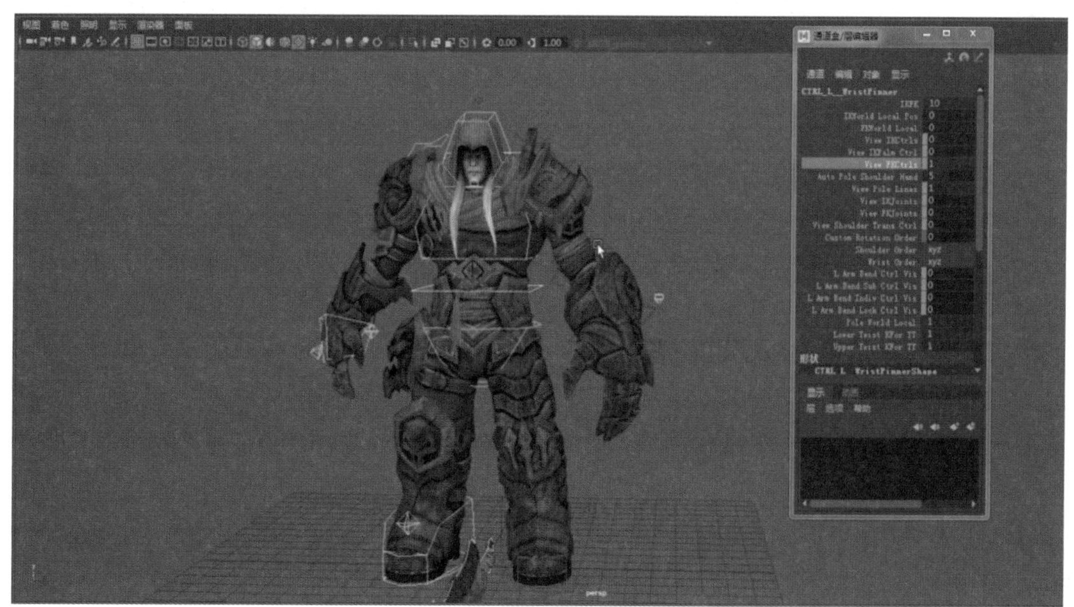

图3-9

技巧提示

角色模型制作完成后，通常都会有两种基本姿势摆放：T-Pose摆放和A-Pose摆放。

T-Pose摆放一般用作角色模型的预设姿势，它最早出现在动作捕捉当中，每当需要被捕捉角色和虚拟角色匹配时，就需要摆出T形的默认姿势来和三维模型达成连接。在游戏制作过程中，通常将角色摆出T形姿势，方便进行动画的制作。

在游戏制作过程中，有时也会将角色摆成A-Pose。通常A-Pose角色模型姿势像字母A，角色手心向下并且手与身体的夹角为30度或45度的模型姿势。

无论摆成T-Pose或A-Pose，主要作用是方便动画设计者对摆成的角色模型进行绑定动画的制作。

Step05 设置武器移动到角色背部并进行旋转至合适位置，如图3-10所示。

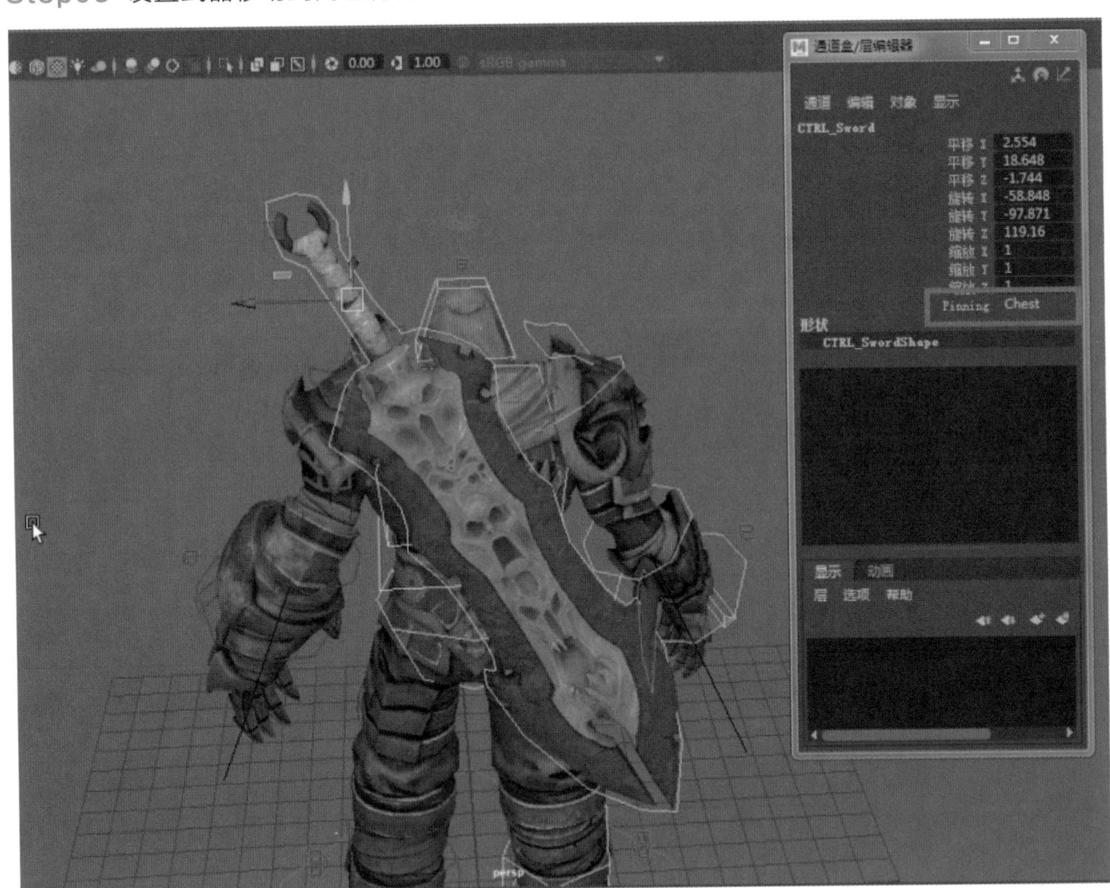

图3-10

Step06 此时当旋转根部控制器的时候，武器模型将跟随根部进行运动，如图3-11所示。

Step07 在状态栏中设置锁定面，选择场景中的控制器，在时间线的第0帧，按下S键进行关键帧设置，如图3-12所示。

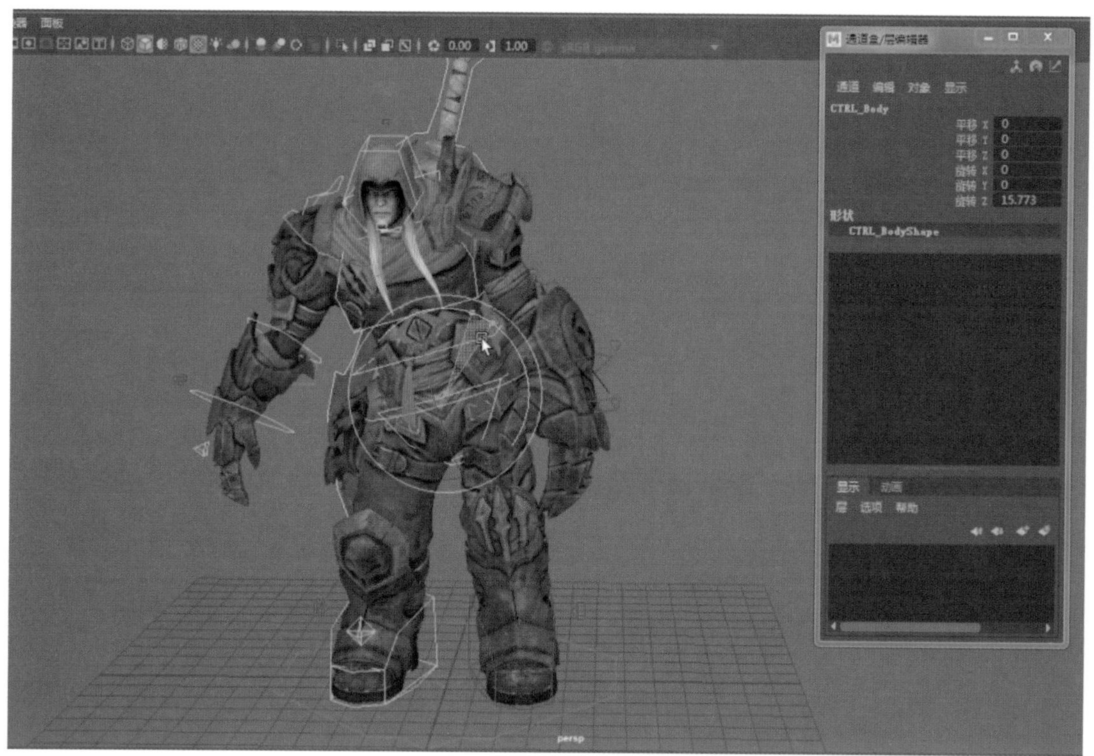

图3-11

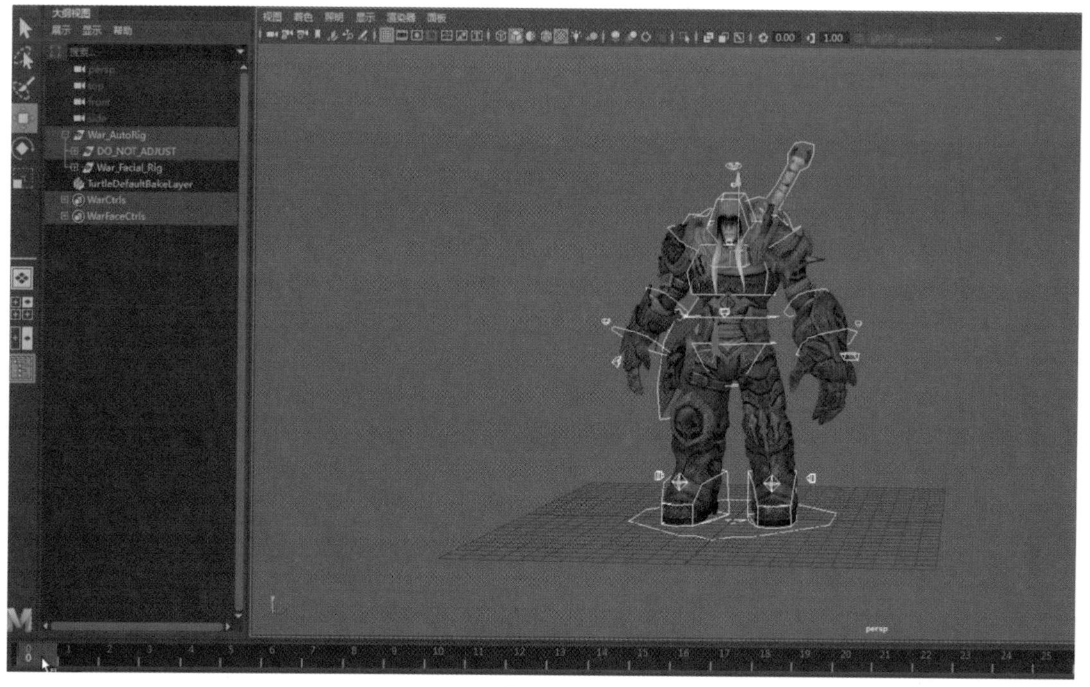

图3-12

Step08 首先调整角色的重心，选择根部控制器向下移动。然后调整重心的偏移，如图3-13所示。

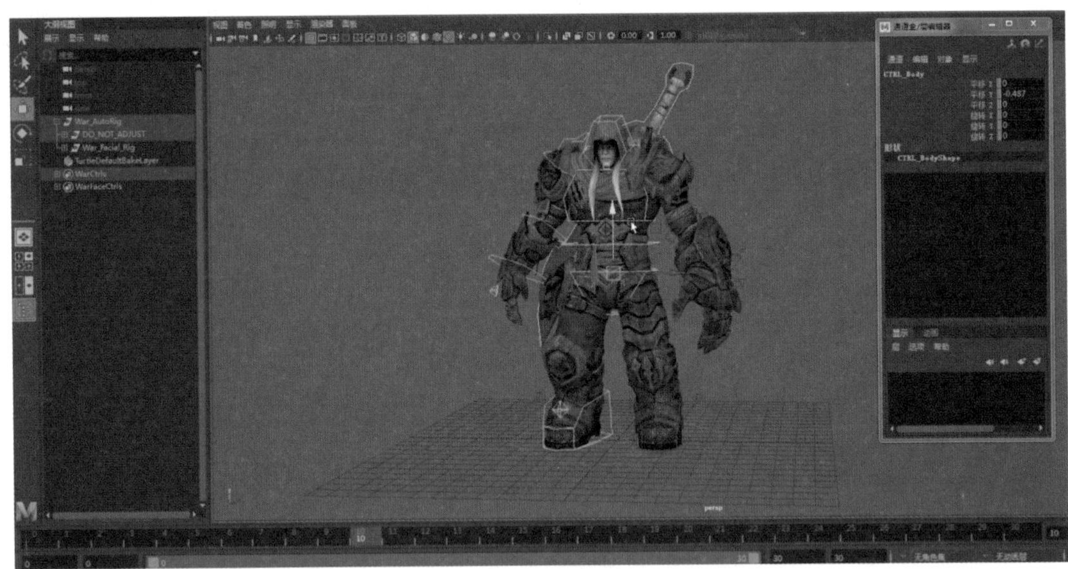

图3-13

Step09 首先调整左腿迈前，右腿稍微靠后，然后调整角色的腿部姿势，将重心放在一只脚上，另一只脚略微向前，两脚不要位于同一平面。这样设计的姿势就会充满动感而且姿势不呆板。分别调整两条腿部极向量，调整两腿的膝盖向外朝向，如图3-14所示。

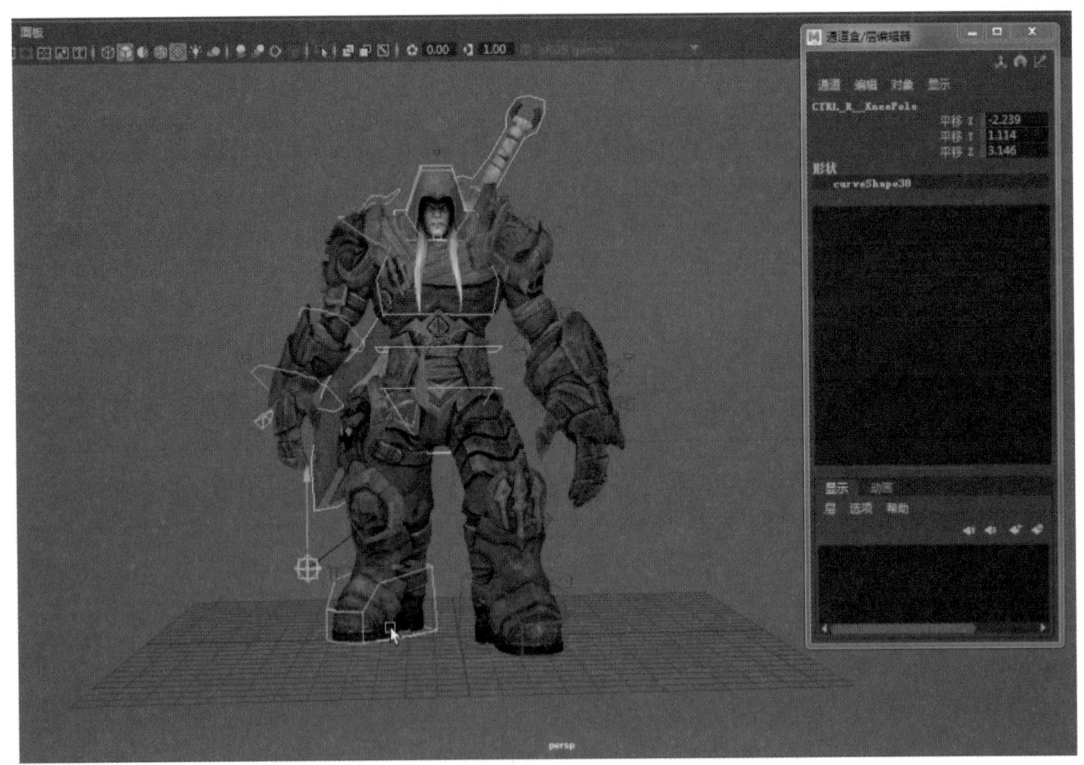

图3-14

Step10 调整角色胯部的旋转，旋转CTRL_Hips胯部控制器的Y轴，向前并向上旋转，如图3-15所示。

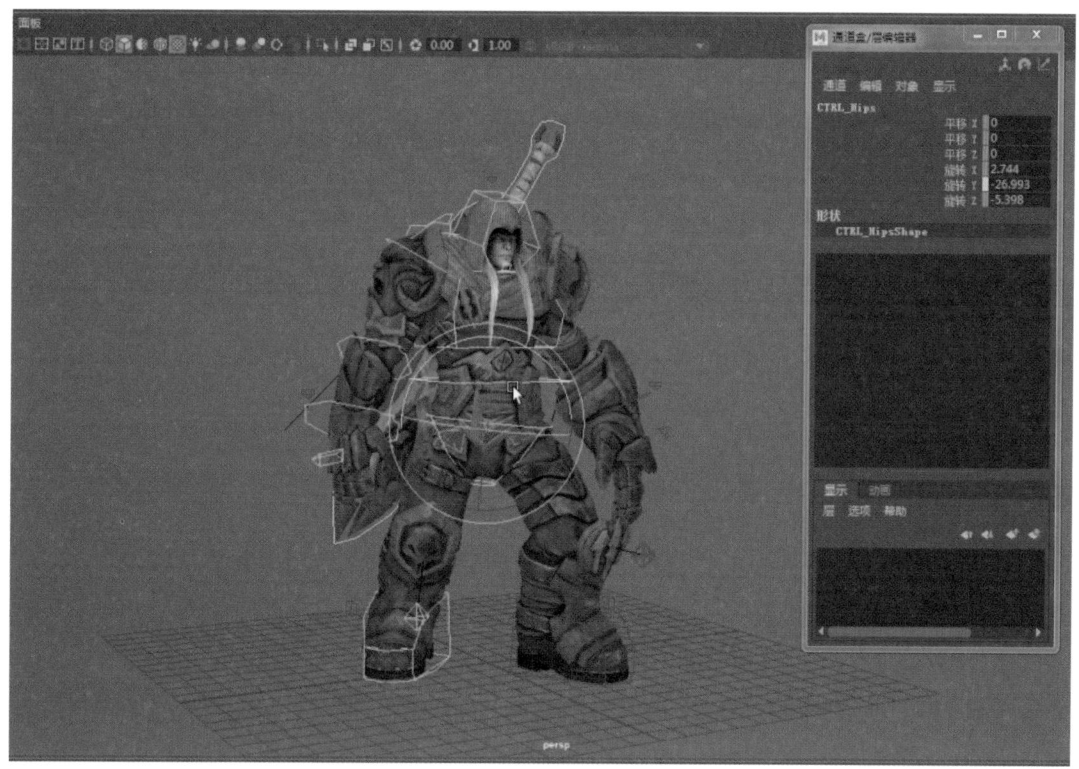

图3-15

Step11 选择CTRL_Body控制器，调整角色的重心，让角色的重心放在角色后面的腿上，如图3-16所示。

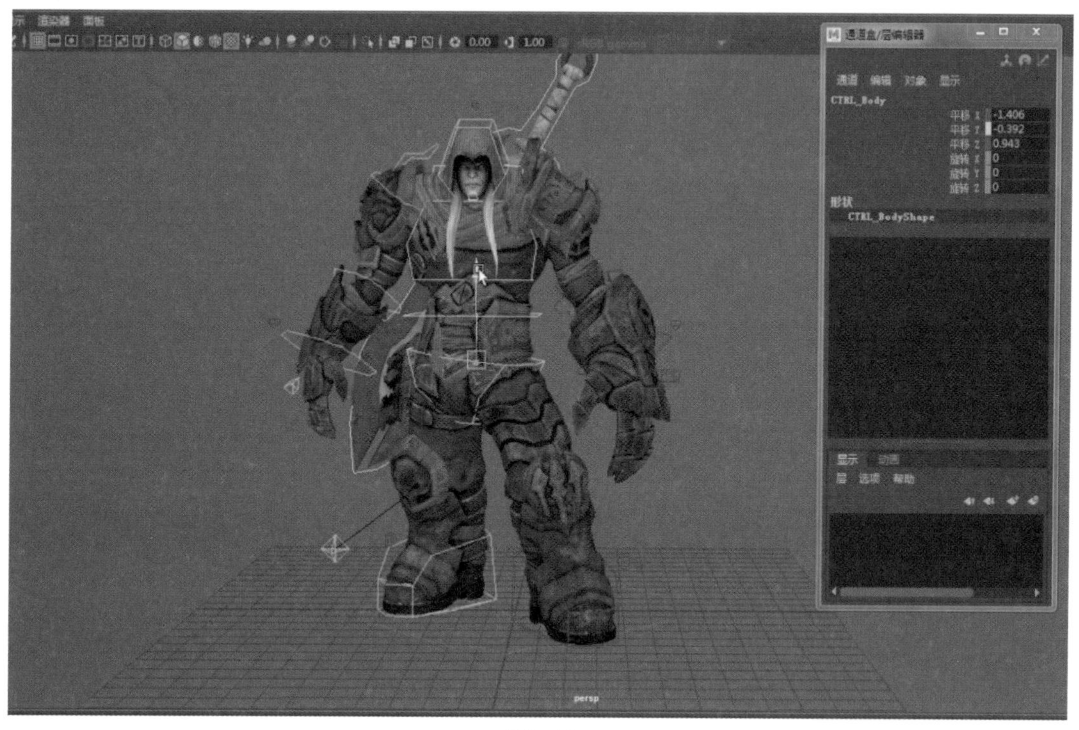

图3-16

Step12 调整角色的肩部，肩部旋转与胯部旋转相反，选择肩部的控制器往前旋转，头部与肩部旋转方向一致，选择头部的控制器CTRL_Head，调整角色的头部向前看，如图3-17所示。

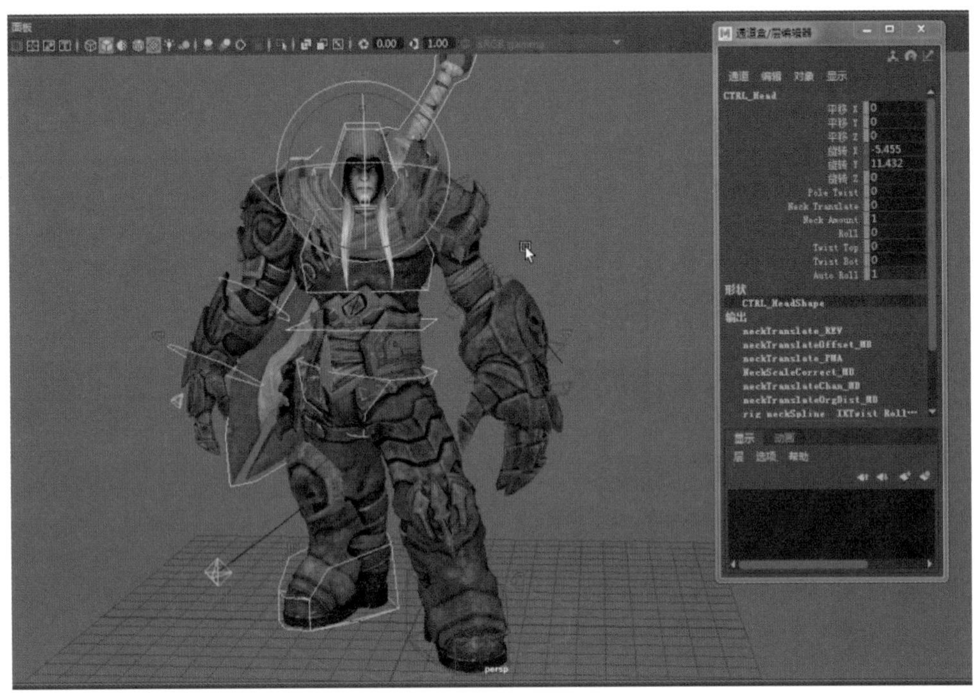

图3-17

Step13 选择角色左右两个肩膀的控制器CTRL_L_Collar和CTRL_R_Collar向下旋转，使其肩部放松，如图3-18所示。

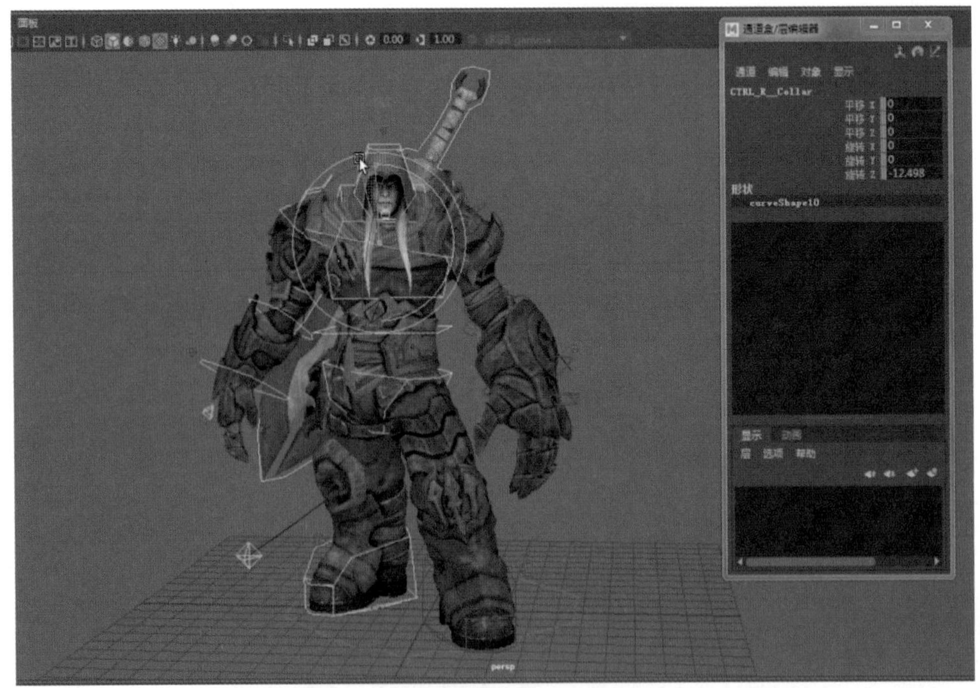

图3-18

Step14 从侧视图观察，选择胸部的控制器CTRL_Chest，调整角色身体稍微前倾，稍微含胸，抬头，如图3-19所示。

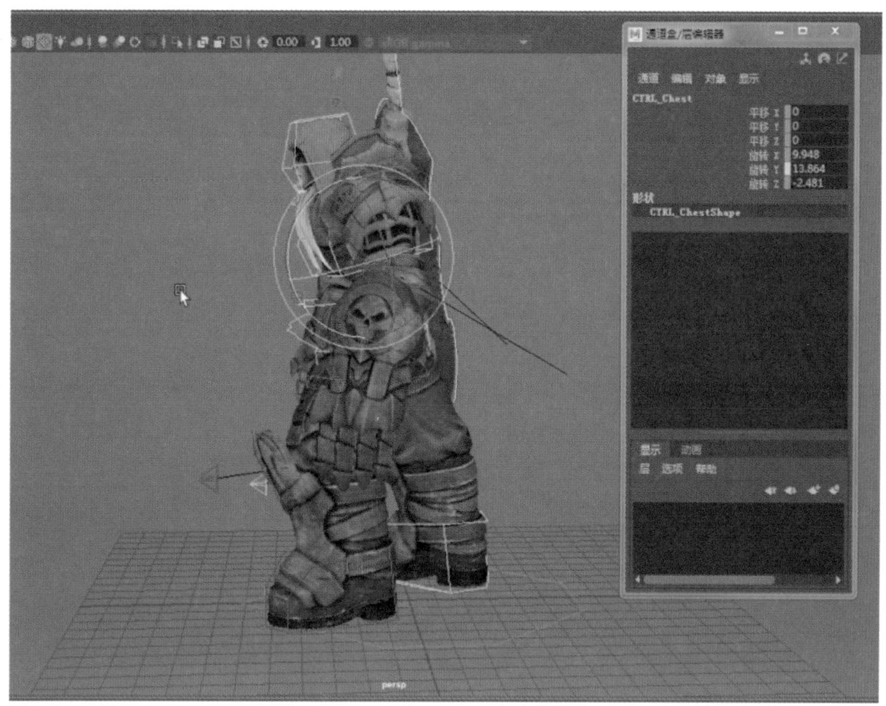

图3-19

Step15 通常情况下为表现男性角色的力量感，手掌可以设计为握拳动作，选择手掌的控制器进行握拳姿势的设定，如图3-20所示。右侧手掌握拳姿势设定同理，这里不再赘述，详细操作请参看微课视频。

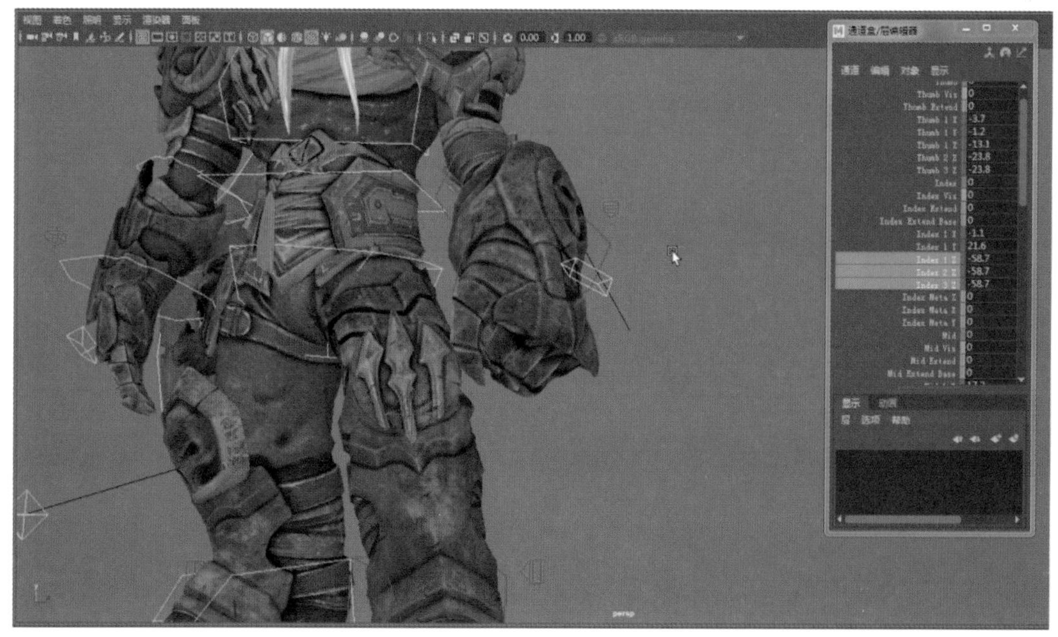

图3-20

Step16 然后选择胸部的控制器CTRL_Chest，调整角色胸部的反向旋转操作，如图3-21所示。

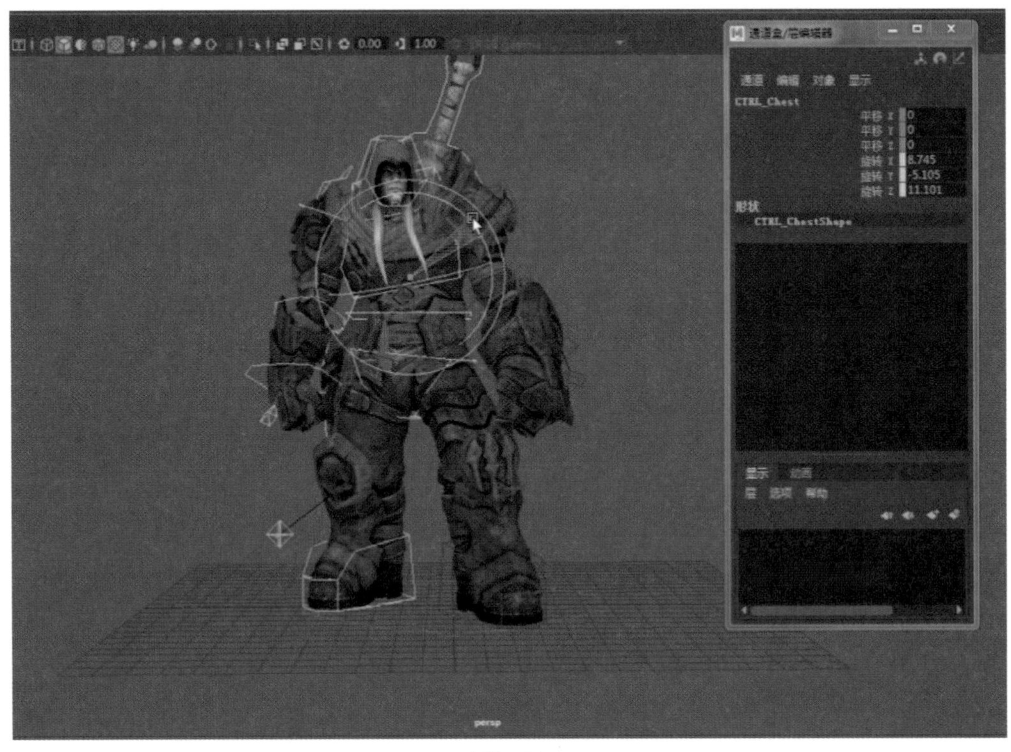

图3-21

Step17 在三维视图，旋转视窗，从各个角度观察角色的Pose剪影，细致调整角色的姿势，直到满意为止，最终调整好的角色站立Pose如图3-22所示。

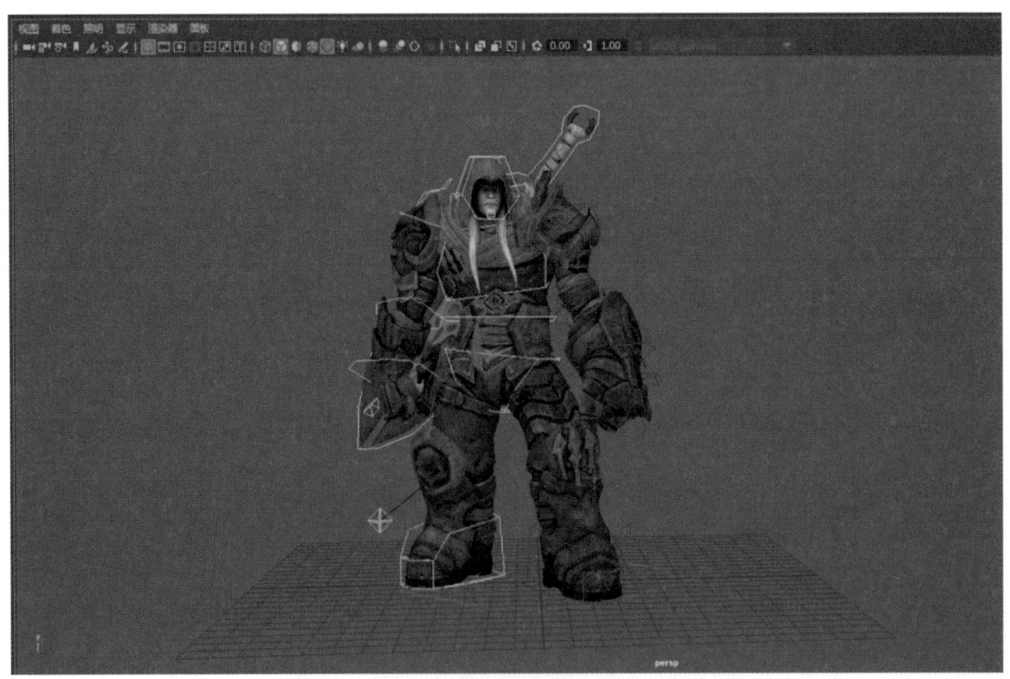

图3-22

本章小结

本章重点向读者介绍角色Pose设计的方法，应熟悉角色控制器作用，理解人物各个关节之间的关系，掌握Pose设计的方法。角色Pose设计是动画师入门技术，虽然角色动作看似比较简单，但也需要动画师调整角色身体部位的很多关节才能达到最优的Pose。

本章重点讲解如何设计游戏中角色的站立Pose，这一直以来是动画师不断研究的课题。读者对角色Pose设计的掌握，将为后面学习角色动画设计打下坚实的基础。

3.4 习　题

(1) 简述Pose的概念。

(2) 简述角色Pose设计的方法。

(3) 简述绑定模型导入的三种方法。

(4) 简述衡量一个角色Pose好与坏的评判标准。

(5) 角色站立Pose设计的制作练习。

第 4 章 角色行走动画制作

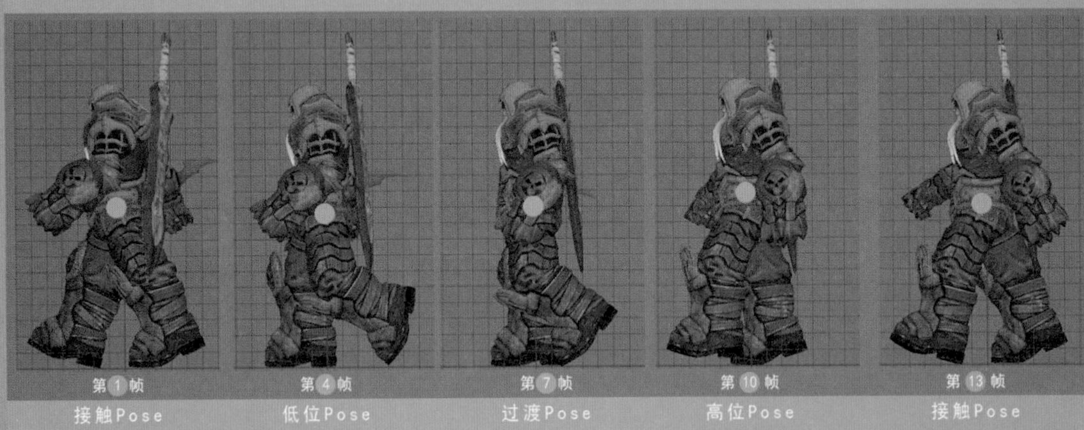

1. 学习角色行走动画规律
2. 学习角色行走动画制作技巧
3. 掌握动画曲线编辑技巧

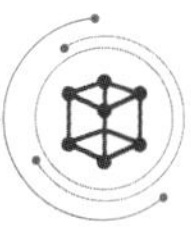

教学目标

- 角色行走动画规律
- 角色下半身动画制作
- 角色胯部动画制作
- 角色胸部动画制作
- 角色头部动画制作
- 角色脊椎动画制作
- 角色手臂动画制作
- 角色精修动画制作

4.1　思维导图

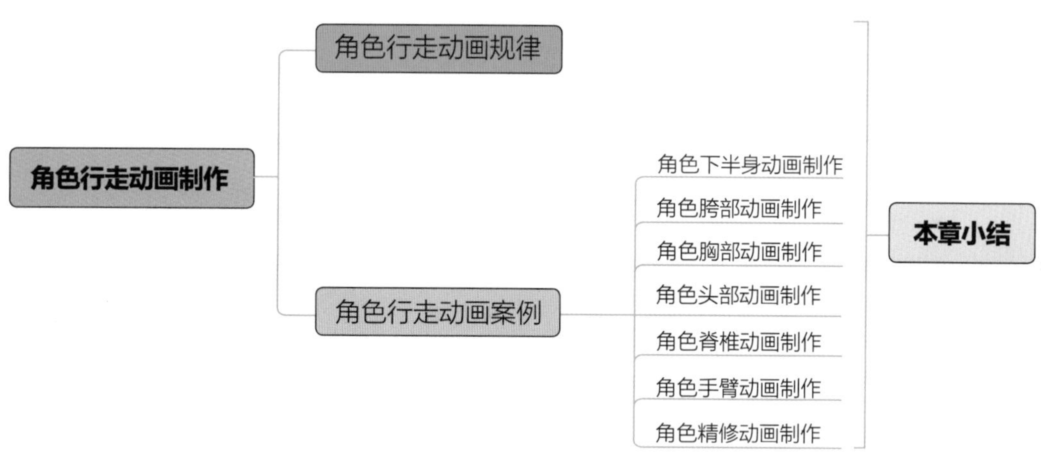

4.2　角色行走动画规律

行走动画是角色动画的基础，是高级动画集合的基础。学习角色行走动画之前，必须先来熟悉并掌握角色行走动画的基本运动规律。行走的基本原理是角色走路时左右两脚交替向前，双臂同时前后摆动，但双臂的方向与脚运动正好相反。角色脚步迈出时，身体的高度就会降低，当一只脚着地而另一只脚向前移至两腿相交时，身体的高度就会升高，角色整个身体运动呈波浪形，如图4-1所示。 人在走路时，上臂以肩部为轴进行摆动，上臂带动下臂进行运动，下臂带动手部进行运动。它们的摆动不是同步的，是跟随关系，摆动幅度和摆动速度都有一定的差别，上臂的摆动幅度最小，摆动速度最慢；下臂的摆动幅度和摆动速度次之；手部的摆动幅度最大，摆动速度最快。

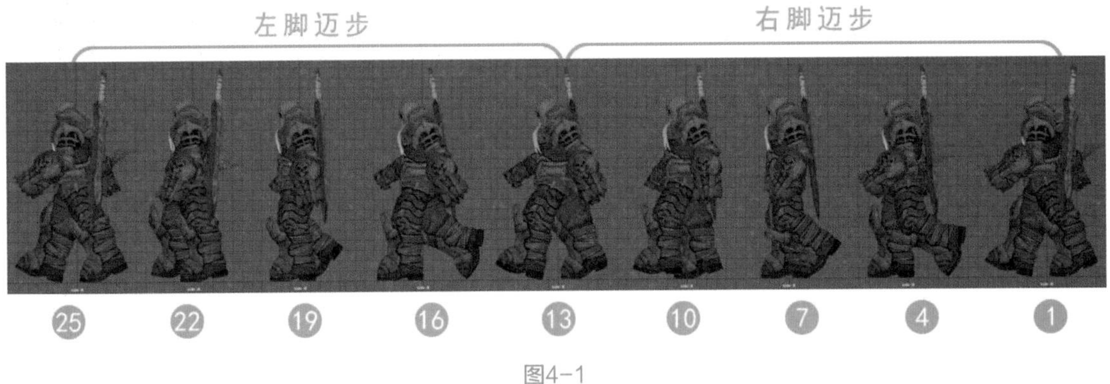

图4-1

掌握角色行走动画制作的技巧，通常都是参考真实的角色行走视频，确定并分析出角色行走的关键姿势。角色走路动画关键动作分解主要可以归纳为开始接触Pose、低位Pose、过渡Pose、高位Pose、中间接触Pose五个关键姿势，如图4-2所示。此五个角色走路动画关键姿势必须作为重点熟练掌握。

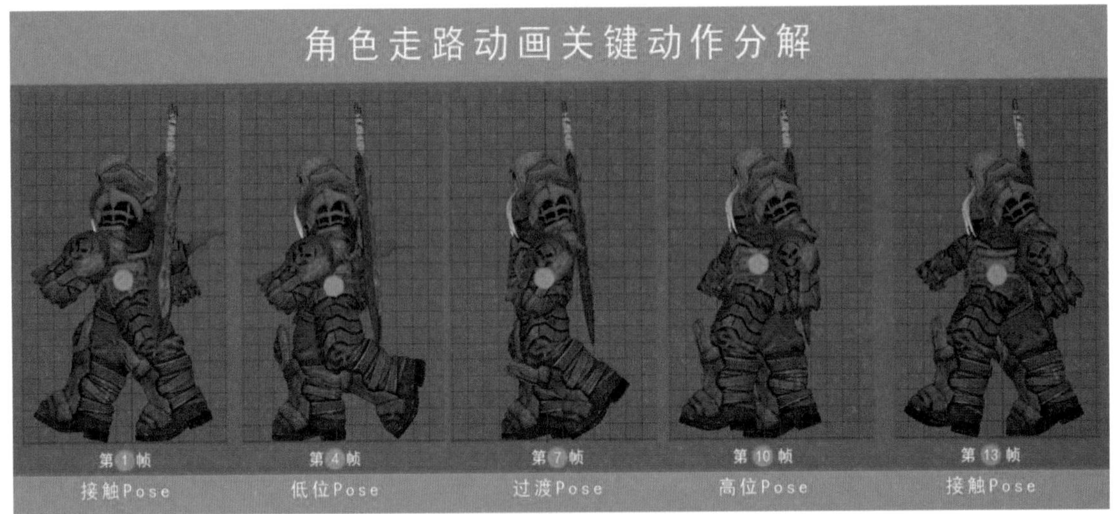

图4-2

人体是一个运动的平衡体，就如角色是上下有两个横杆（胸部和胯部），中间通过脊椎连接的平衡体。当角色行走过程中，胯部发生旋转时，胸部会随之发生相反的运动来保持身体平衡。当角色右腿在前，胯部会向右旋转，角色胸部会向左旋转。当角色左腿在前，胯部会向左旋转，角色胸部会向右旋转。总之，角色的胯部运动与角色胸部的运动旋转方向相反，如图4-3所示。角色行走过程中，角色胯部既在做上下扭动运动，又在做左右扭动旋转运动，所以最终会形成一个类似于倒放的8字形状。

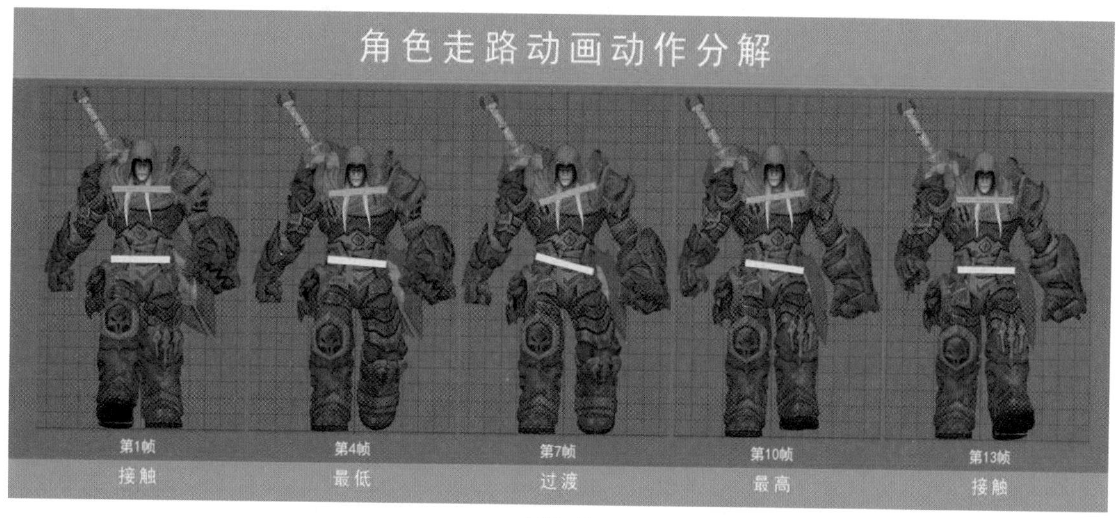

图4-3

在动画镜头中，角色行走的过程通常有两种表现形式，一种是直接向前走，一种是原地循环走。直接向前走时，背景不动，角色按照既定的方向直接走下去，甚至可以走出画面。原地循环走时，角色在画面上的位置不变，背景向后拉动，从而产生向前走的效果。

案例实战

4.3 角色行走动画案例

4.3.1 下半身动画制作

视频讲解

Step01 打开绑定好的角色文件，执行“文件”菜单下的“打开场景”命令，找到工程文件夹下的AnimRig_War.ma文件，单击“打开”按钮，如图4-4所示。

Step02 打开右下角“首选项”按钮，设置“动画”选项中的，“切线”选项，默认入切线设置为“样条线”，默认出切线设置为“样条线”，如图4-5所示。

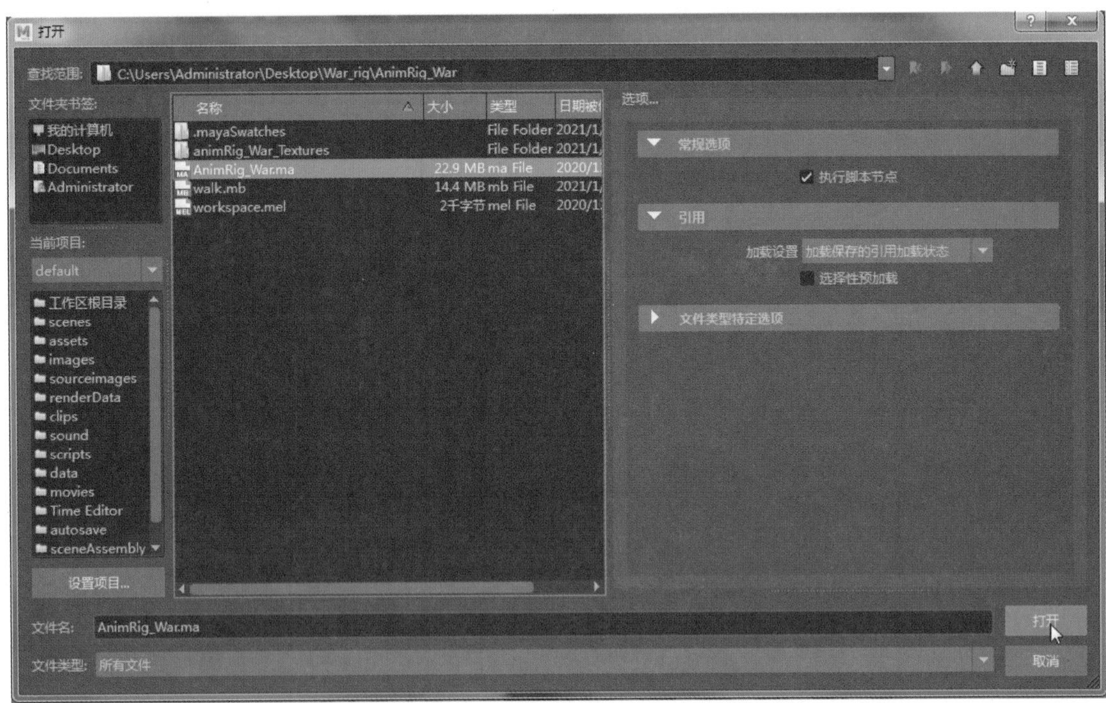

图4-4

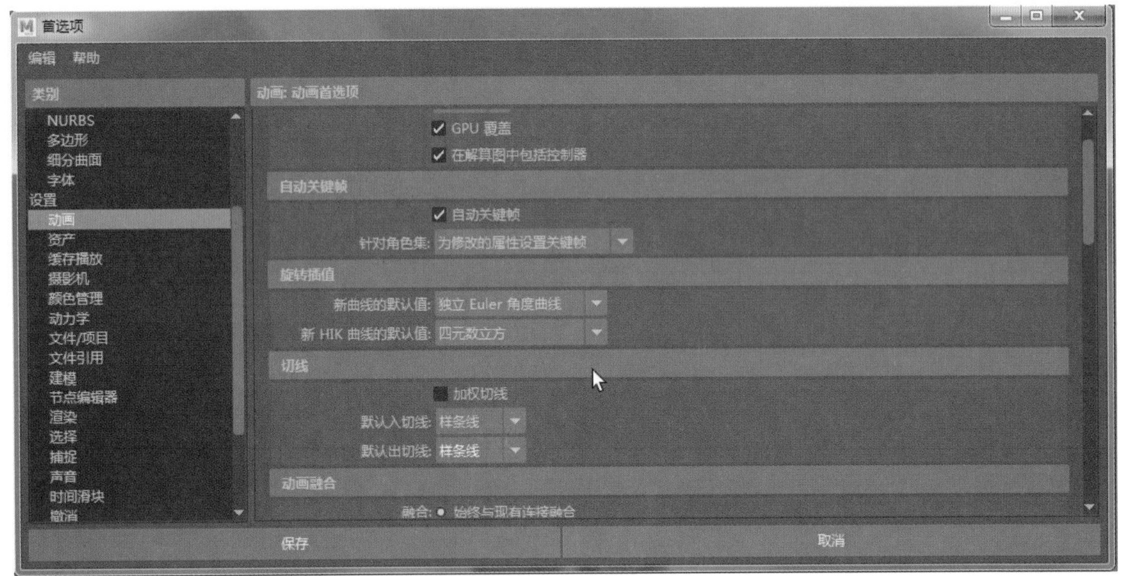

图4-5

Step03 设置“时间滑块”，高度选择“4×”，关键帧标记大小选择“4×”，播放速度设置为“24fps×1”，更新视图选择“全部”，单击“保存”按钮，如图4-6所示。

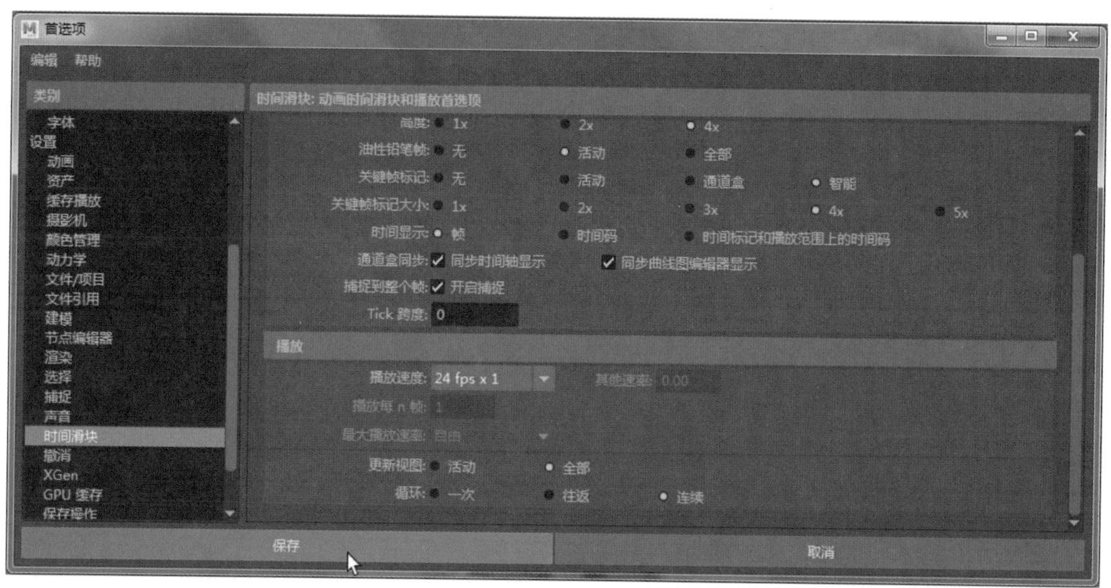

图4-6

Step04 在时间线上设置角色行走动画时间周期为1～25帧，如图4-7所示。

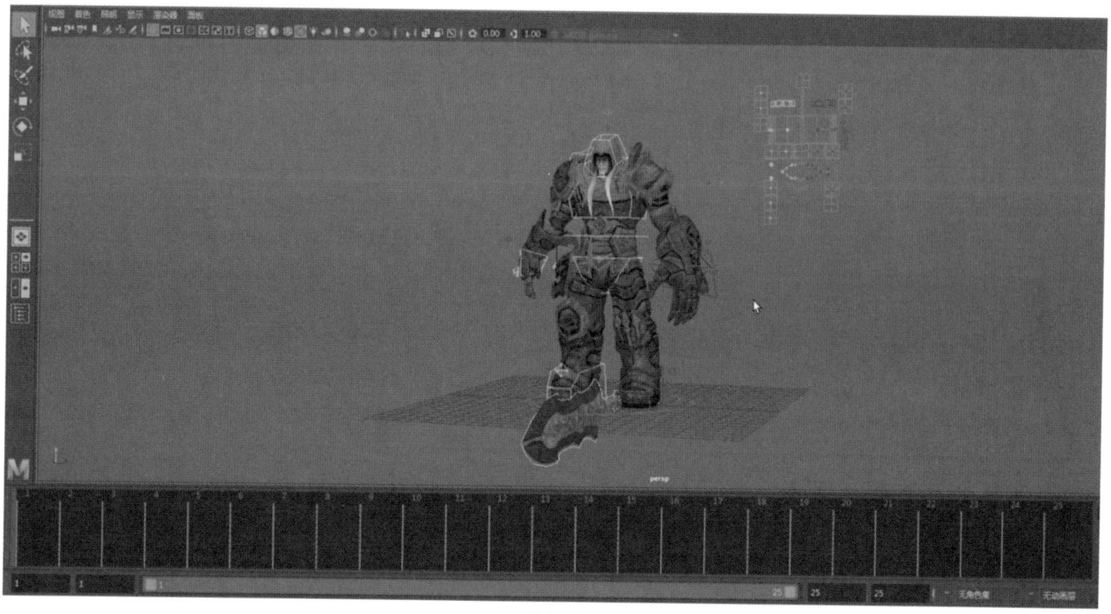

图4-7

Step05 首先选择剑的控制器，在“通道盒/层编辑器”属性栏，设置Pinning选择Chest，这样剑模型就会跟随胸部进行运动，然后用W键移动剑把剑背到身体的背部，如图4-8所示。

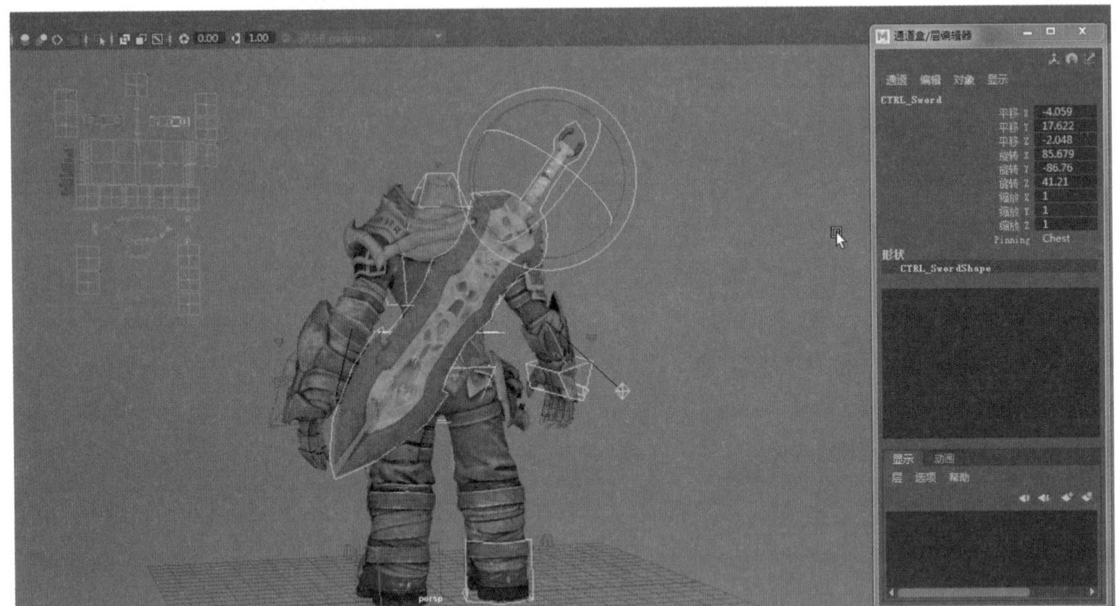

图4-8

Step06 选择角色头部顶端的控制器，设置Facial_Vis为0，进行面部控制器的隐藏，如图4-9所示。

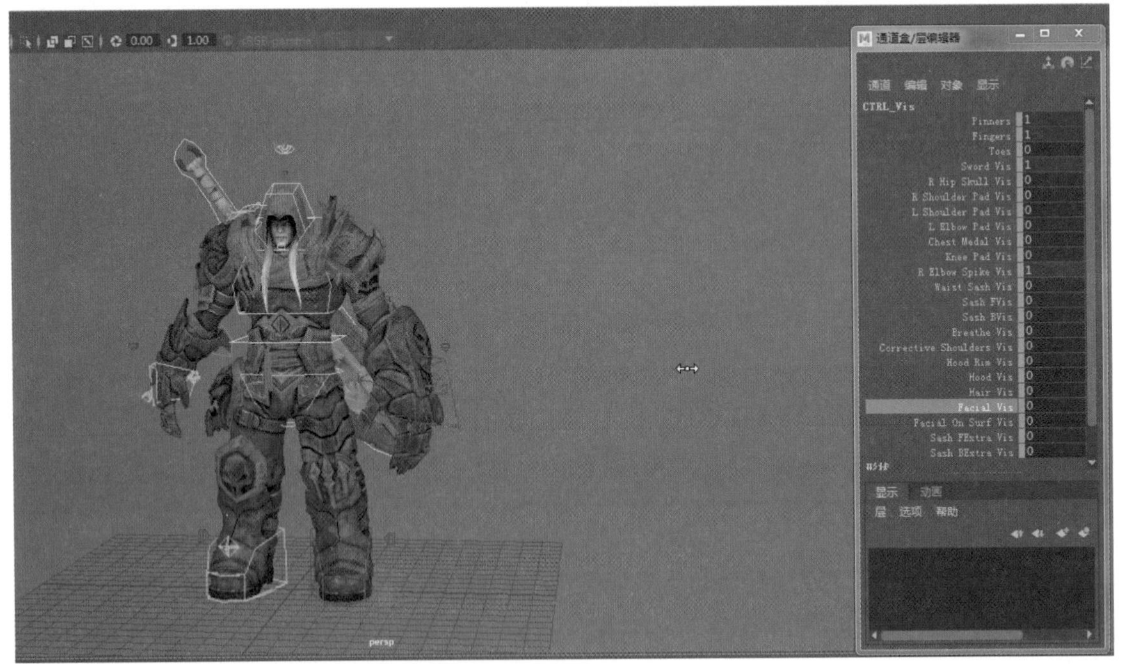

图4-9

Step07 默认是IK功能开启，选择左侧手臂开启FK功能，设置IKFK为10， View_FKCtrls为1，如图4-10所示。右侧同理设置。

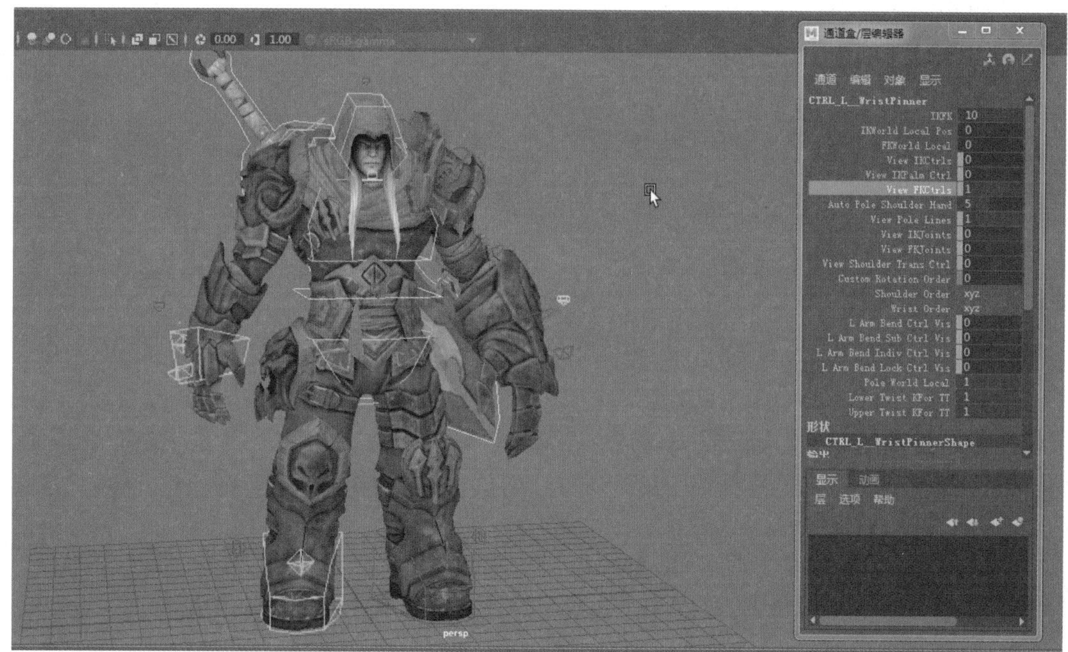

图4-10

Step08 在状态栏开启面锁定，框选场景中所有的控制器，执行“创建”→“集”→“快速选择集”命令，如图4-11所示。此操作便于我们在场景中进行角色控制器快速选择并进行关键帧的设定。

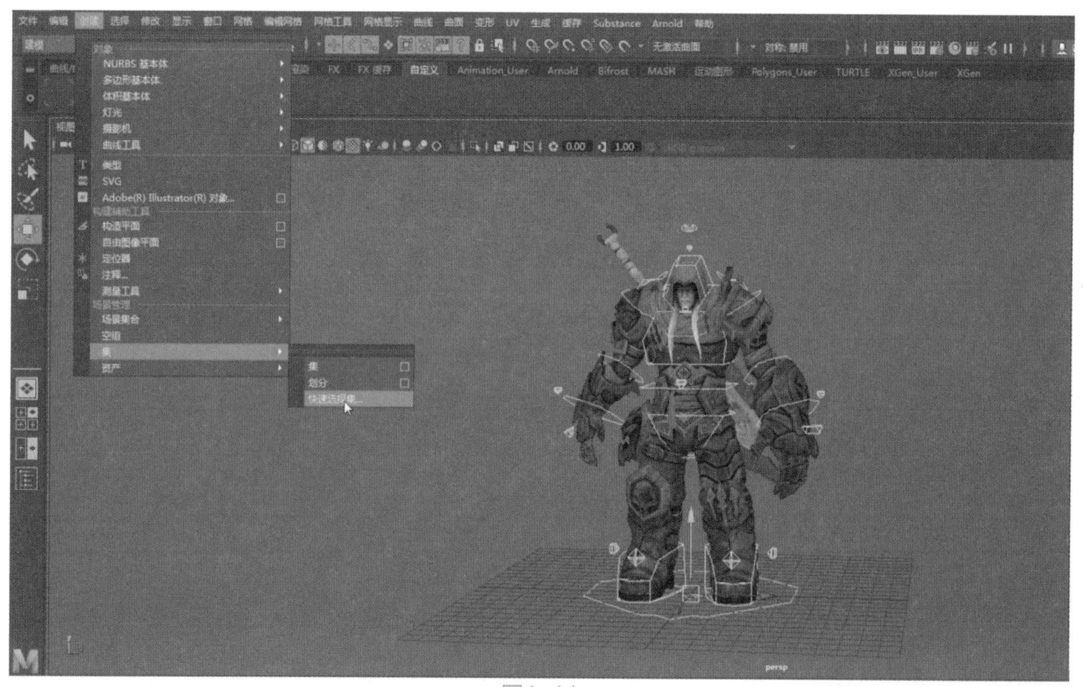

图4-11

Step09 在弹出的“创建快速选择集”对话框中，创建名称SetKey，并单击添加到工具架上，如图4-12所示。

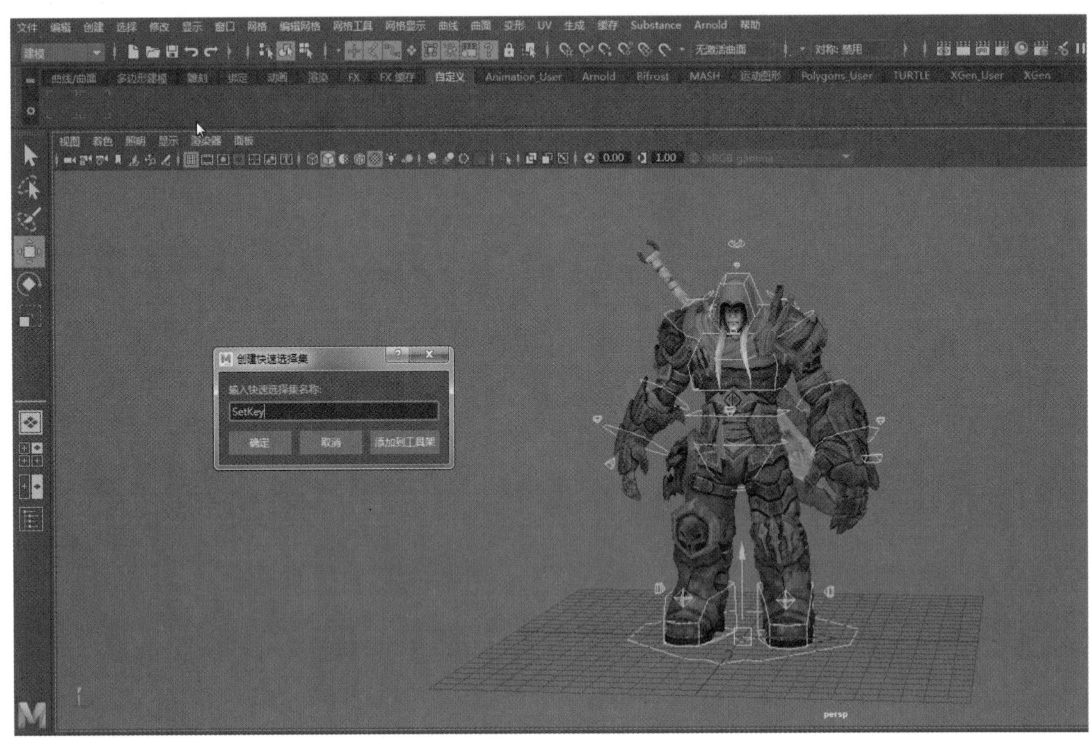

图4-12

Step10 先从角色的重心开始制作，角色的一个完整循环行走需要角色迈出左脚和迈出右脚，第1帧为接触Pose，角色的重心要比正常状态降低一些，首先重心下移，两腿分开，右脚脚尖抬起，脚跟与地面接触，左脚脚跟稍稍抬起。选择角色重心的控制器稍微下移，选择SetKey，在时间线的第1帧、第13帧、第25帧位置处，按下S键，记录关键帧，如图4-13所示。注意角色重心下移幅度不要调整过大。

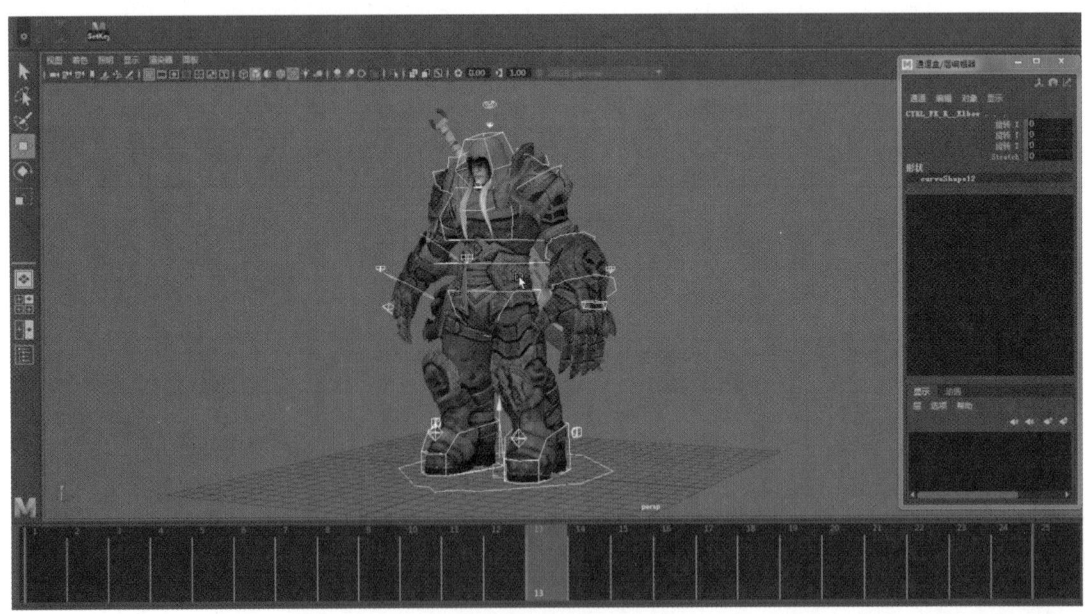

图4-13

技巧提示

注意开启自动记录关键帧按钮标记，方便进行自动记录关键帧设置。

Step11　在时间线的第4帧位置处，选择角色重心的控制器继续下移，重心到达最低位置，按下S键，记录关键帧，如图4-14所示。

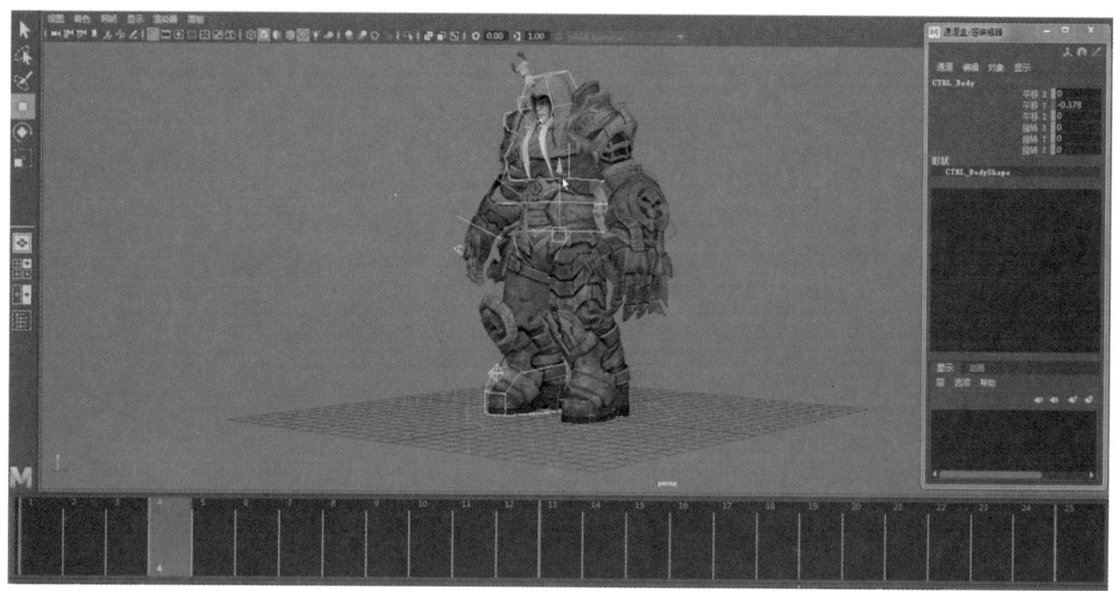

图4-14

Step12　在时间线的第7帧位置处，选择角色重心的控制器进行上移，重心开始慢慢上移，按下S键，记录关键帧，如图4-15所示。

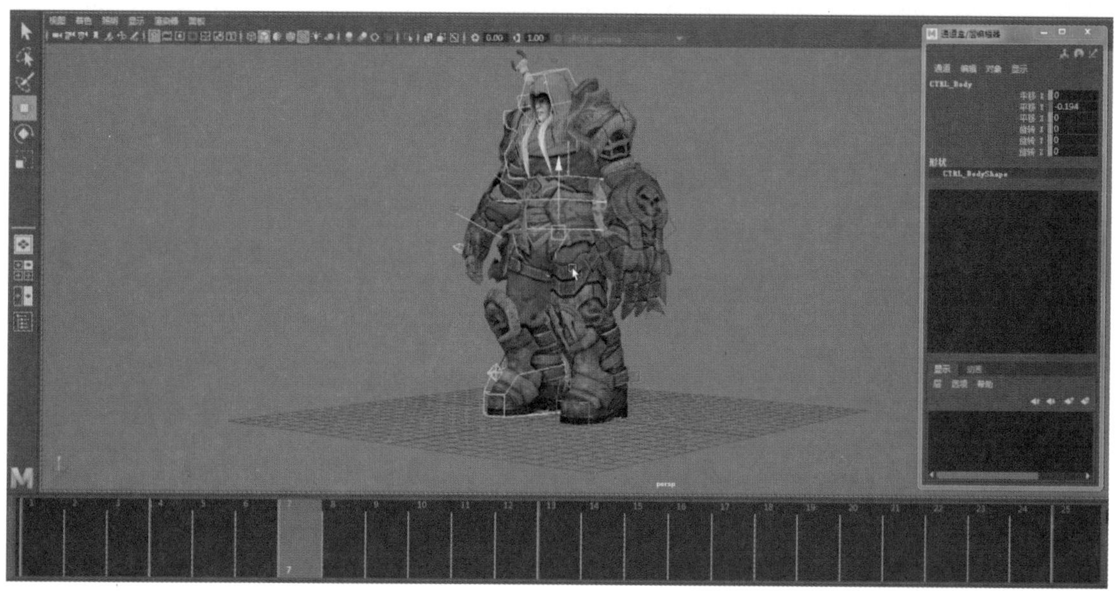

图4-15

Step13 在时间线的第10帧位置处，选择角色重心的控制器继续上移，重心到达最高位置，按下S键，记录关键帧，如图4-16所示。

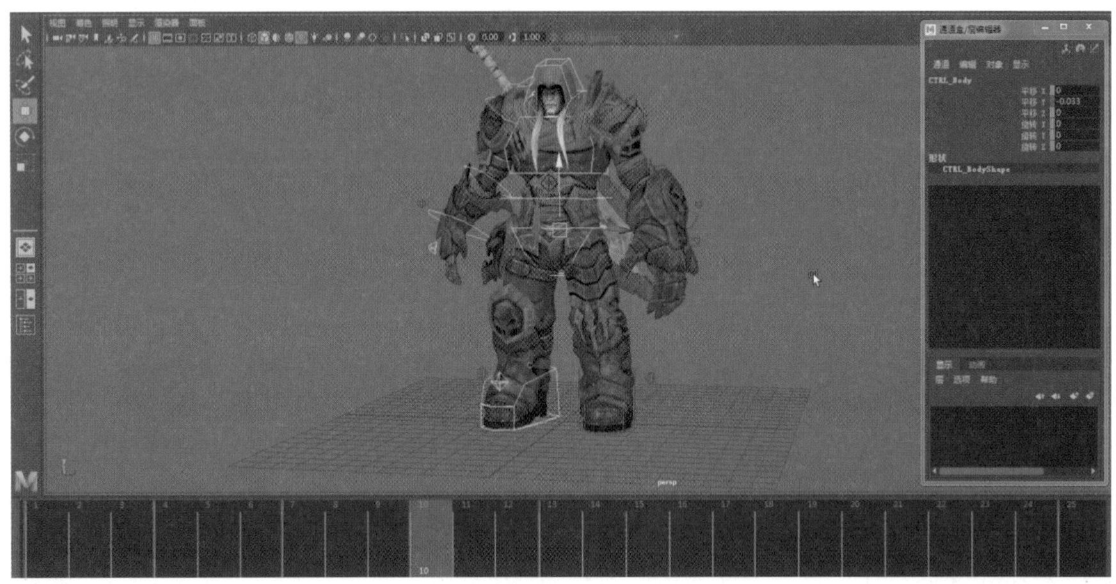

图4-16

Step14 执行“窗口”→“动画编辑器”→“曲线图编辑器”命令，将角色重心曲线调整顺滑，如图4-17所示。

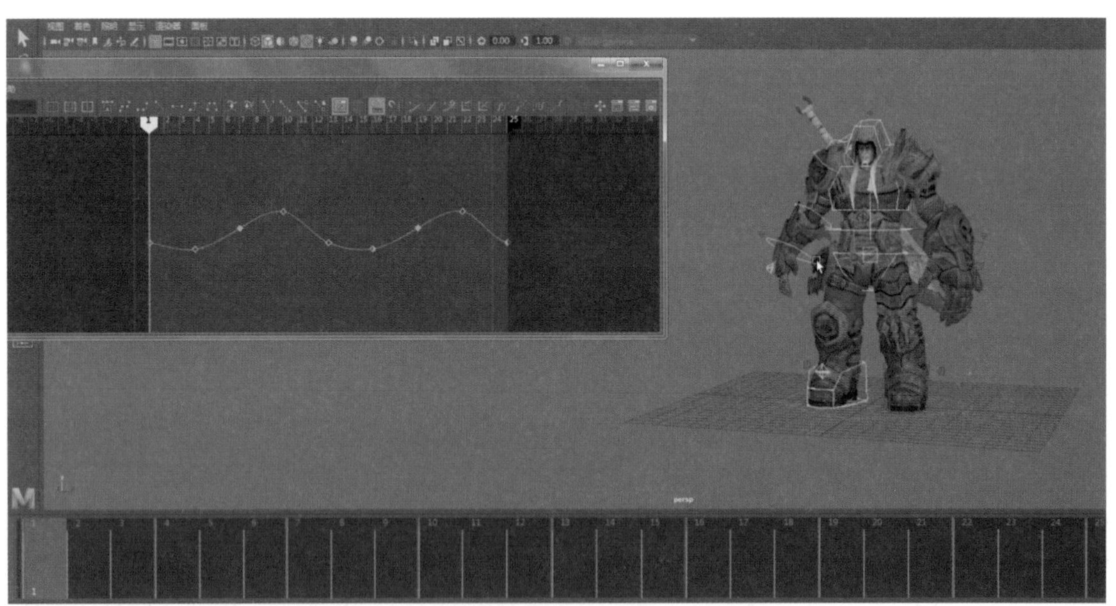

图4-17

Step15 制作角色腿部动画，在时间线的第4帧位置处，选择角色脚的控制器设置关键帧，如图4-18所示。

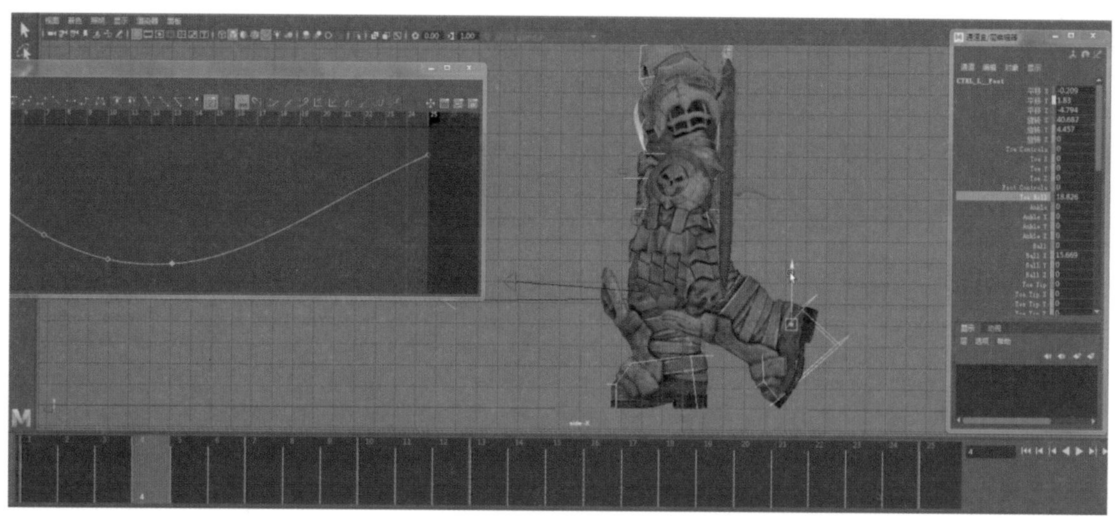

图4-18

技巧提示

集中先制作角色腿部的前半个循环动画，后半个角色腿部的循环动画其实就是镜像前半个角色腿部的循环动作姿势。

Step16　在时间线的第7帧位置处，选择角色脚的控制器设置关键帧，如图4-19所示。

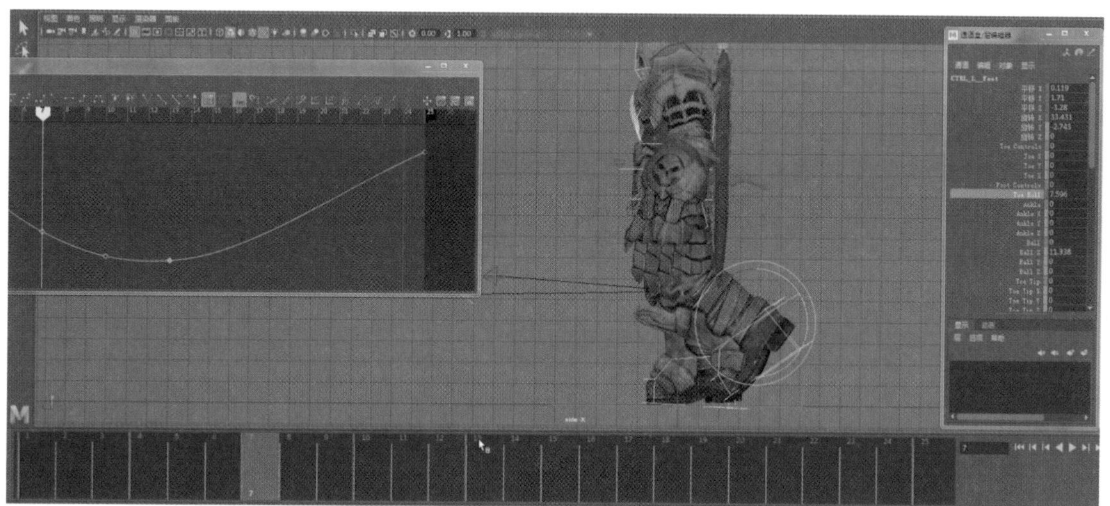

图4-19

Step17　在时间线的第10帧位置处，选择角色脚的控制器设置关键帧，如图4-20所示。

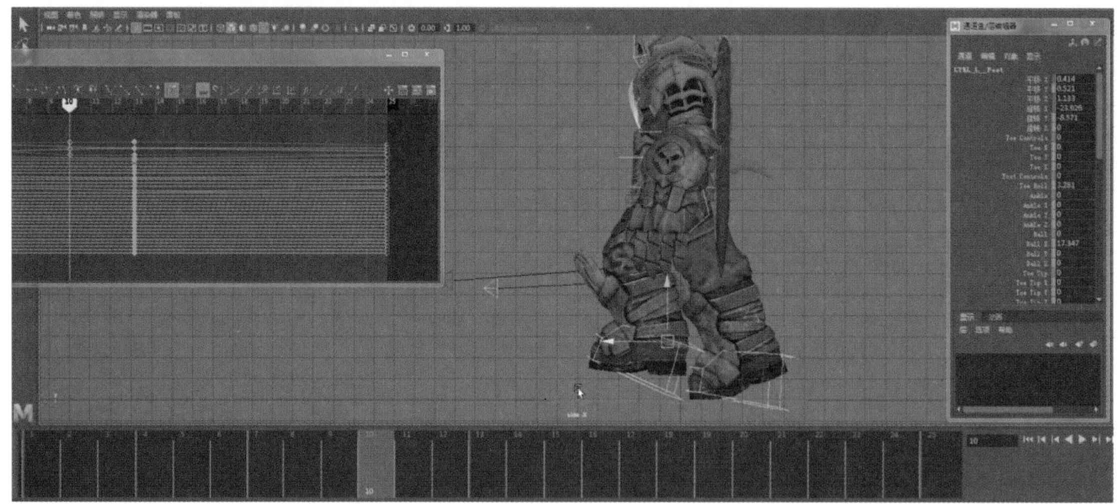

图4-20

技巧提示

通常，角色行走的步伐间距等于角色的肩宽距离。

Step18 将时间线上的第4帧右脚Pose复制粘贴给时间线上的第16帧的左脚Pose，将时间线上的第7帧右脚Pose复制粘贴给时间线上的第19帧的左脚Pose，如图4-21所示。同理，将时间线上的第4帧、第7帧、第10帧的左脚Pose复制粘贴给时间线上的第16帧、第19帧、第22帧的右脚Pose。

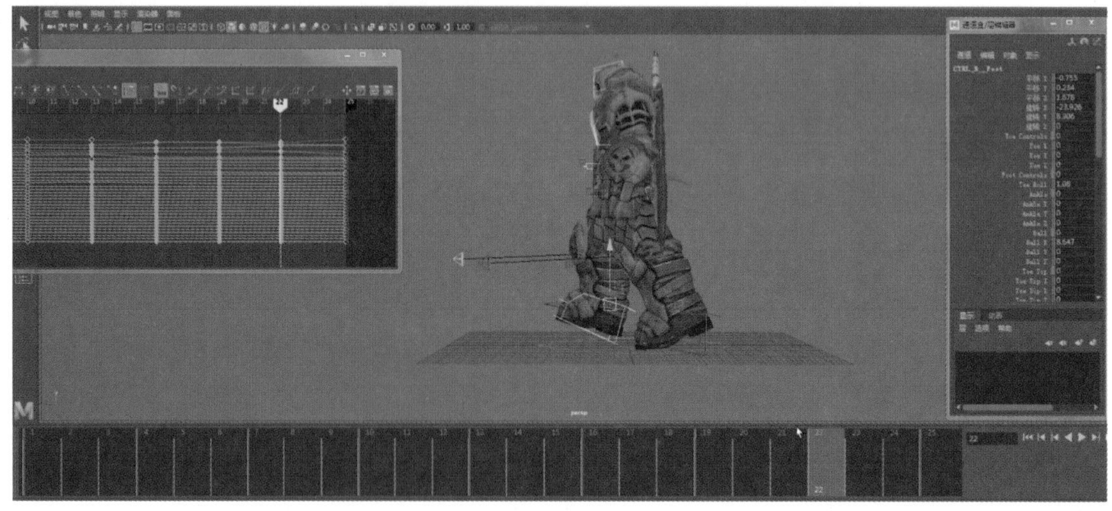

图4-21

Step19 切换到前视图，修改角色左脚的朝向，因为角色是男性角色，男性角色通常是外八字朝向，故在“曲线图编辑器”中修正左脚旋转曲线如图4-22所示。

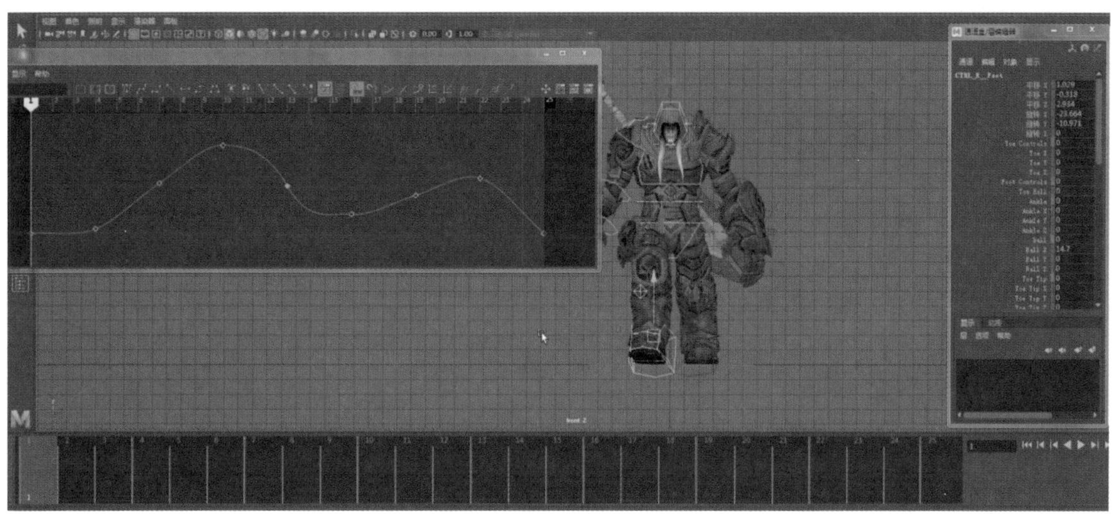

图4-22

技巧提示

制作角色右脚向前，但不要把角色腿伸得太直，不然会导致角色的膝盖出现抖动问题。

视频讲解

4.3.2 胯部动画制作

Step01 制作胯部的旋转动画，因为右脚先进行迈出，所以胯部应跟随右脚进行向前旋转，选择胯部控制器设置旋转Y轴为15度，在时间线的第1帧和第25帧位置上，按下S键设置关键帧，如图4-23所示。

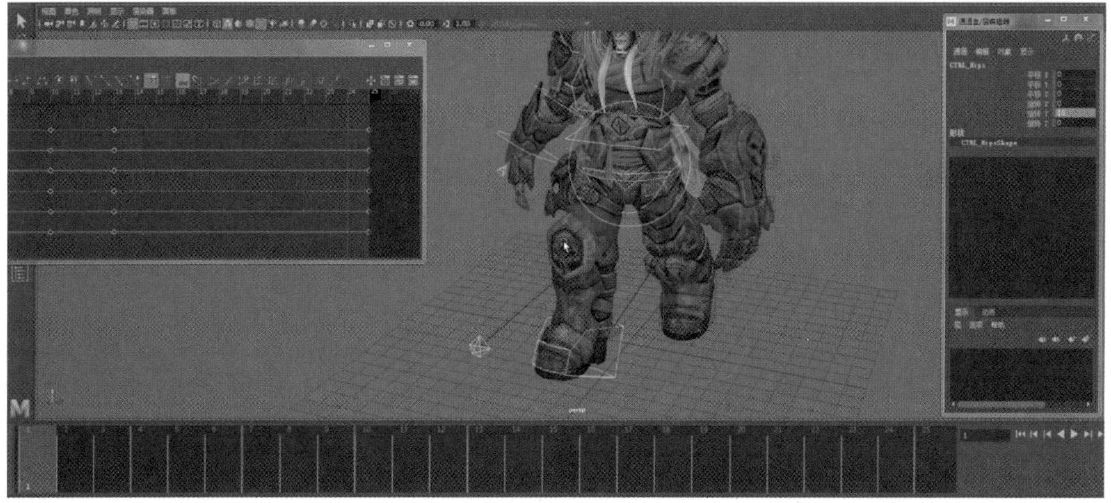

图4-23

Step02 在时间线的第13帧位置处，胯部旋转正好做相反运动，设置旋转Y轴为-15度，如图4-24所示。

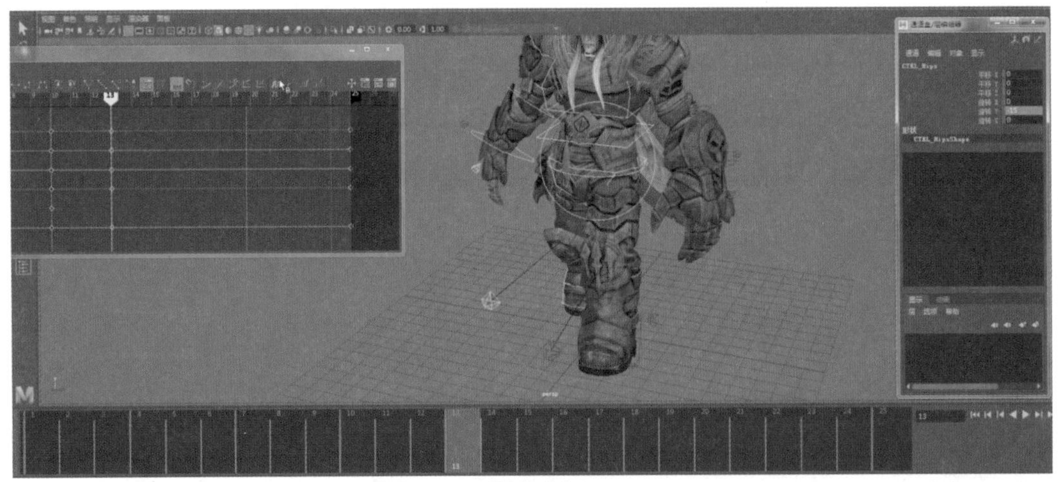

图4-24

Step03 在时间线的第7帧位置处，设置角色的胯部旋转Z轴为-5度，如图4-25所示。

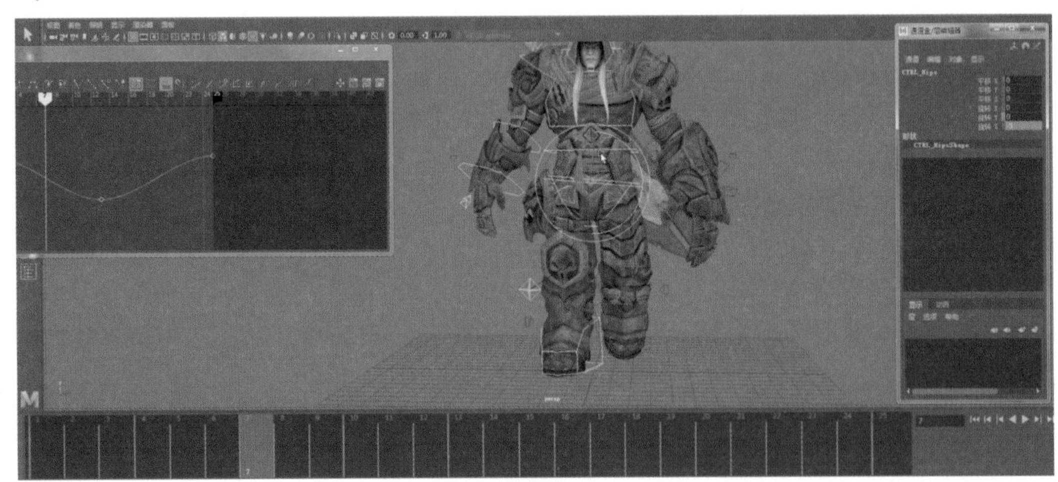

图4-25

Step04 在时间线的第19帧位置处，设置胯部的旋转Z轴为5度，如图4-26所示。

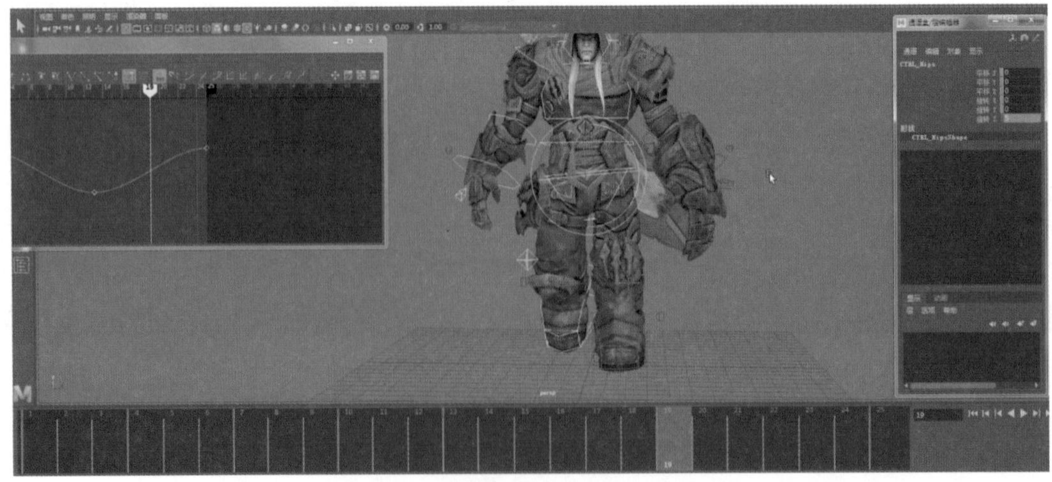

图4-26

Step05 在“曲线图编辑器”中调整胯部旋转Z轴的曲线，删除多余的关键帧，选择第7帧和第19帧的关键帧执行平坦切线操作，曲线调整效果如图4-27所示。

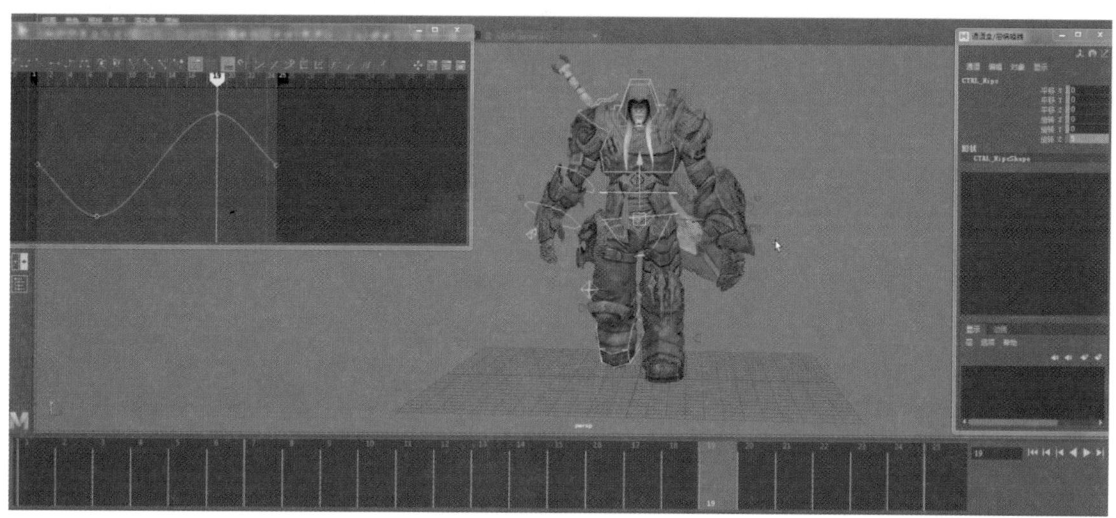

图4-27

Step06 制作重心的偏移动画，在时间线的第7帧位置时，角色胯部重心偏移到右腿上，平移X轴为-0.5，如图4-28所示。

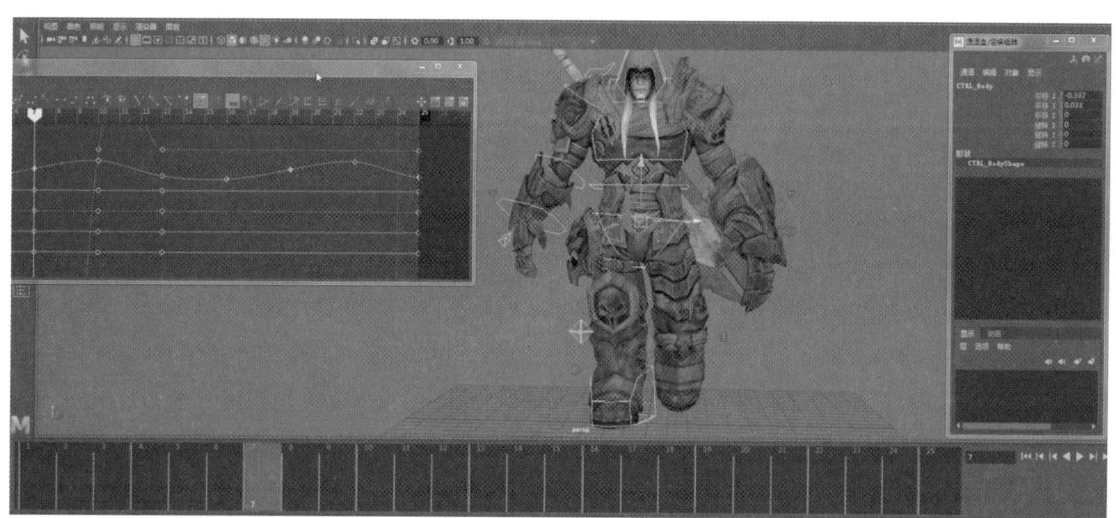

图4-28

技巧提示

角色在走路过程中，角色重心会发生偏移，重心会偏移到支撑身体的那条腿上。

Step07 在时间线的第19帧位置时，角色胯部重心偏移到左腿上，如图4-29所示。

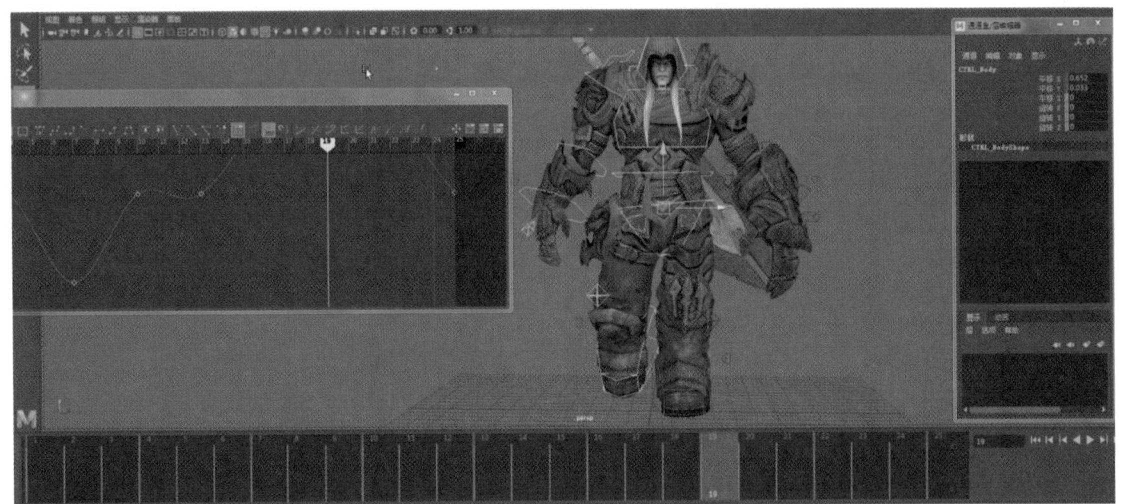

图4-29

Step08 在“曲线图编辑器”中调整胯部旋转Z轴的曲线，删除多余的关键帧，平移X轴设置为0.5，选择第7帧和第19帧的关键帧设置为平坦切线操作，曲线调整效果如图4-30所示。

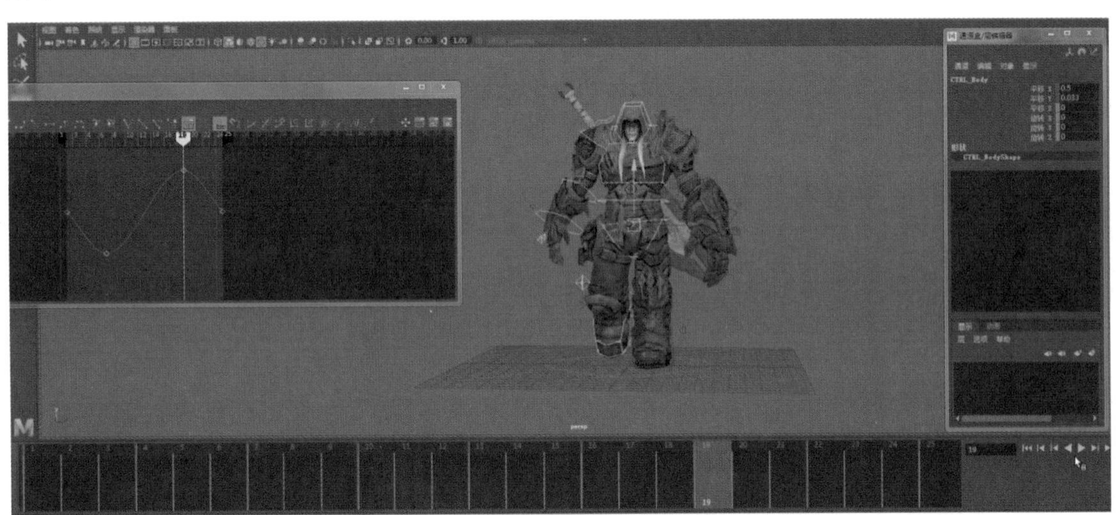

图4-30

视频讲解

4.3.3 胸部动画制作

Step01 制作胸部的旋转动画，因为胸部的旋转与胯部的旋转方向相反，所以胸部应向后进行旋转，在时间线的第1帧和第25帧位置上，按下S键设置关键帧，设置胸部控制器旋转Y轴为-10度，如图4-31所示。

Step02 在时间线的第13帧位置处按下S键设置关键帧，设置胸部控制器旋转Y轴为10度，如图4-32所示。

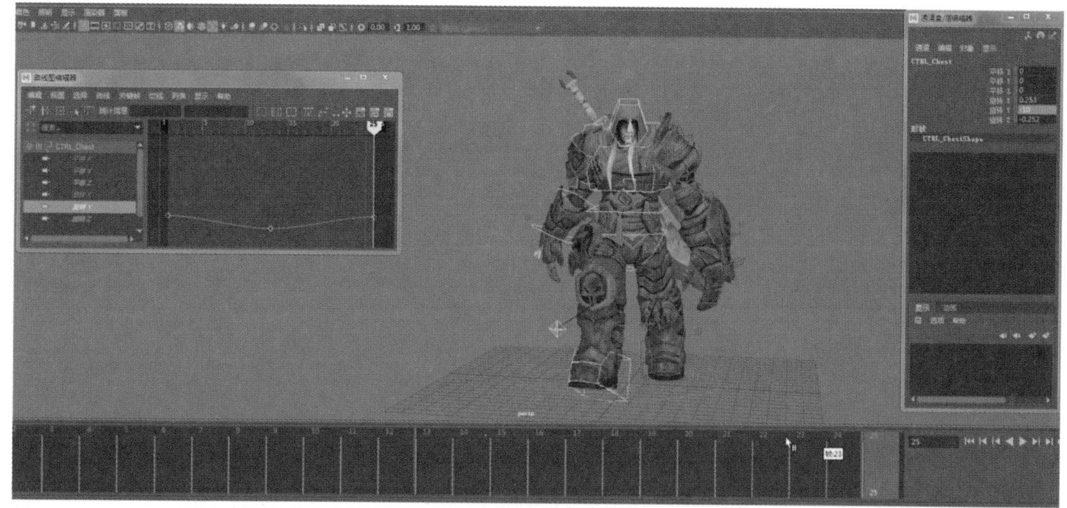

图4-31

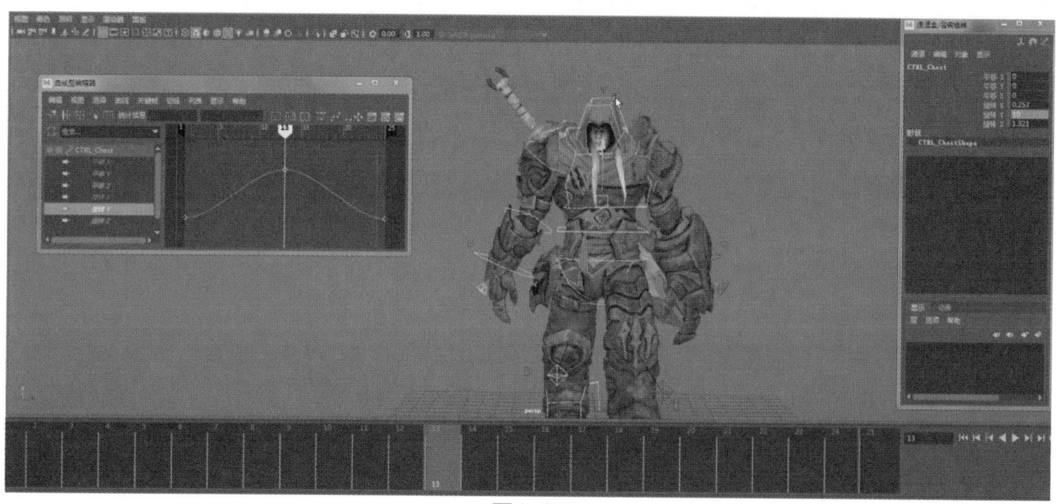

图4-32

Step03 在时间线的第7帧位置处，设置胸部旋转Z轴为5度，如图4-33所示。

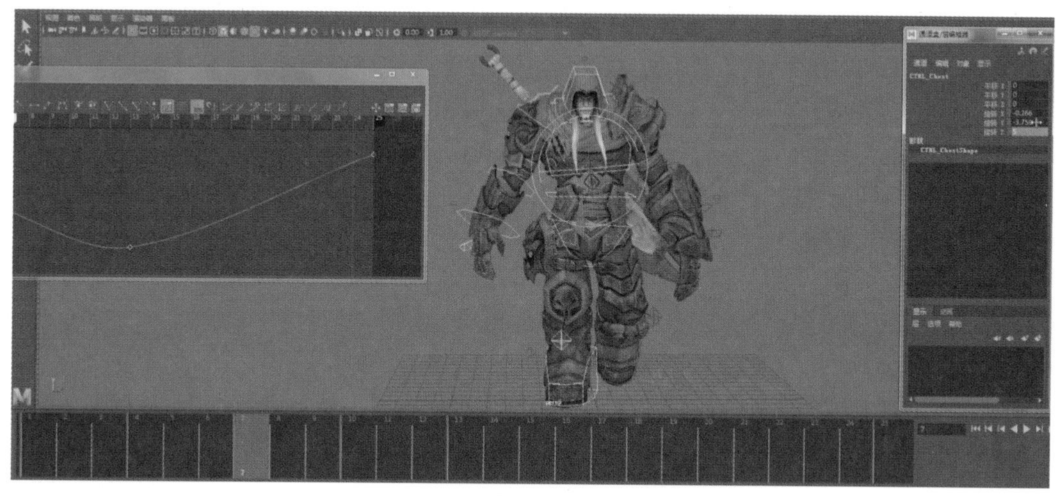

图4-33

Step04 在时间线的第19帧位置处，设置胸部旋转Z轴为-5度，如图4-34所示。

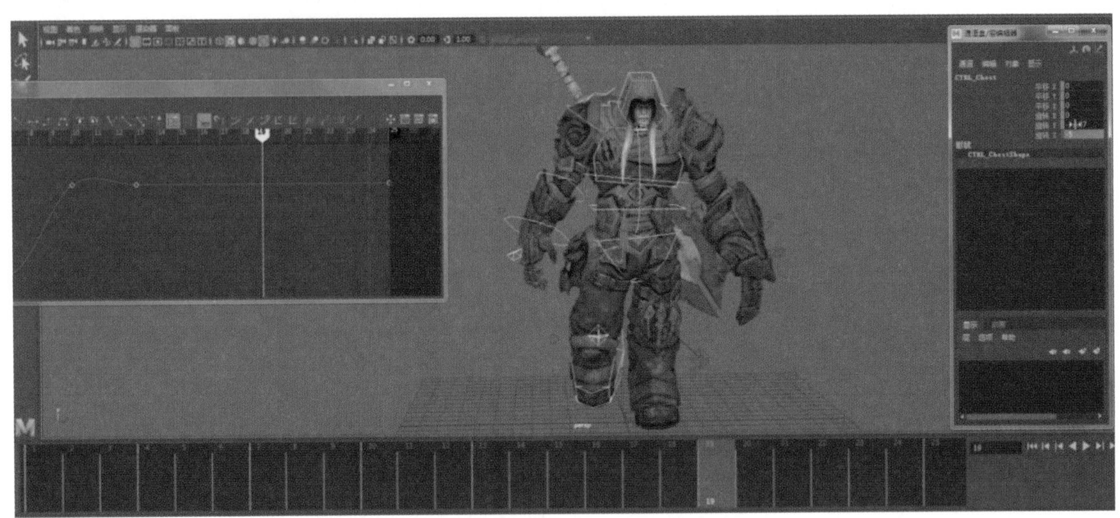

图4-34

Step05 在“曲线图编辑器”中调整胸部旋转Z轴的曲线，删除多余的关键帧，选择时间线的第7帧和第19帧的关键帧执行平坦切线操作，曲线调整效果如图4-35所示。

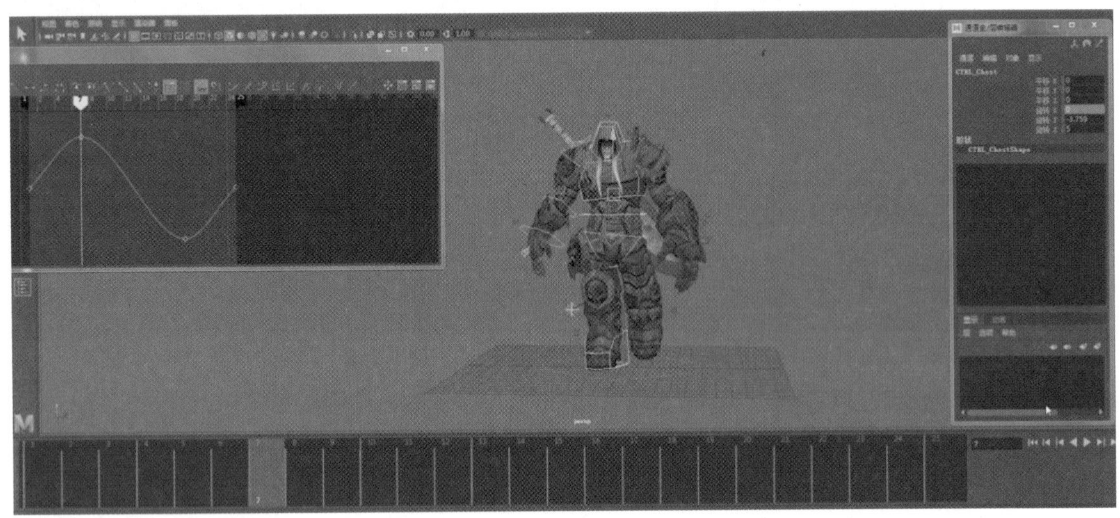

图4-35

Step06 在时间线的第1帧位置处，让角色左右肩部放松，设置其旋转Z轴为-10度，如图4-36所示。

图4-36

视频讲解

4.3.4 头部动画制作

Step01 制作头部的旋转动画，头部跟随肩部进行运动，在时间线的第1帧和第25帧位置处，选择角色头部控制器，按下S键设置关键帧，设置旋转Y轴为-8度，如图4-37所示。

图4-37

Step02 在时间线的第13帧位置处，选择角色头部控制器，按下S键设置关键帧，设置旋转Y轴为8度，调整头部曲线如图4-38所示。

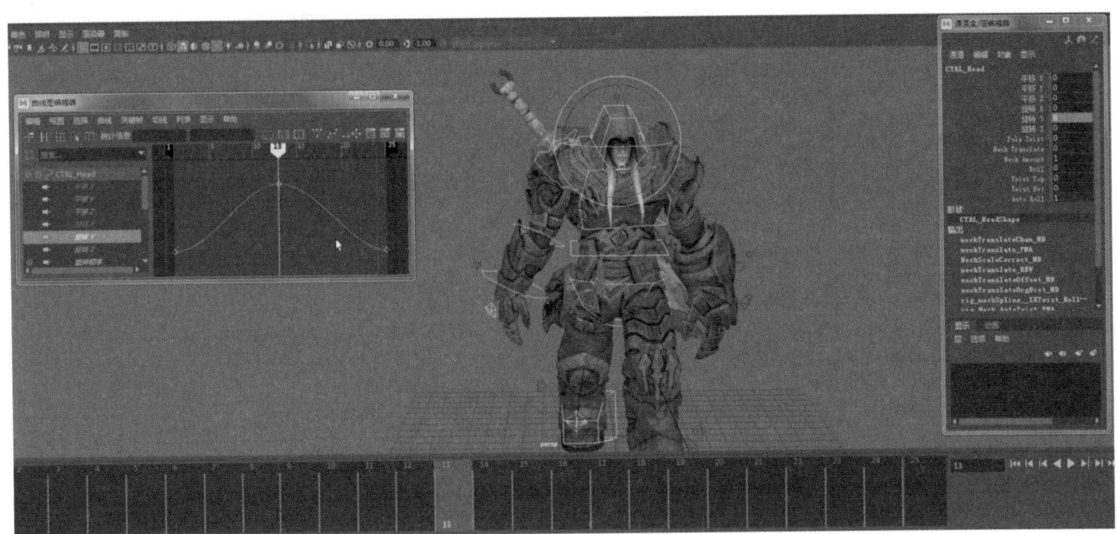

图4-38

视频讲解

4.3.5 脊椎动画制作

Step01 制作脊椎的屈伸动画，角色走路时，身体稍微前倾，在时间线的第4帧位置处，角色身体为前屈状态，设置角色胸部控制器旋转X轴为8度，如图4-39所示。

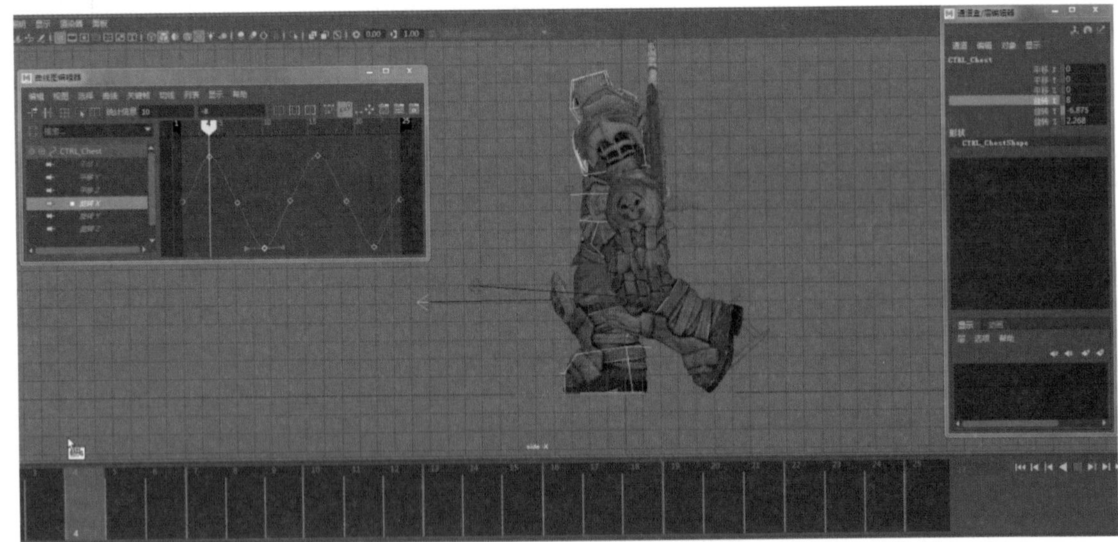

图4-39

Step02 在时间线的第10帧位置处，角色身体为后伸状态，设置角色胸部控制器旋转X轴为-8度，如图4-40所示。

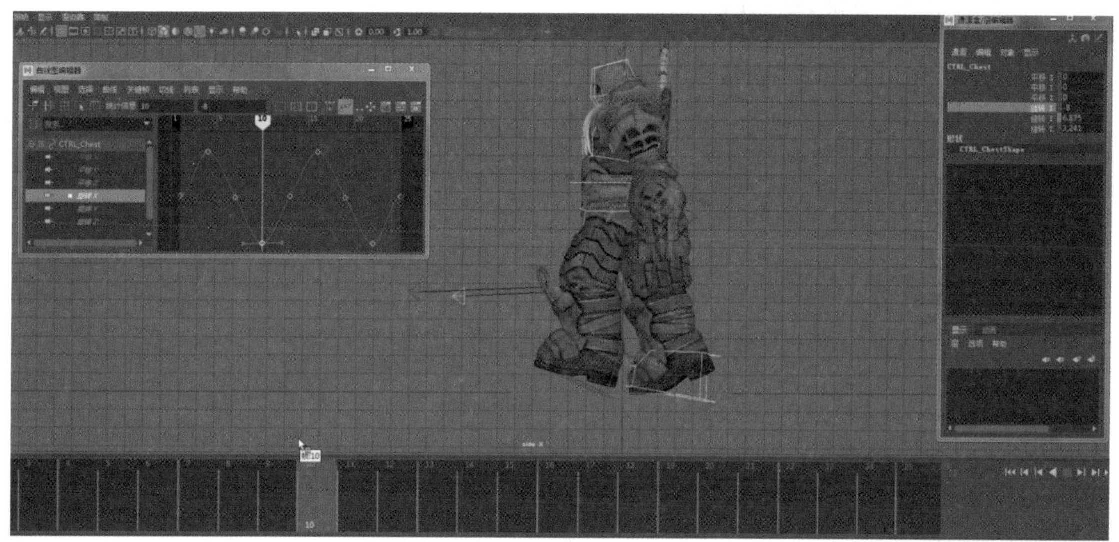

图4-40

Step03 在时间线的第4帧、第10帧位置处，角色身体为前屈后伸状态，继续细化动作姿势，选择角色根部控制器旋转X轴属性进行调整，调整好后分别把时间线的第4帧复制粘贴给时间线的第16帧，把时间线的第10帧复制粘贴给时间线的第22帧，在“曲线图编辑器”中根部控制器动画曲线调整为如图4-41所示。

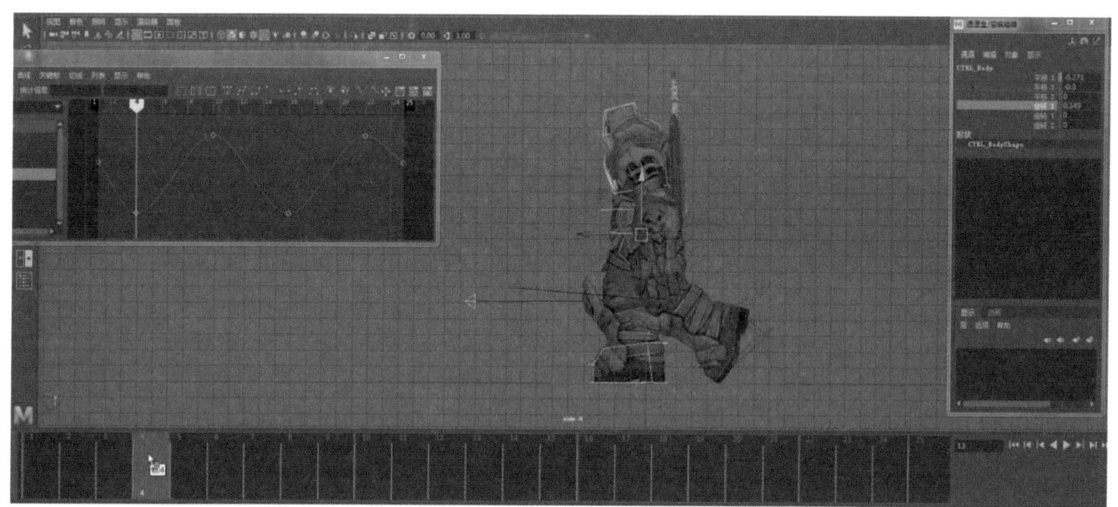

图4-41

Step04 调整头部跟随脊椎进行运动，在时间线的第4帧位置处，选择头部控制器设置为向下低头，在时间线的第10帧位置处，选择头部控制器设置为向上抬头，调整好后分别把时间线的第4帧复制粘贴给时间线的第16帧，把时间线的第10帧复制粘贴给时间线的第22帧，在“曲线图编辑器”中删除第13帧和第19帧的关键帧，然后调整头部控制器动画曲线，如图4-42所示。

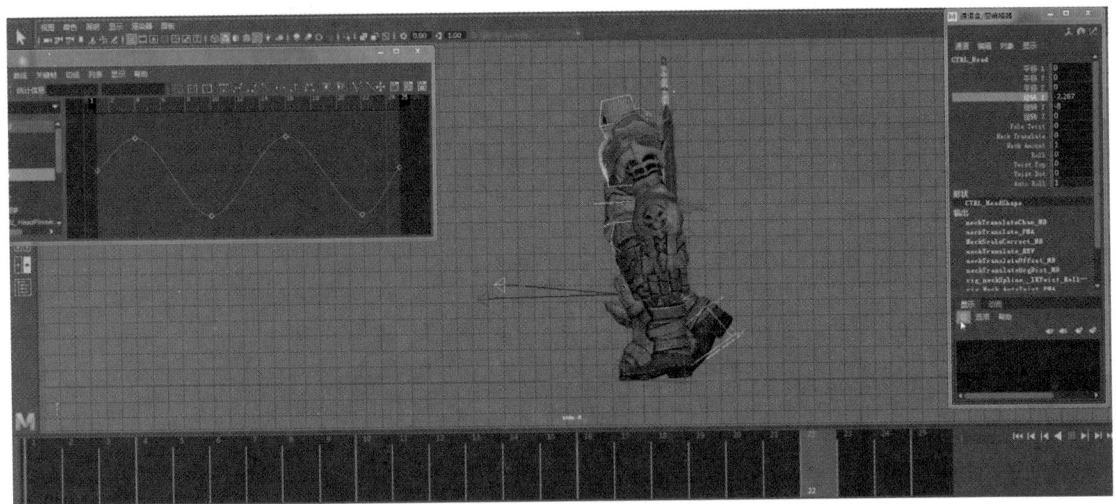

图4-42

视频讲解

4.3.6 手臂动画制作

Step01 制作肩部的旋转动画，因为右脚迈前，所以选择左臂向前进行旋转，右臂向后旋转，角色是行走动画，所以角色旋转幅度不宜过大，选择自定义工具架上的SetKey，在时间线的第1帧和第25帧，按下S键设置关键帧，如图4-43所示。

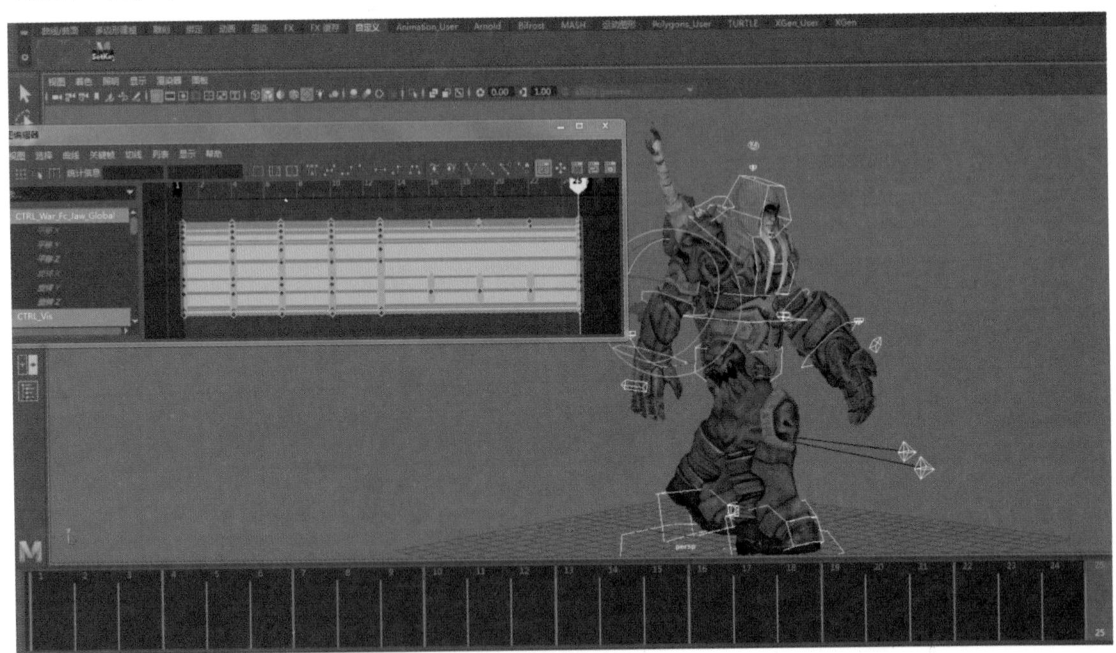

图4-43

Step02 选择工具架上的SetKey，在时间线的第13帧位置处，选择左臂向后进行旋转，右臂向前进行旋转，按下S键设置关键帧，并调整动画曲线如图4-44所示。

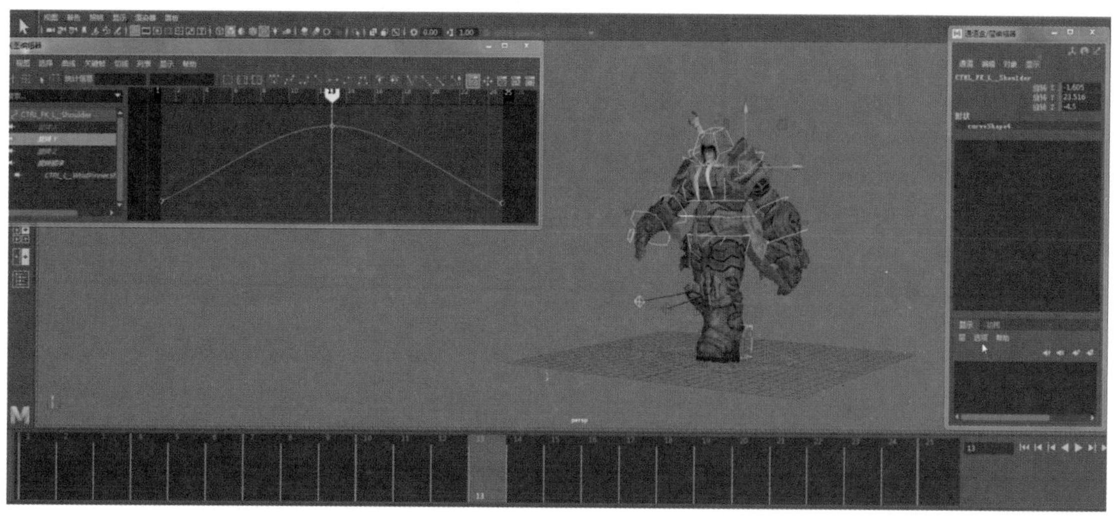

图4-44

Step03 接下来进行角色胳膊动作的精修，首先选择左侧胳膊的三个控制器在时间线的第1帧和第25帧，调整角色肩部、手肘和手腕的动作，如图4-45所示。

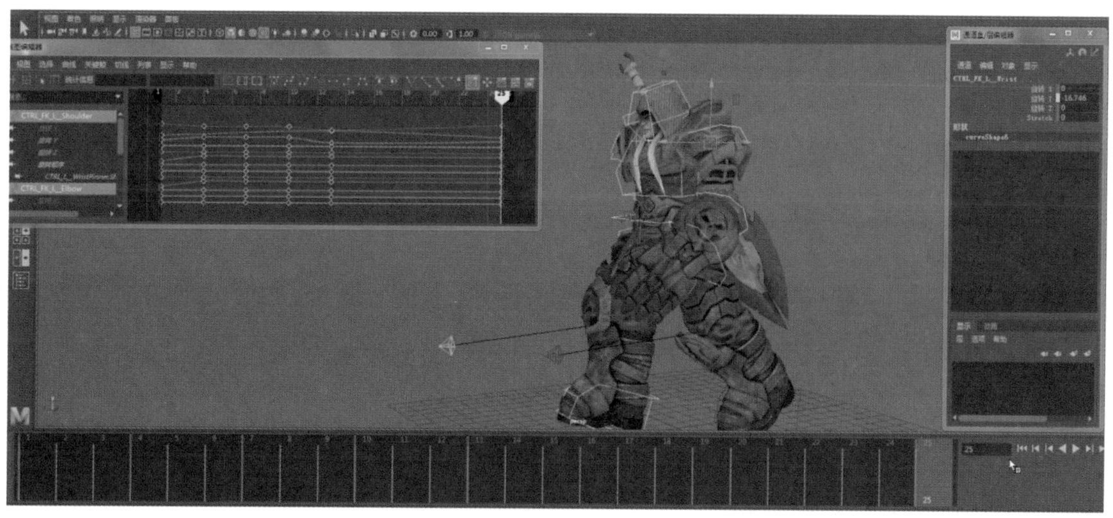

图4-45

Step04 选择左侧胳膊的三个控制器在时间线的第13帧位置处，调整角色肩部、手肘和手腕的动作，如图4-46所示。

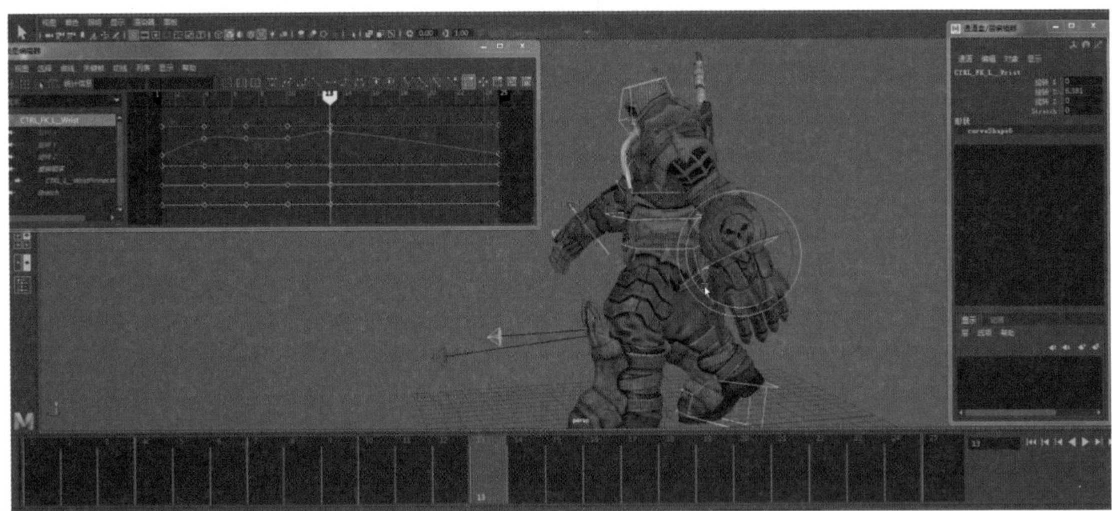

图4-46

Step05 选择左侧胳膊的三个控制器在时间线的第7帧位置处，调整角色肩部、手肘和手腕的动作，如图4-47所示。右侧调整同理，这里不再赘述，详细操作请参看微课视频。

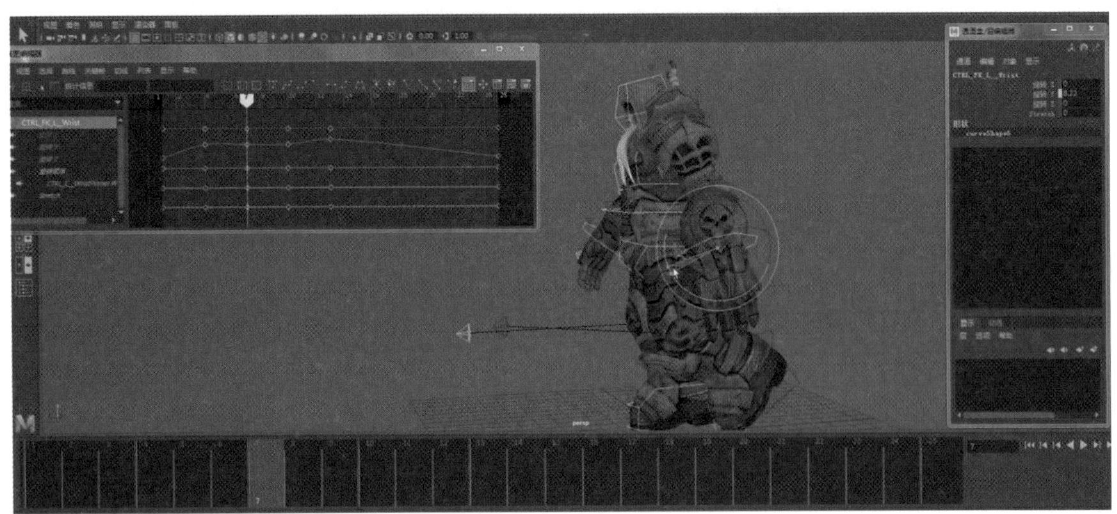

图4-47

技巧提示

胳膊的运动可以理解为一个钟摆的运动，主要分成三部分，即肩部、肘部、腕部的跟随效果制作。除了正常旋转之外，胳膊向前甩的时候会向内偏移一些，而当胳膊向后甩的时候会向外偏移一些。当胳膊甩动达到最低点时，可以让肩膀往下沉一下，当胳膊甩动到两端时，可以让肩膀稍微往上抬一下。注意这个变化比较小，调整时不要做得太明显。

视频讲解

4.3.7 精修动画制作

Step01 先从角色的脚部动作开始调整，右脚拍地动作太慢，所以设置右脚在时间线的第2帧时就进行拍地，突出角色脚掌拍地的重量感，如图4-48所示。

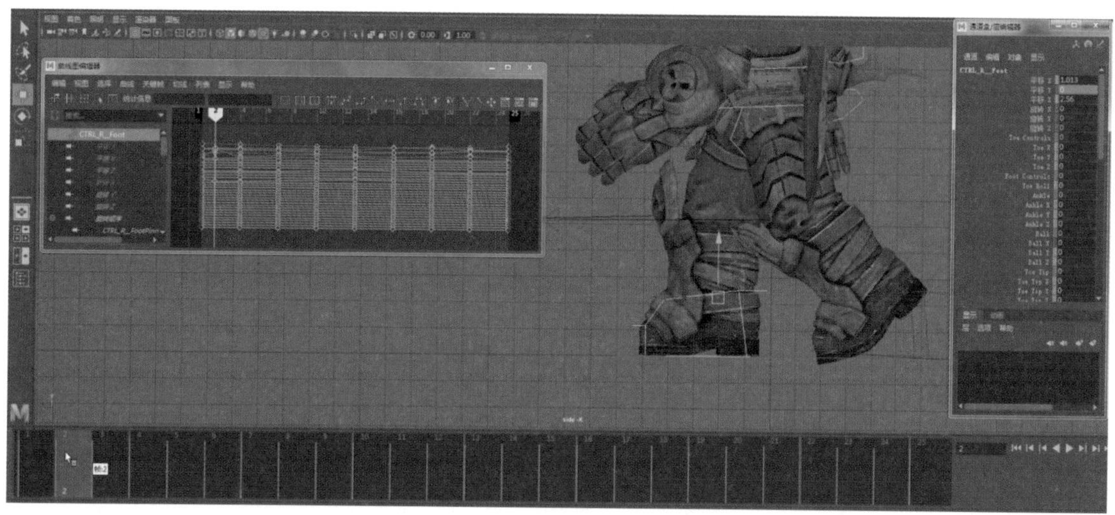

图4-48

Step02 精修右脚的动作，修正脚部出现的穿帮动作，右脚动画曲线调整为如图4-49所示。左脚动作精修同理，这里不再赘述，详细操作请参看微课视频。

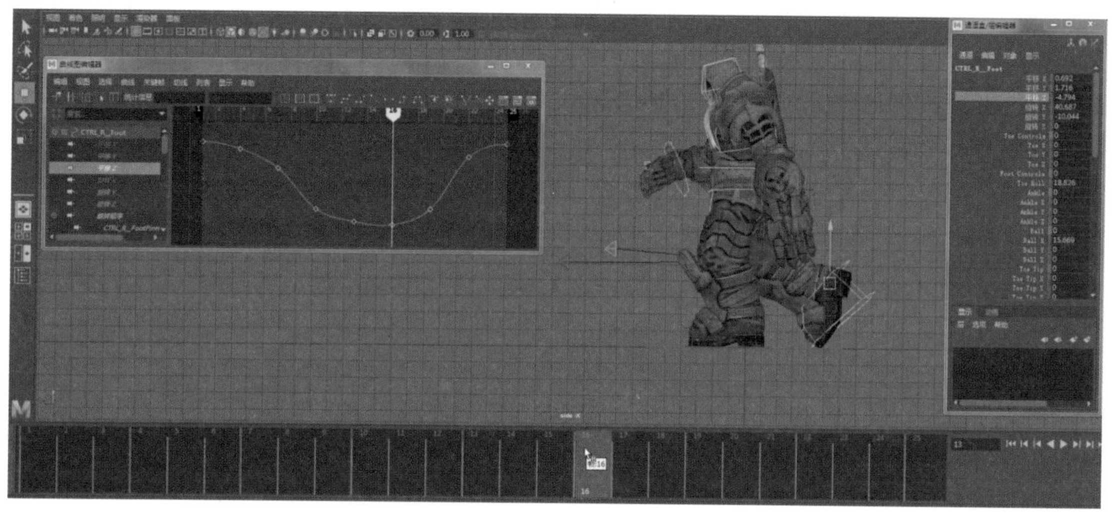

图4-49

Step03 选择角色右腿的膝盖控制器，制作右腿膝盖的旋转控制，在“曲线图编辑器”中动画曲线调整为如图4-50所示。左腿膝盖旋转同理，详细操作请参看微课视频。

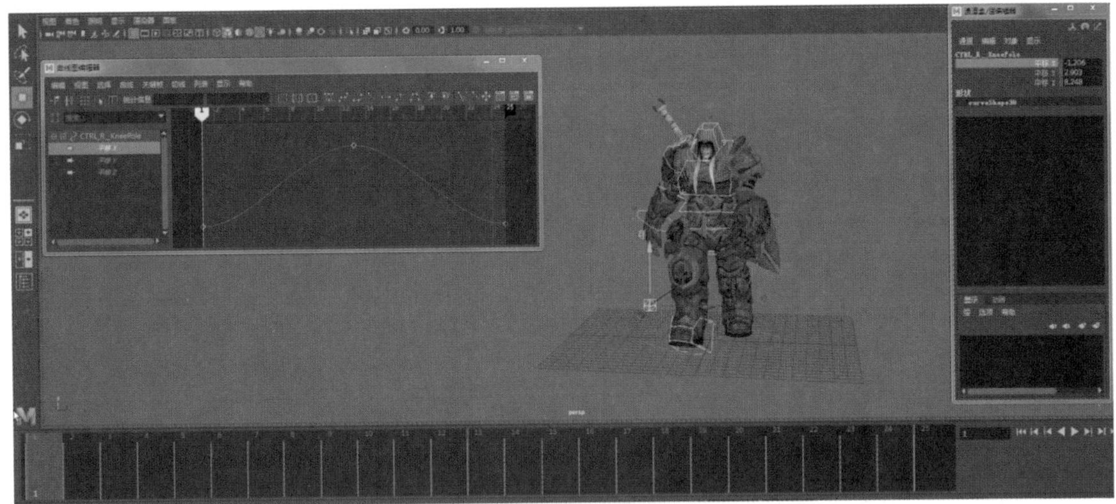

图4-50

Step04 细化左侧肩部的动画曲线，曲线调整如图4-51所示。右侧肩部同理，详细操作请参看微课视频。

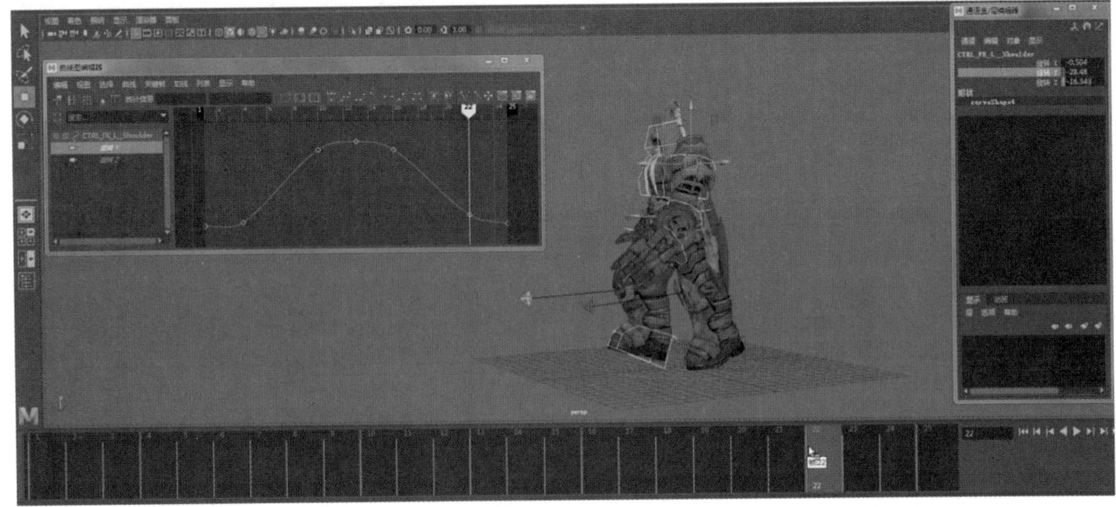

图4-51

Step05 为了更好地实现角色胳膊的跟随效果，选择左侧肩部的三个控制器，执行“窗口”→“动画编辑器”→“摄影表”命令进行错开关键帧操作，如图4-52所示。右侧同理，详细操作请参看微课视频。

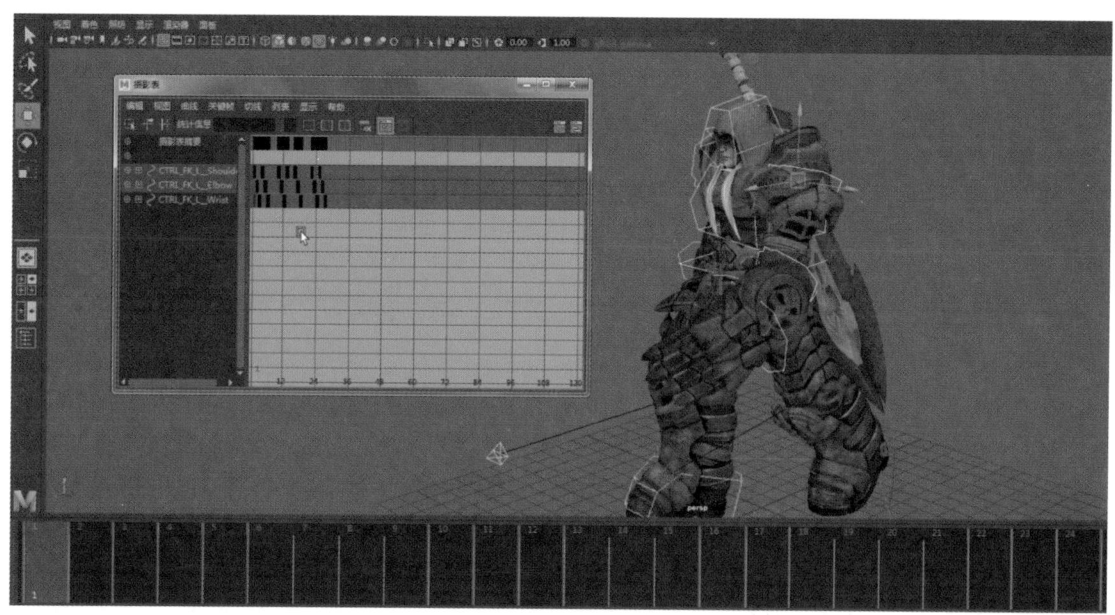

图4-52

Step06 制作角色右手的握拳动作，如图4-53所示。左手握拳同理，详细操作请参看微课视频。

图4-53

Step07 框选场景中角色模型所有的曲线控制器，执行“编辑”→“按类型删除历史”→“静态通道”命令，执行此命令主要是将多余的没有动画属性的动画曲线进行清除，保留设置好的动画曲线，如图4-54所示。

图4-54

Step08 在“曲线图编辑器”中检查每条动画曲线是否顺畅，是否能形成循环动画曲线，如图4-55所示。不是循环的动画曲线需要修改成循环的动画曲线。

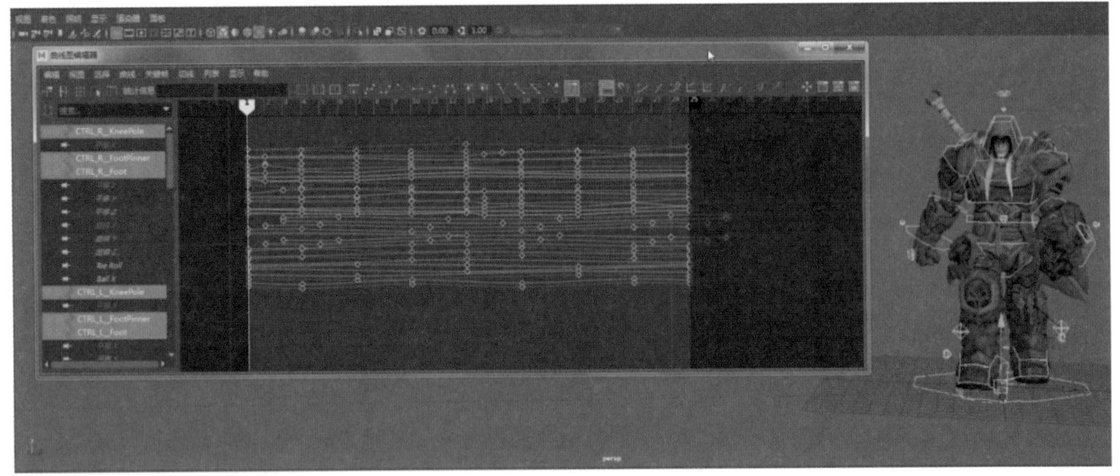

图4-55

Step09 在“曲线图编辑器”中设置成循环动画，“视图”菜单勾选“无限”，如图4-56所示。“曲线”菜单设置分别勾选“前方无限循环”和“后方无限循环”，详细操作请参看微课视频。

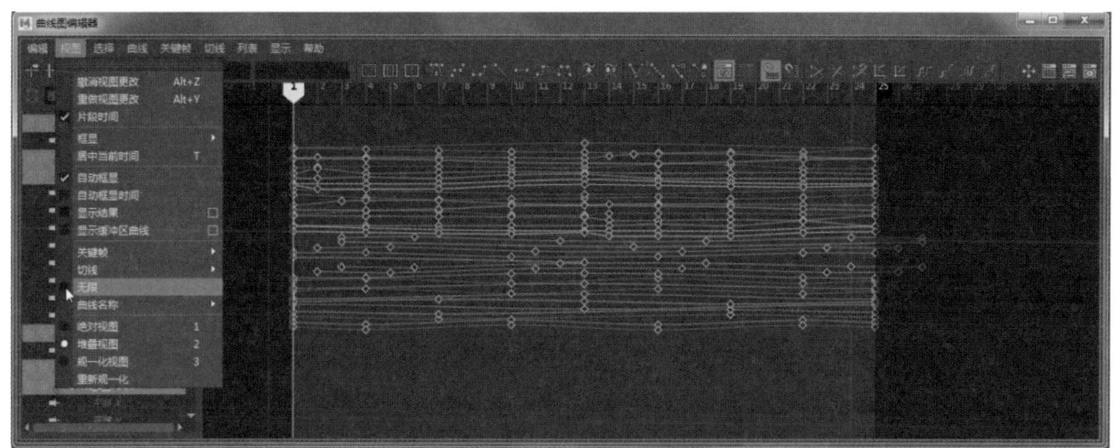

图4-56

Step10 循环动画一定要保证开始帧动作和结束帧动作保持一致，这样才能保证动画的流畅性，如图4-57所示。总之，应在“曲线图编辑器”中反复调整动画曲线，直到调整到动画效果流畅为止。

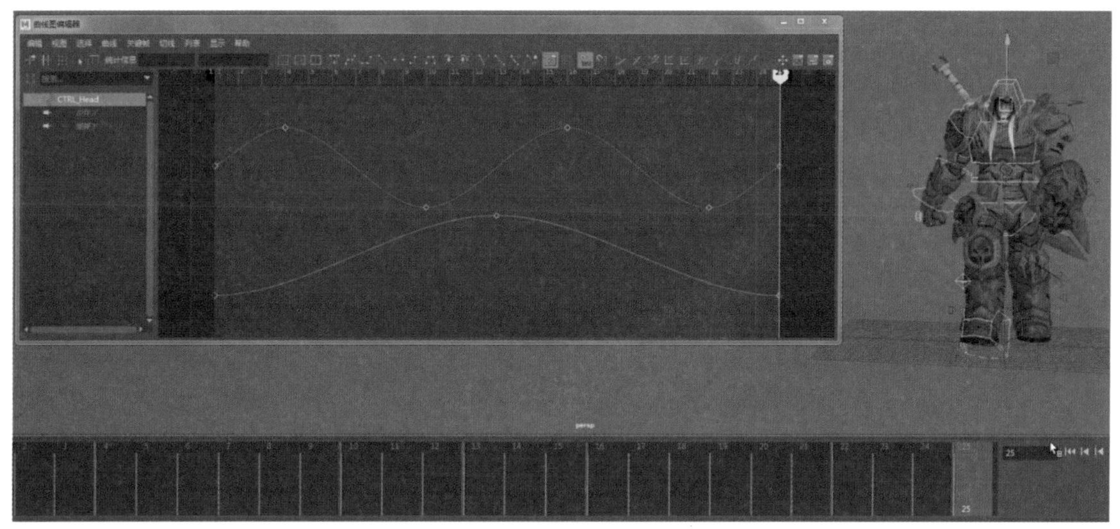

图4-57

本章小结

本章主要讲解了角色走路的基本运动规律及制作流程，重点掌握走路关键动作的确立，角色下半身动画制作（角色重心的偏移、角色脚步的交替、角色胯部动画制作），角色上半身动画制作（角色胸部动画制作、角色头部动画制作、角色脊椎动画制作、角色手臂的跟随动画制作），注意动画细节的添加，动画一定要自然流畅，不要出现滑步、僵硬、抖动、穿帮等问题，最后检查动画曲线是否顺滑。

学习角色的走路动画是制作角色动画的关键和基础，掌握走路动画的制作方法，可以为以后读者制作复杂的角色动画奠定扎实的基础。

4.4 习　题

（1）简述循环动画的原理。

（2）简述角色行走的运动规律。

（3）简述角色行走动画的制作思路与技巧。

（4）角色行走动画的制作练习。

第5章 角色跑步动画制作

1. 学习角色跑步动画规律
2. 学习角色跑步动画制作技巧
3. 掌握动画曲线编辑技巧

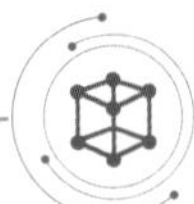

教学目标

- 角色跑步动画规律
- 熟悉角色绑定控制器
- 角色腿部动画制作
- 角色重心动画制作
- 角色胯部动画制作
- 角色上半身动画制作

5.1 思维导图

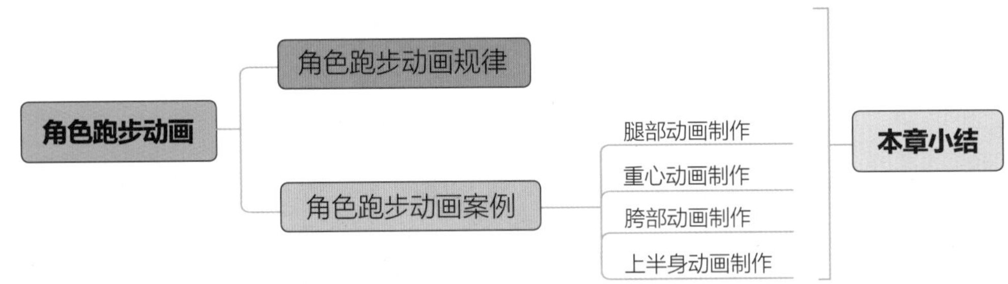

视频讲解

5.2 角色跑步动画规律

学习角色跑步动画之前，先来学习并掌握人物跑步动画的基本运动规律。跑步的基本原理是身体前倾，转移重心来协调人体的不平衡状态，然后迈出脚来承接身体的重量，恢复到平衡状态。角色跑步动作错误姿势与正确姿势，如图5-1所示。

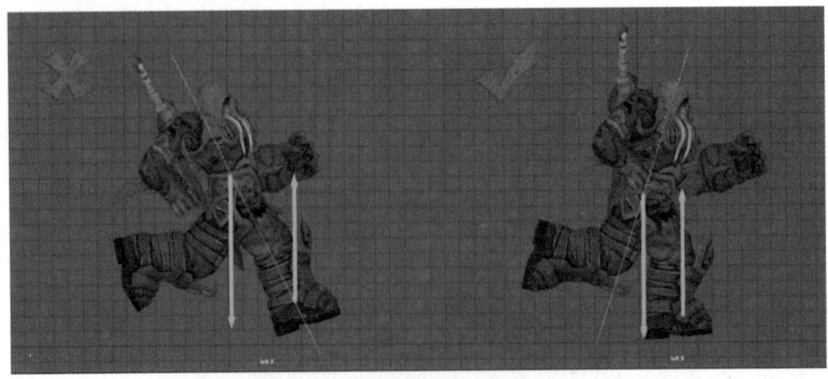

图5-1

角色跑步时，无论快速跑还是慢速跑，基本动作要领是一致的，不同主要体现在速度、步幅和步频不同。角色跑步技巧通常是手臂贴近身体，呈放松状态，膝盖弯曲，身体重心挺直。跑步时脚掌全部着地，跨步不要太大，避免前腿过度拉伸。身体前倾，幅度不要太大，微倾即可。与走路不同的是，跑步时身体前倾。跑步的速度要快很多，走路时在最高点有一个重心提高的过程，而在跑步时这个重心的提高更加明显，双脚会有完全离开地面腾空的动作，所以跑步比走路需要更强的推进能量。在制作跑步动画时，更需要有积蓄力量的动作，以及推进力产生的强烈的蹬地动作，这些动作在跑步中是非常重要的。为了完成重心的提高，人体的块面、脊骨都会相应地发生位置的改变。同时在跑步过程中，由于人的骨骼是铰链式的结构，故各个部位的运动都会以曲线轨迹进行运动。

走路与跑步姿势相比，手臂摆动幅度产生了变化，脚的姿势发生了变化，最大的不同是，角色跑步动画有一帧关键姿势是双脚会有完全离开地面腾空的动作。角色跑步时注意角色摆臂不要越过身体中线，前摆时，手臂稍向内侧摆动；后摆时，手臂稍向外侧摆动。注意前后摆臂时，虽有上下摆臂，但不要甩动小臂。前摆时，前臂与小臂夹角小于90度或等于90度；后摆时，前臂与小臂夹角呈90度或大于90度，如图5-2所示。

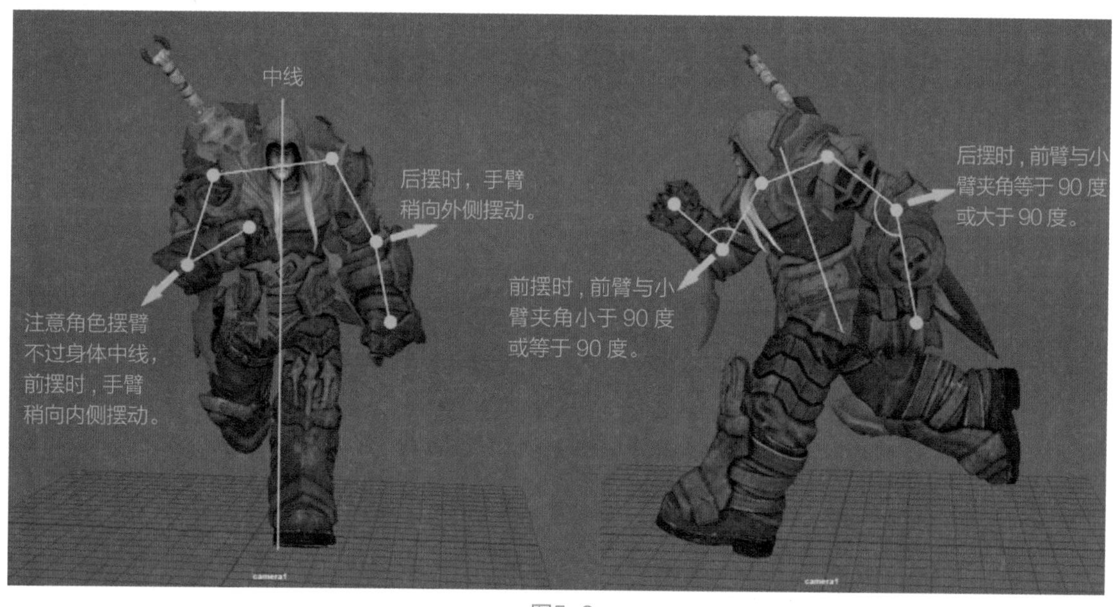

图5-2

通常情况下角色跑步动画周期需要16帧来完成，半个循环需要8帧来完成，前半个循环角色跑步动画动作姿势可以归纳为右脚接触姿势、下蹲踏地姿势、右脚蹬地姿势、双脚腾空姿势、左脚接触姿势。侧视图角色跑步动画动作分解如图5-3所示。

角色跑步动画胸部与胯部的运动原理同角色的走路动画，这里不再赘述。

在角色跑步动画中，当角色做下蹲踏地动作姿势时，角色的重心会偏移在角色支撑身体的那只脚上，前视图角色跑步动作分解如图5-4所示。

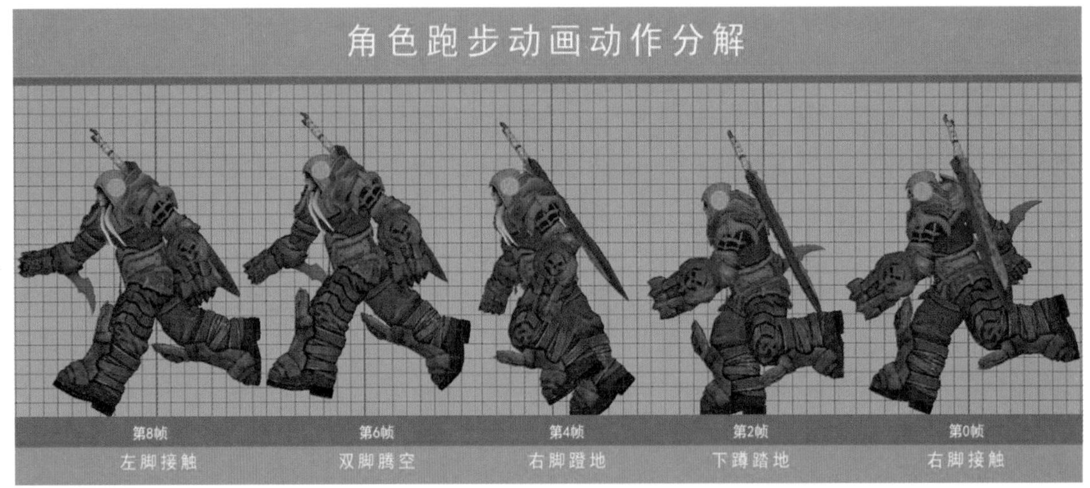

图5-3

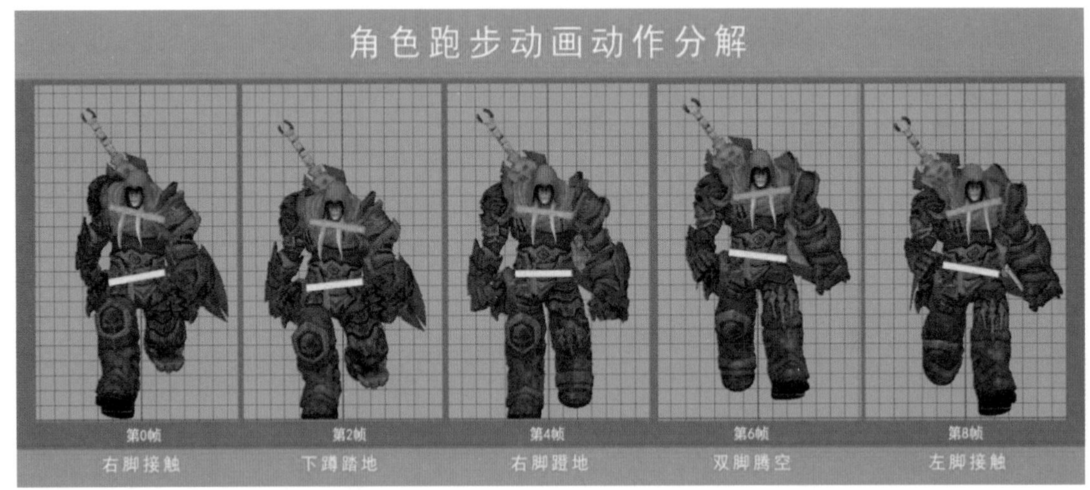

图5-4

案例实战

5.3 角色跑步动画案例

视频讲解

5.3.1 熟悉角色绑定控制器

Step01 打开绑定好的角色文件，执行“文件”菜单中的“引用编辑器”命令，如图5-5所示。

图5-5

Step02 单击“引用编辑器”中的“导入文件”命令，选择AnimRig_War.ma文件进行引用，如图5-6所示。

图5-6

技巧提示

创建引用的文件是不能被编辑的，甚至包括模型都无法进行删除操作。通常项目制作中，创建引用文件是用来进行动画制作。

创建引用文件的作用是：防止动画制作者在制作动画过程中对绑定文件进行修改或误操作，保存文件时也只会保存动画数据，这样保存的文件也会较小，极大地提高了动画师的制作效率。

Step03 绑定模型文件导入后，角色模型是素模显示，需要按下数字6键，显示角色的贴图，如图5-7所示。

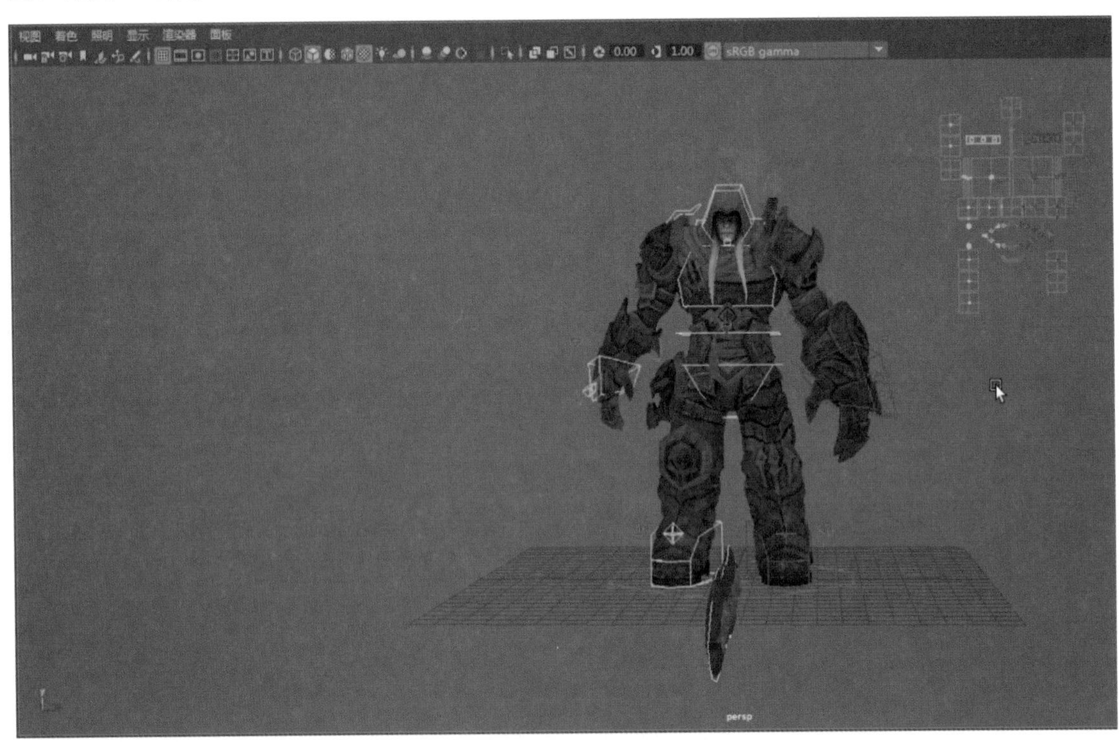

图5-7

Step04 熟悉角色绑定系统的每个控制器的作用，选择头部顶端的控制器，设置Facial_Vis为0，将角色面部控制器显示隐藏，如图5-8所示。

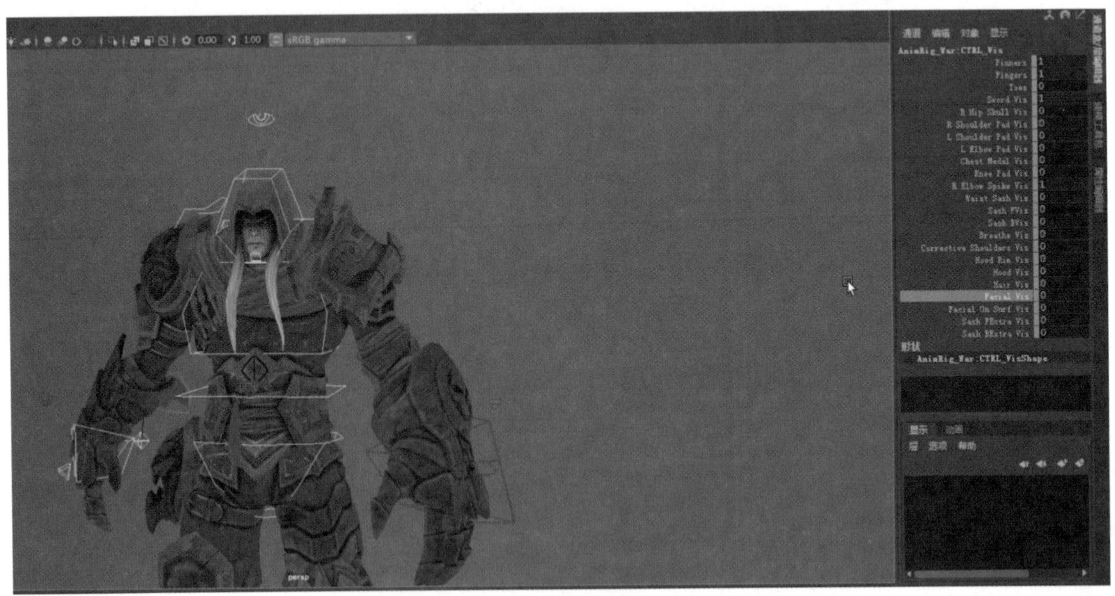

图5-8

Step05 为方便进行动画制作，在工具栏执行禁用所有组件，只开启曲线，这样就能选择场景中的角色控制器，如图5-9所示。

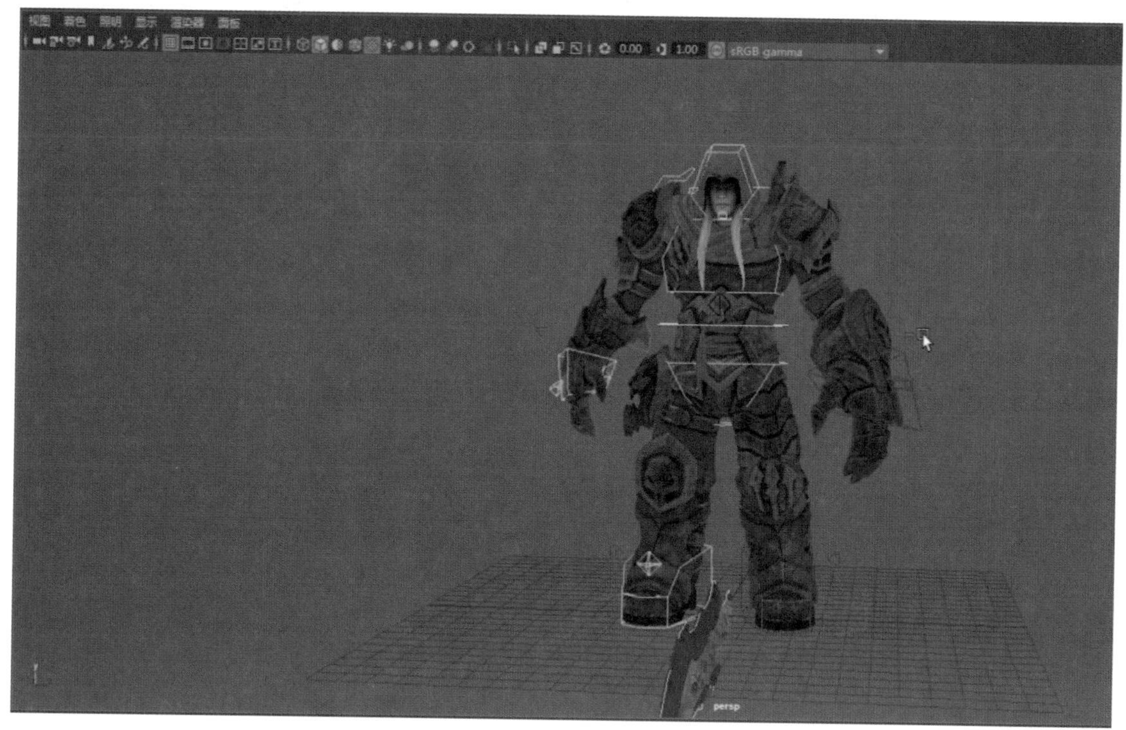

图5-9

Step06 选择剑的控制器，在“通道盒/层编辑器”属性栏，设置Pinning选择Chest（胸部），如图5-10所示。

图5-10

Step07 这样剑模型就会跟随角色胸部进行运动，然后用W键移动剑把剑背到角色身体的背部，如图5-11所示。

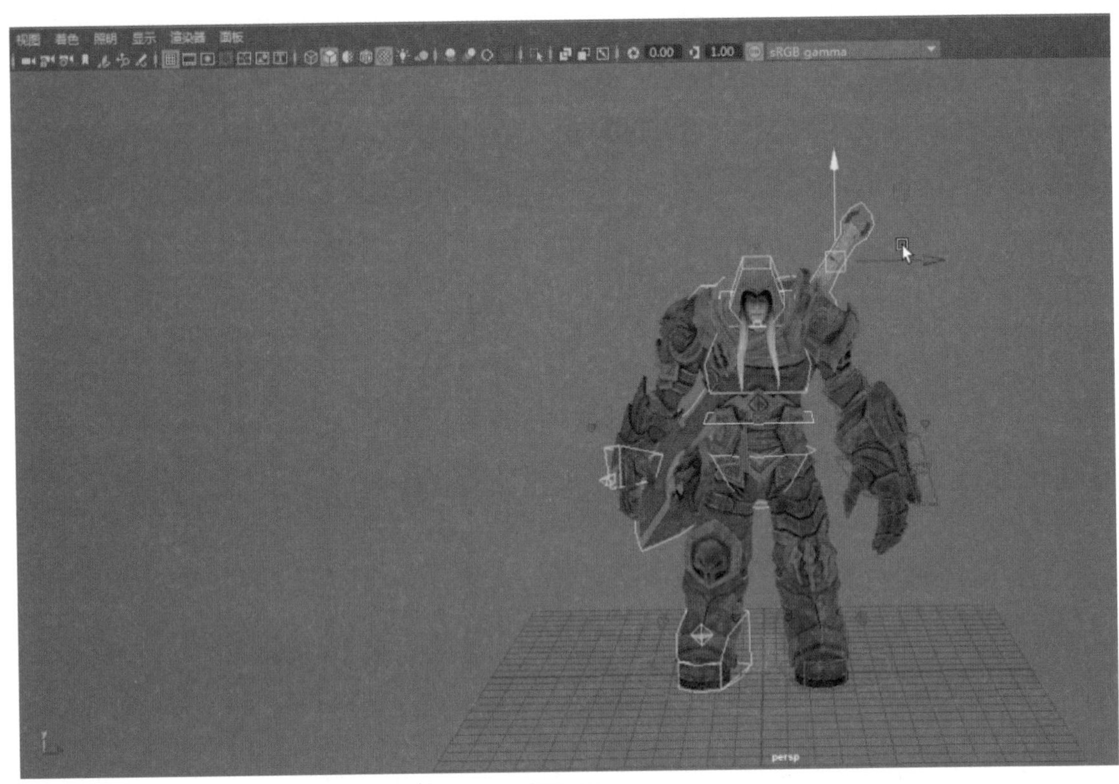

图5-11

Step08 默认是IK功能开启，选择左侧手臂开启FK功能，设置IKFK为10， View_IKCtrls为0， View_FKCtrls为1，如图5-12所示。右侧同理设置。

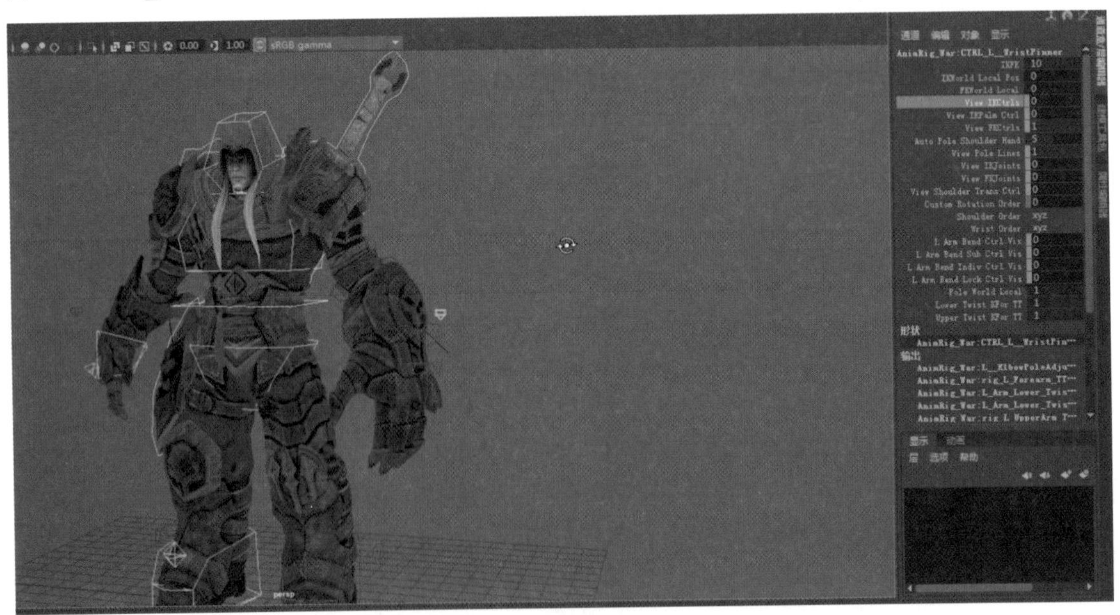

图5-12

Step09 选择双腿的膝盖极向量控制器，向前移动膝盖的极向量控制器，如图5-13所示。

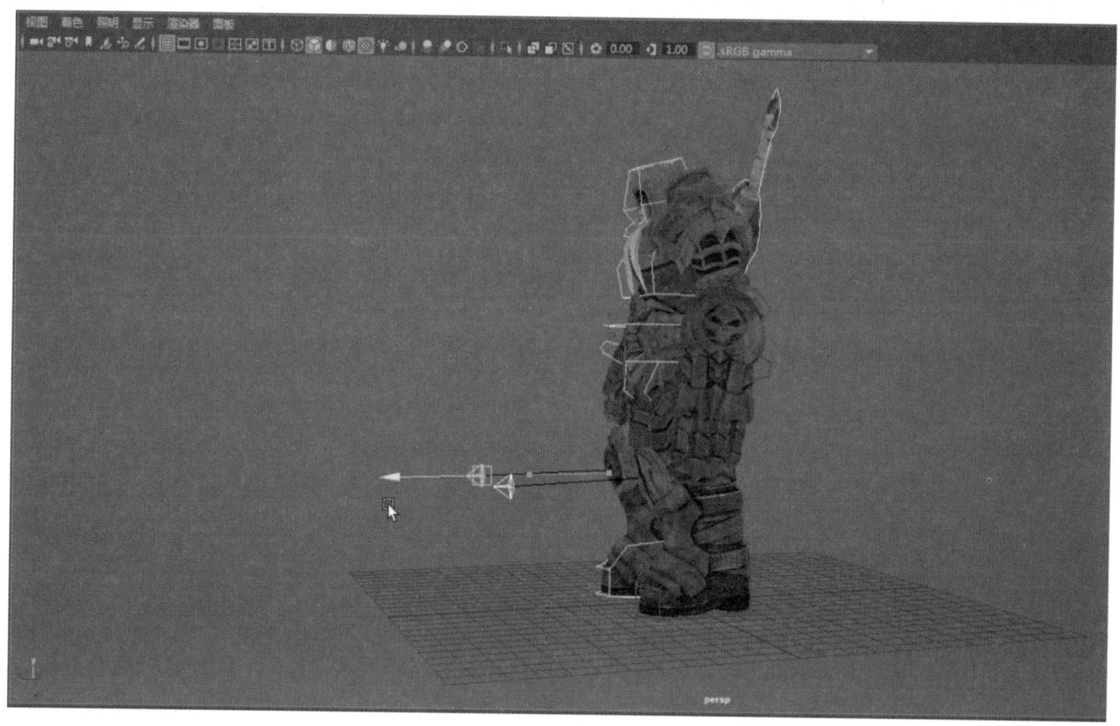

图5-13

5.3.2 角色腿部动画制作

视频讲解

Step01 在时间线上，设置角色跑步的动画时间周期为0～16帧，如图5-14所示。

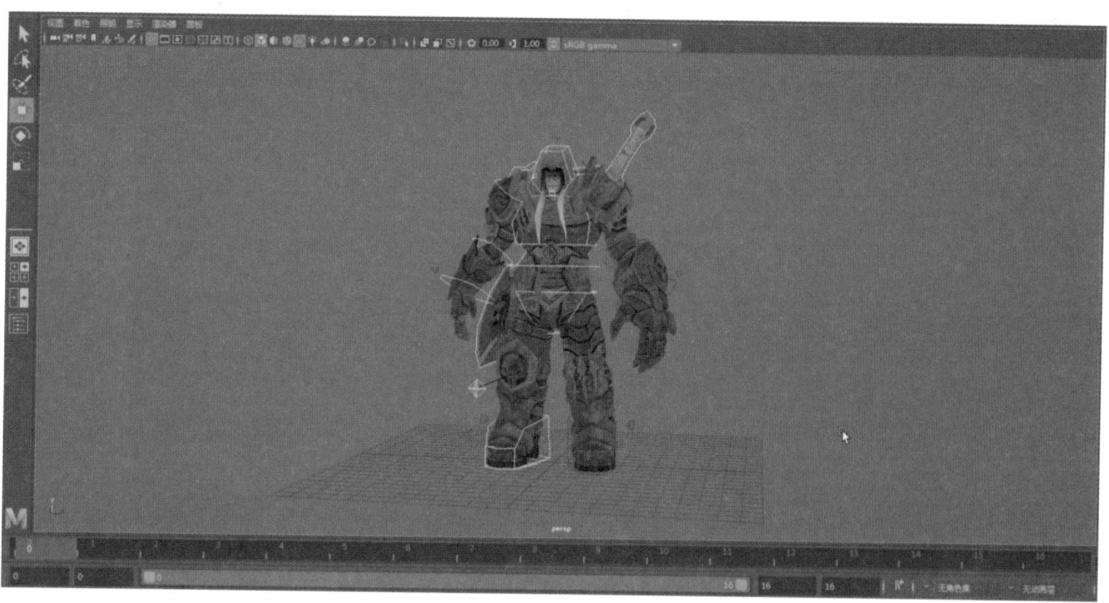

图5-14

技巧提示

跑步的速度到底有多快呢？ 跑步的速度是走路的2～3倍，如果走路按每秒24帧，那跑步就是8～12帧，笨重的人或怪物，跑步的速度可以适当调慢些来体现重量感。

Step02 为了方便动画参考，把角色跑步参考图导入Maya场景中，如图5-15所示。

Step03 在时间线的第0帧位置处，制作角色跑步的第1个关键姿势，跑步角色身体稍微前倾，比走路的前倾幅度要大，如图5-16所示。

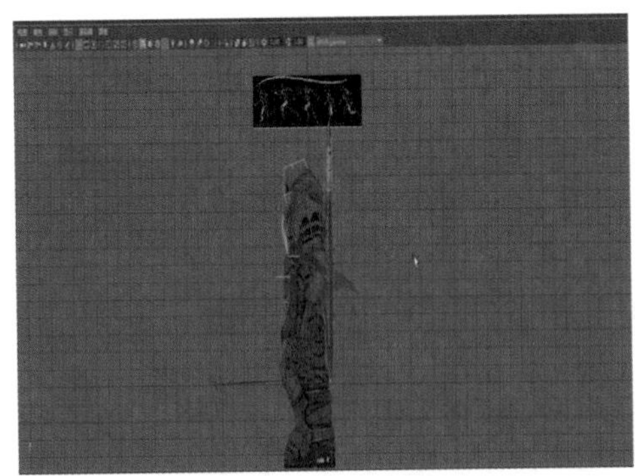

图5-15

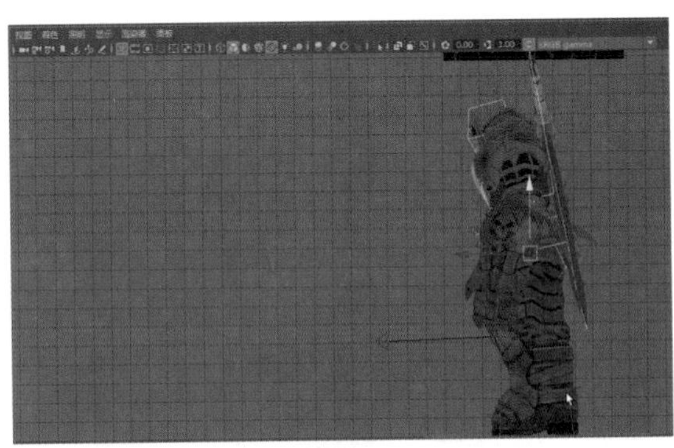

图5-16

Step04 调整角色的左右脚分开，左脚翘起，右脚脚后跟与地面接触，重心下移，右脚膝盖稍有弯曲，选择左脚控制器、右脚控制器和根部控制器，在时间线的第0帧位置按下S键设置关键帧，如图5-17所示。

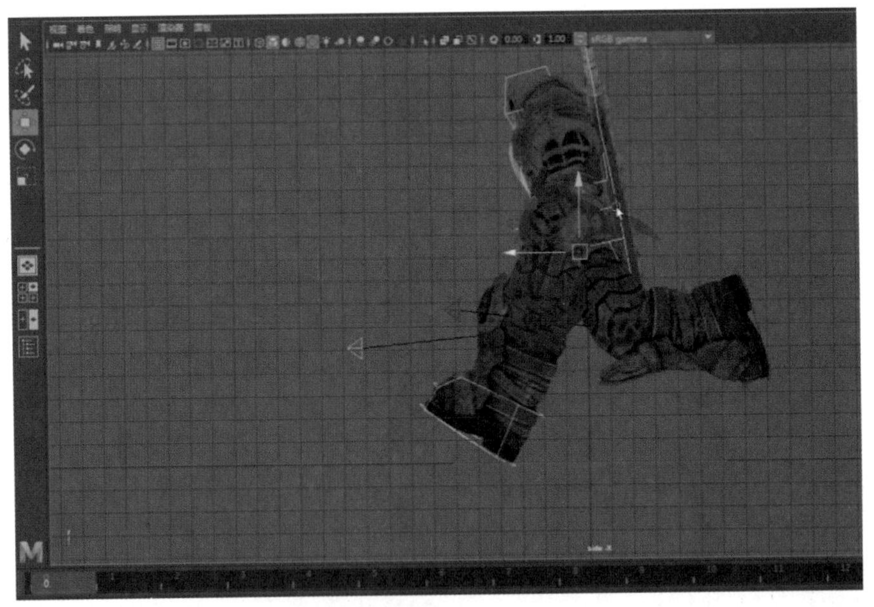

图5-17

技巧提示

注意开启自动记录关键帧按钮标记，方便进行自动记录关键帧设置。

Step05 将时间线的第0帧根部控制器关键帧复制粘贴给时间线的第8帧，将时间线的第0帧右脚Pose复制粘贴给时间线的第8帧的左脚Pose，将时间线的第0帧左脚Pose复制粘贴给时间线的第8帧的右脚Pose，如图5-18所示。

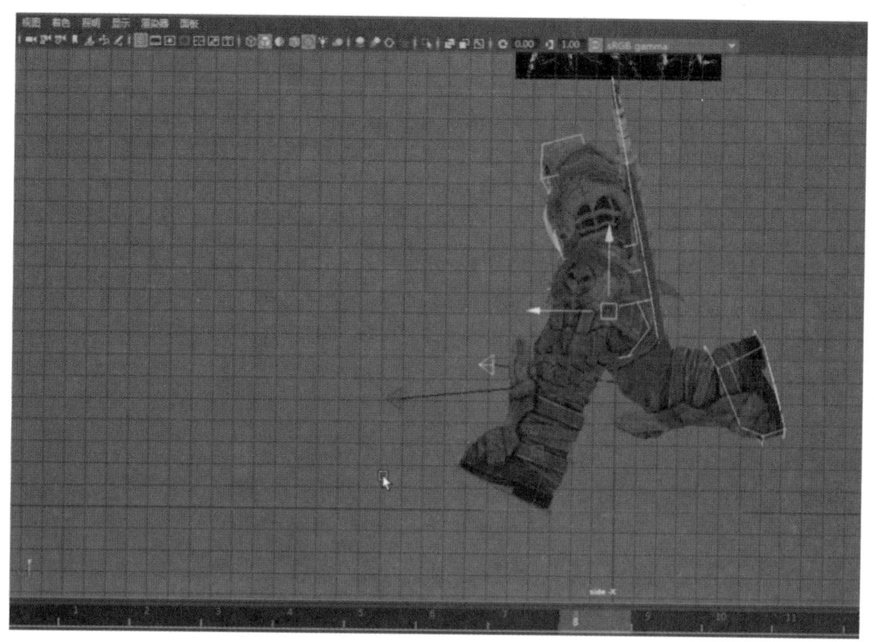

图5-18

Step06 第0帧与第16帧关键Pose一样，用鼠标中键直接拖拽第0帧，将时间线的第0帧根部控制器关键帧拖拽至时间线的第16帧按下S键，用鼠标中键直接拖拽第0帧，将时间线的第0帧右脚控制器拖拽至时间线的第16帧位置处，按下S键，用鼠标中键直接拖拽第0帧，将时间线的第0帧左脚控制器拖拽至在时间线的第16帧位置处，按下S键，如图5-19所示。

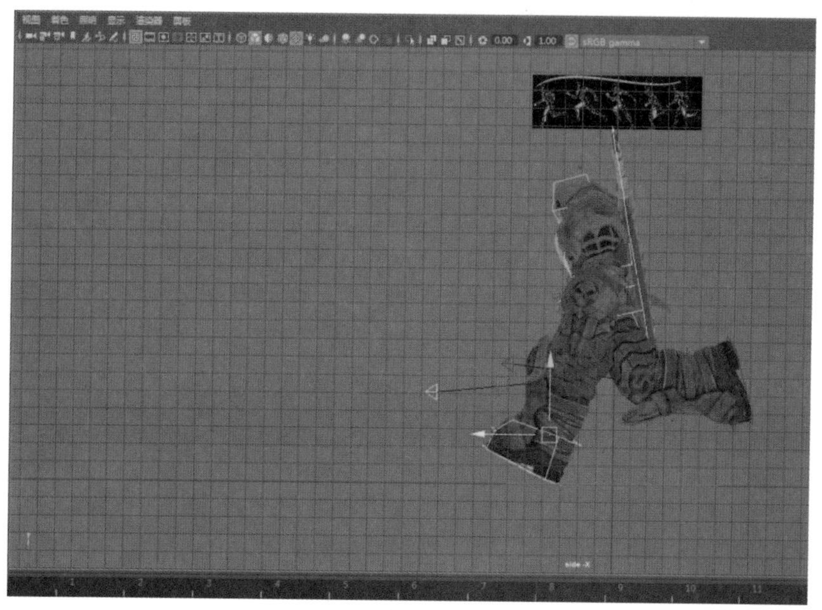

图5-19

Step07 单击时间线上"播放"按钮，会发现角色跑步动画速度比较快，这时需要打开"首选项"，在"时间滑块"选项中设置"播放速度"改为"24fpsx1"，单击"保存"按钮，如图5-20所示。

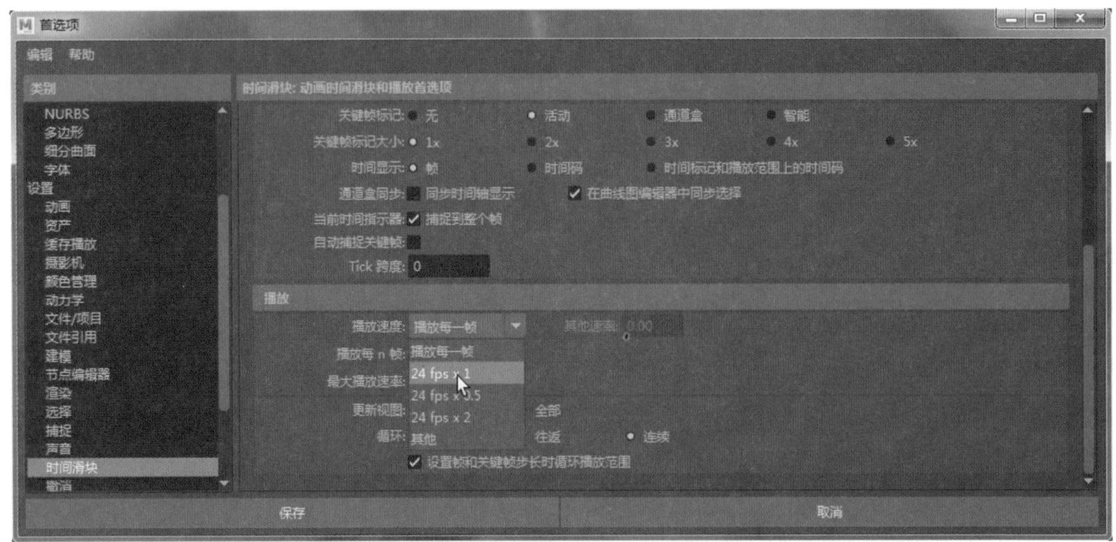

图5-20

视频讲解

5.3.3 角色重心动画制作

Step01 继续添加动作，在时间线的第2帧位置处，右脚拍地，调整角色重心下移，此时角色重心应处于最低位置，如图5-21所示。

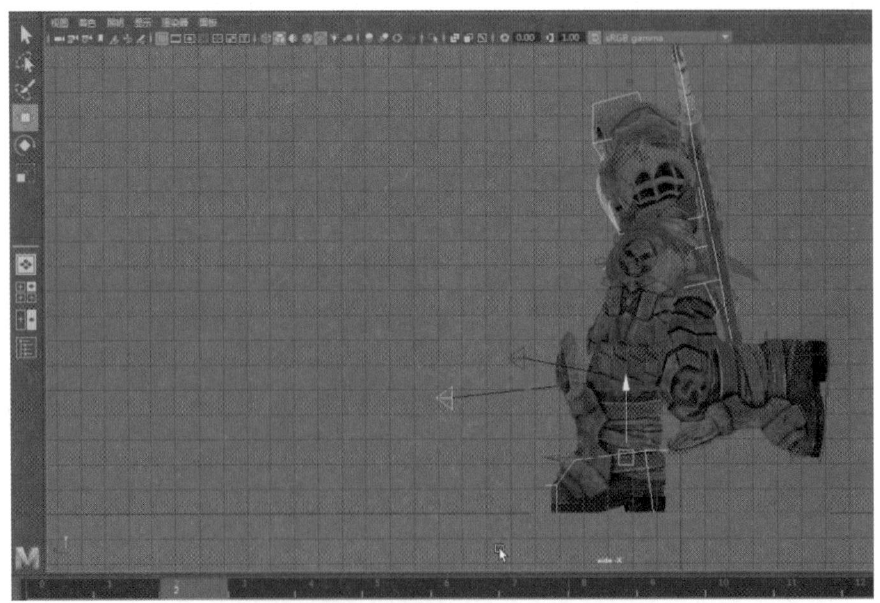

图5-21

Step02 在时间线的第6帧位置处，调整角色重心上移，此时角色重心应处于最高位置，调整角色两只脚的位置，此时角色两脚完全离开地面，处于腾空状态，如图5-22所示。

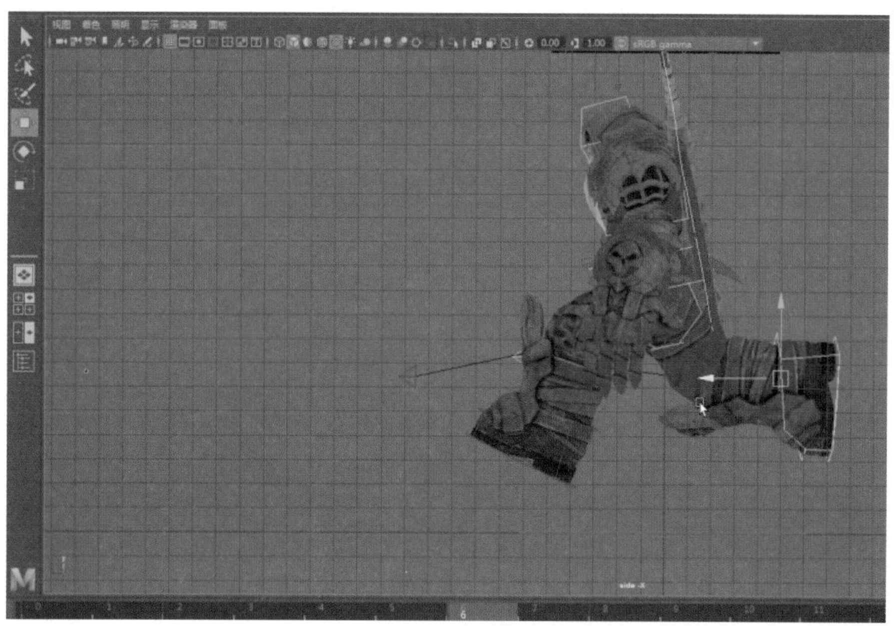

图5-22

Step03 在时间线的第4帧位置为角色过渡动作，此时角色右脚蹬地，左脚与右脚呈平行状态，注意左脚高度调整的不要太高，如图5-23所示。

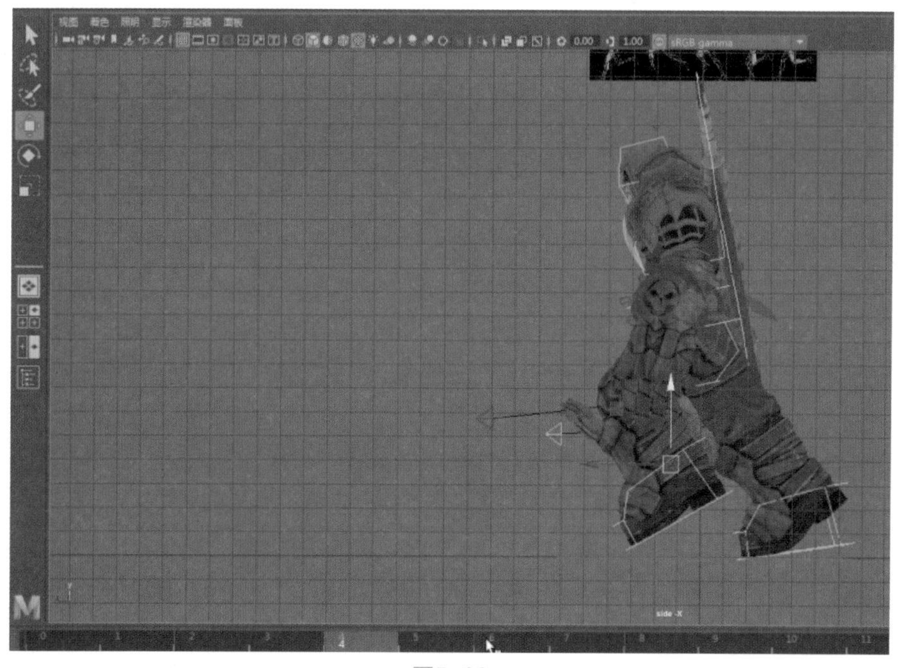

图5-23

Step04 选择角色根部控制器，执行“窗口”菜单下“动画编辑器”中的“曲线图编辑器”命令，将角色重心曲线调整顺滑，如图5-24所示。

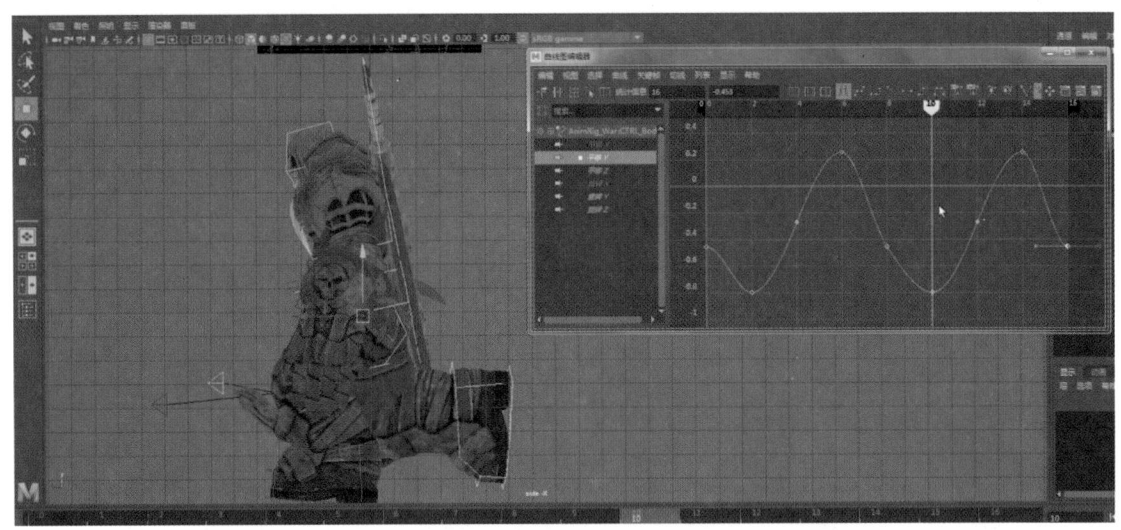

图5-24

Step05 在时间线的第2帧选择角色右脚的控制器属性复制粘贴给时间线的第10帧角色左脚的控制器，在时间线的第2帧选择角色左脚的控制器属性复制粘贴给时间线的第10帧角色右脚的控制器，同理时间线的第4帧的关键Pose需要镜像给时间线的第12帧关键Pose，时间线的第6帧的关键Pose需要镜像给时间线的第14帧关键Pose，如图5-25所示。详细操作请参看微课视频。

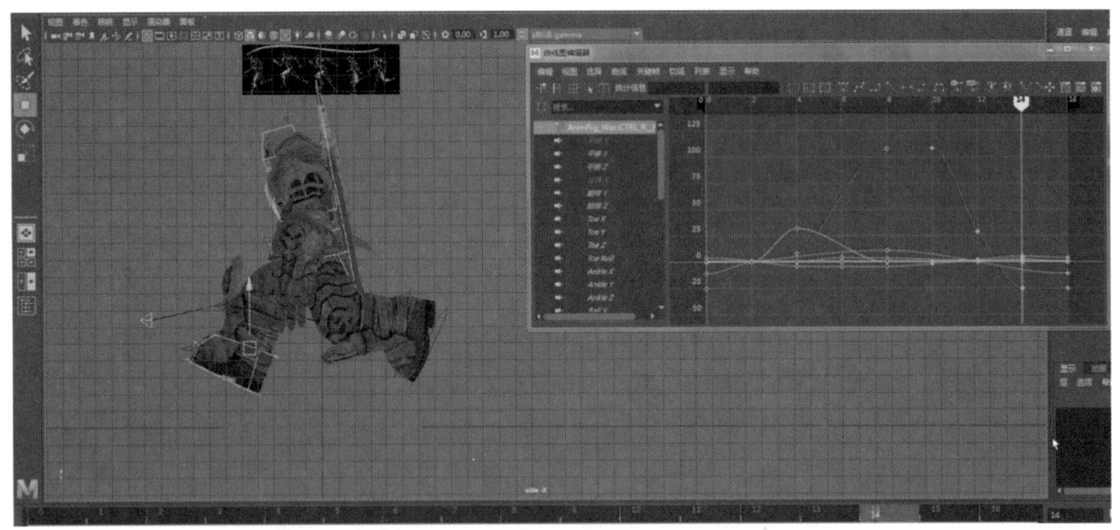

图5-25

Step06 切换到前视图，进行角色动作Pose修正，调整角色重心的偏移，角色左右脚的朝向是外八字形，如图5-26所示。详细操作请参看微课视频。

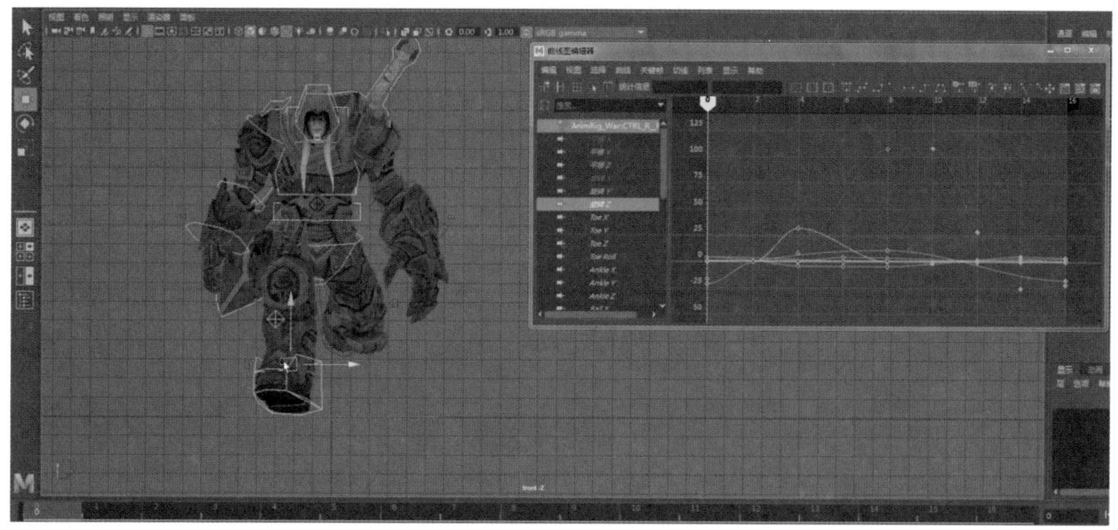

图5-26

视频讲解

5.3.4 角色胯部动画制作

Step01 调整角色胯部的旋转，因为角色右脚迈前，胯部会自然跟随角色右脚进行向前旋转，第0帧动作Pose和第16帧动作Pose一样，设置胯部旋转Y轴为10度，如图5-27所示。

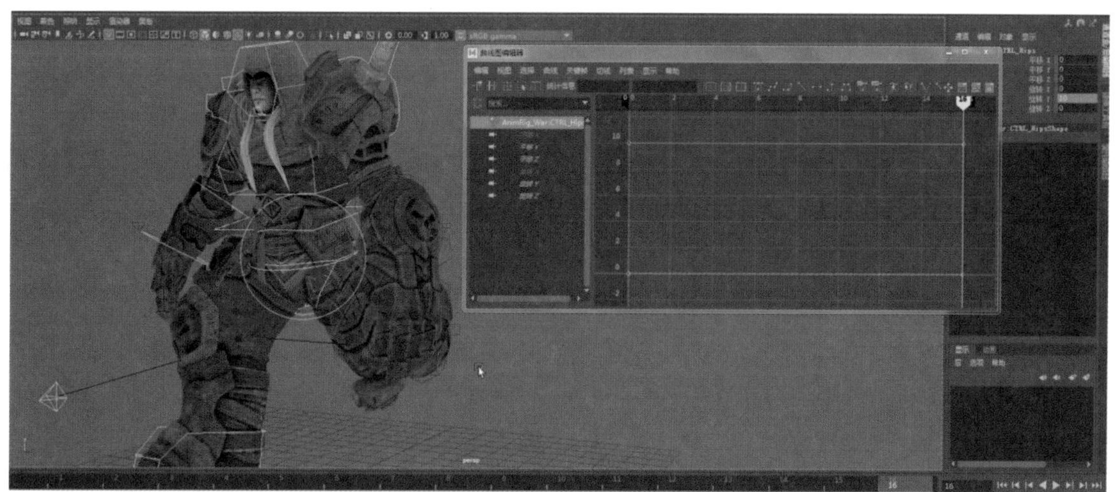

图5-27

Step02 调整角色胯部的旋转，时间线的第8帧胯部旋转和时间线的第0帧胯部旋转相反，在时间线的第8帧位置处，设置角色胯部旋转Y轴为-10度，如图5-28所示。

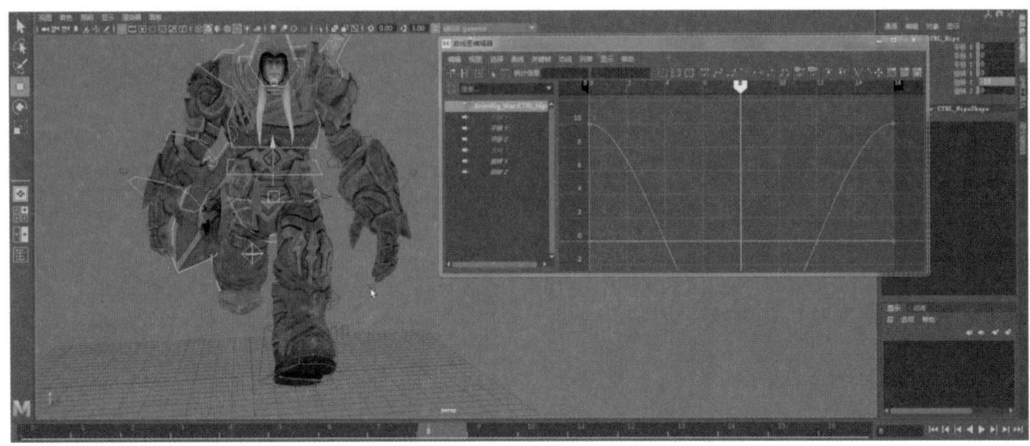

图5-28

Step03 时间线的第0帧胯部动作Pose和时间线的第16帧胯部动作Pose一致，调整角色胯部的Z轴方向上的运动，设置胯部旋转Z轴为8度，如图5-29所示。

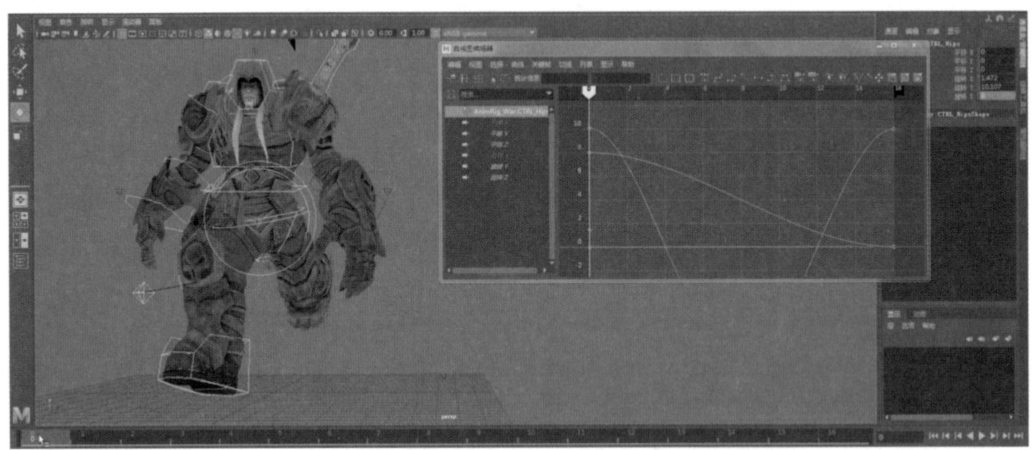

图5-29

Step04 调整时间线的第8帧胯部动作Pose，在“通道盒/层编辑器”设置属性旋转Z轴为-8度，如图5-30所示。

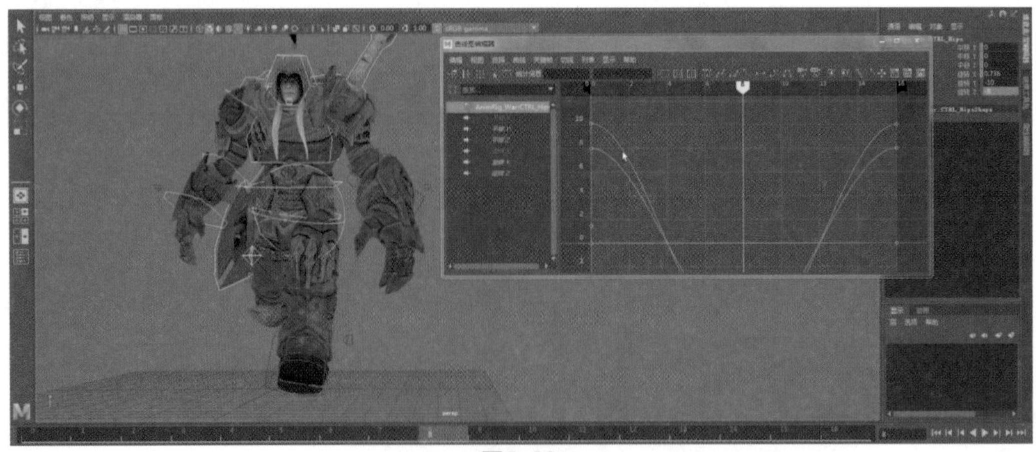

图5-30

Step05 切换到前视图，查看时间线上的角色跑步动画的每一帧关键动作Pose，精修角色左右脚的动作Pose，并在“动画编辑器”下“曲线图编辑器”中将曲线调整顺滑，如图5-31所示。这里不再赘述，详细操作请参看微课视频。

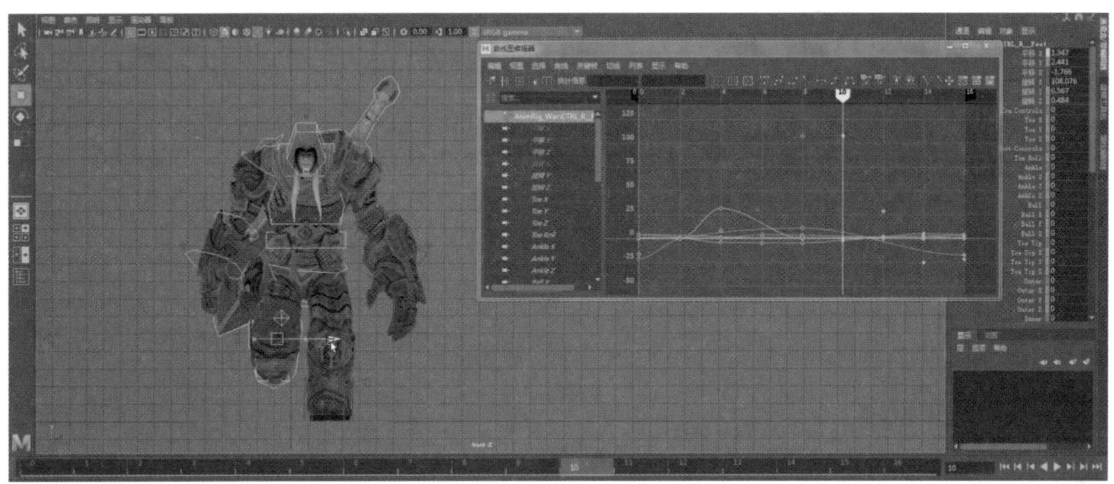

图5-31

Step06 选择角色左脚的控制器，在“曲线图编辑器”中调整曲线，使用“样条线切线”命令使曲线顺畅，如图5-32所示。其他角色控制器曲线调整同理，这里不再赘述，详细操作请参看微课视频。

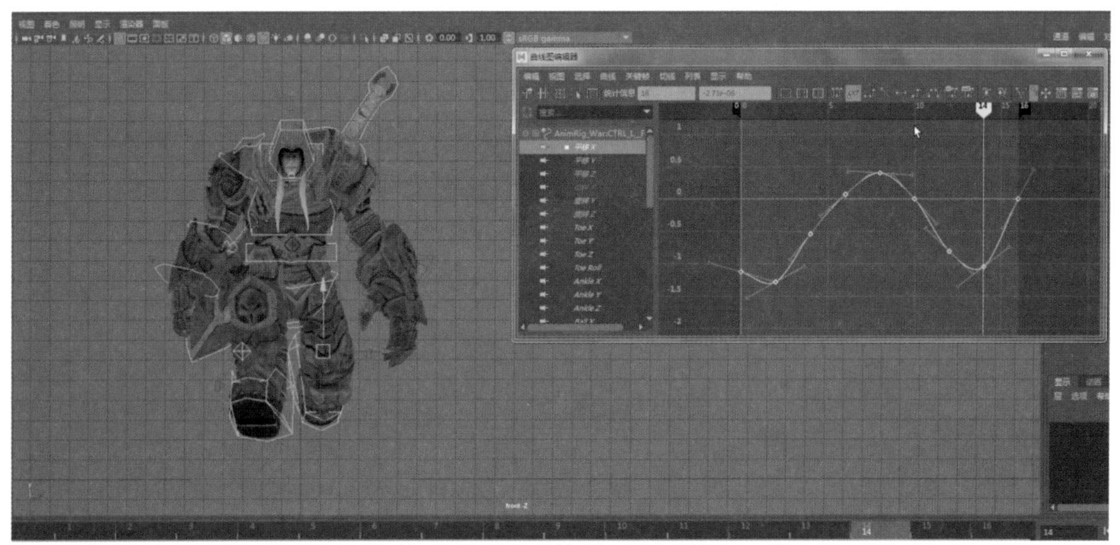

图5-32

技巧提示

通过“，”逗号快捷键和“。”句号快捷键可以快速查看时间线上设置的每一个关键帧。

Step07 细化角色的右脚拍地动作，为了增加角色脚落地的重量感，在时间线的第1帧位置处，加入角色右脚拍地动作，在“通道盒/层编辑器”中设置角色右脚控制器的旋转X轴为0度，旋转Y轴为-20度，旋转Z轴为0度，平移Y轴为0，如图5-33所示。

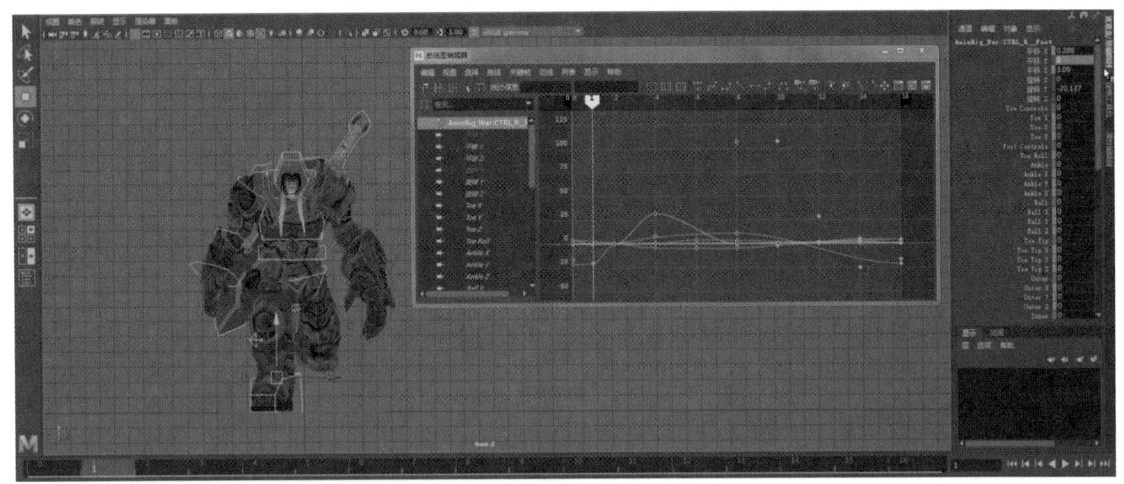

图5-33

Step08 精修角色根部控制器的动画曲线，在“曲线图编辑器”中将曲线调整顺滑，如图5-34所示。

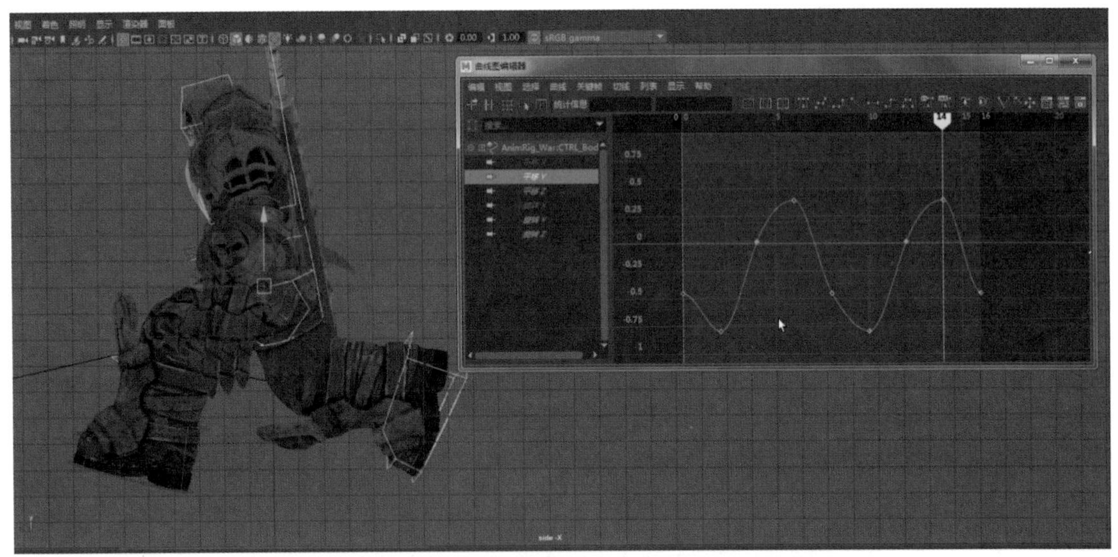

图5-34

Step09 细化角色的左脚拍地动作，在时间线的第9帧位置处，加入拍地动作，调整左脚控制器旋转Y曲线，如图5-35所示。

Step10 精修调整角色下半身腿部的动作Pose，主要是角色腾空动作时，将脚部动作调整舒展一些，并在“动画编辑器”下的“曲线图编辑器”中将曲线调整顺滑，如图5-36所示。这里不再赘述，详细操作请参看微课视频。

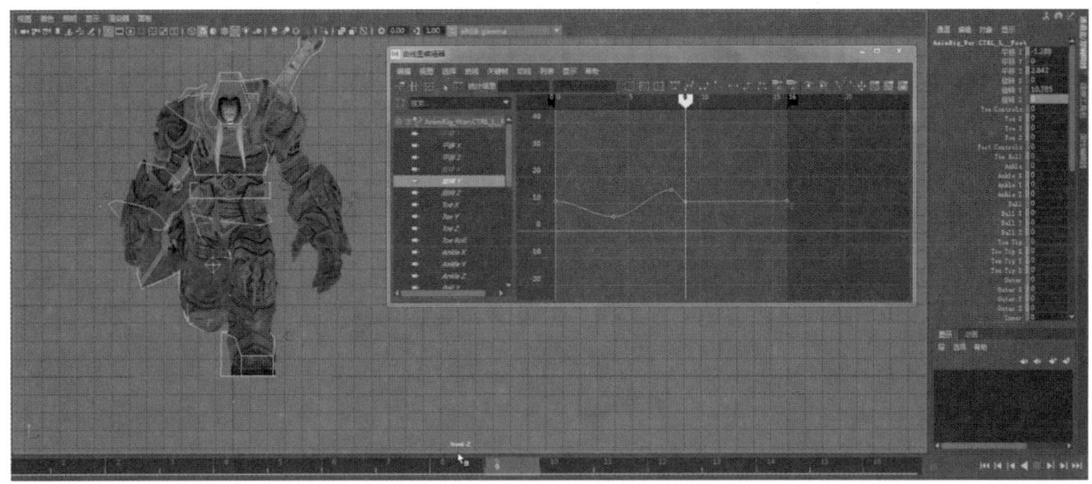

图5-35

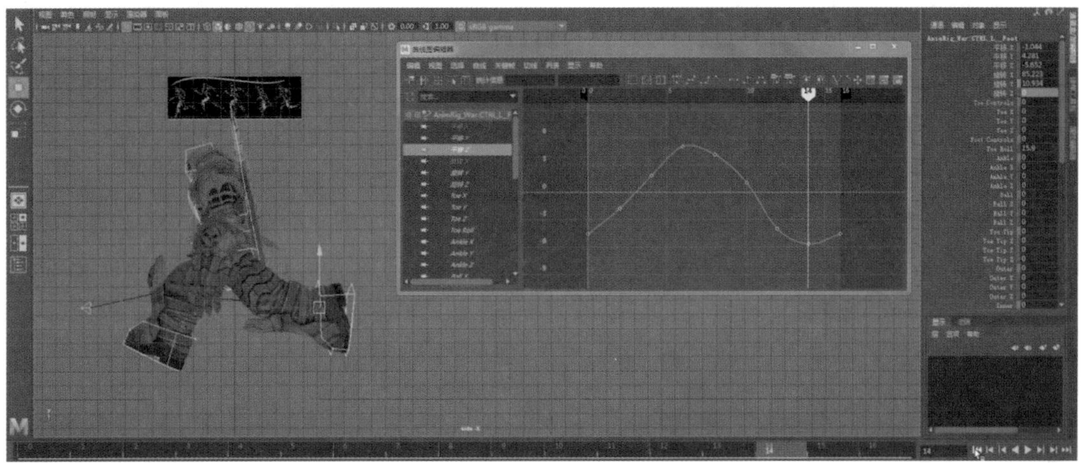

图5-36

Step11 加入胯部X轴方向的偏移，在时间线的第2帧和第10帧位置处加入关键帧，在“动画编辑器”下的“曲线图编辑器”中将曲线调整光滑，如图5-37所示。

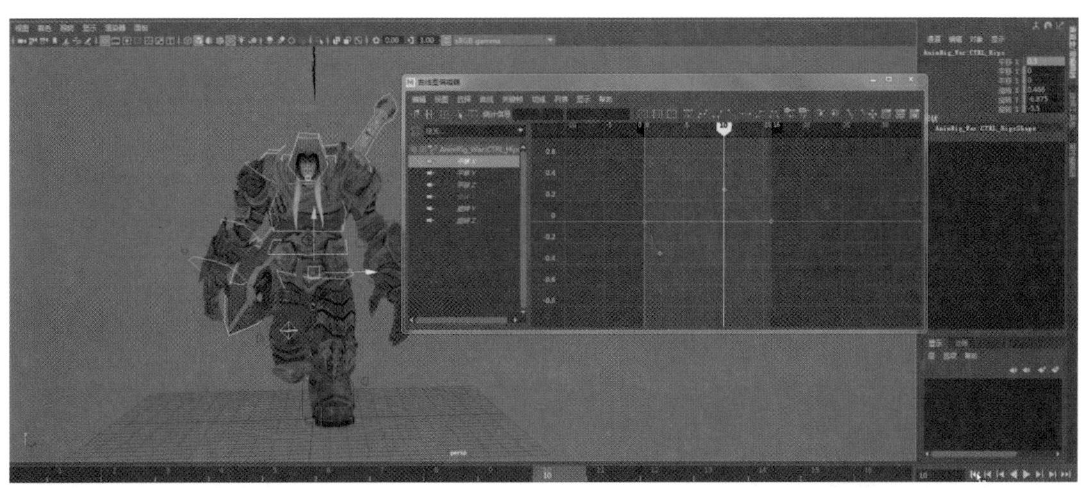

图5-37

技巧提示

可通过曲线图编辑器对关键帧数值进行调整，以此来达到角色动作幅度调整的目的。

视频讲解

5.3.5 角色上半身动画制作

Step01 肩部胸腔运动正好与胯部运动呈相反方向，在时间线的第0帧和第16帧位置处加入关键帧，设置肩部胸腔控制器旋转Y轴为-25度，在第8帧处加入关键帧，设置肩部胸腔控制器旋转Y轴为25度，在“动画编辑器”下的“曲线图编辑器”中调整曲线，使用“样条线切线”命令使曲线光滑，如图5-38所示。

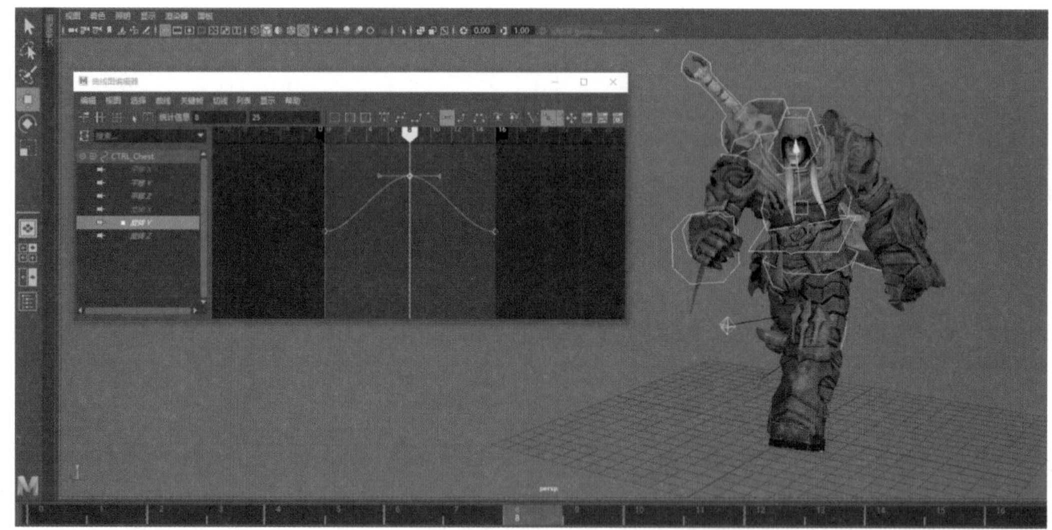

图5-38

Step02 角色头部跟随胸部进行运动，在时间线的第0帧和第16帧位置处加入关键帧，设置角色头部控制器旋转轴Y为-8度，在时间线的第8帧位置处加入关键帧，设置角色头部控制器旋转Y轴为8度，如图5-39所示。

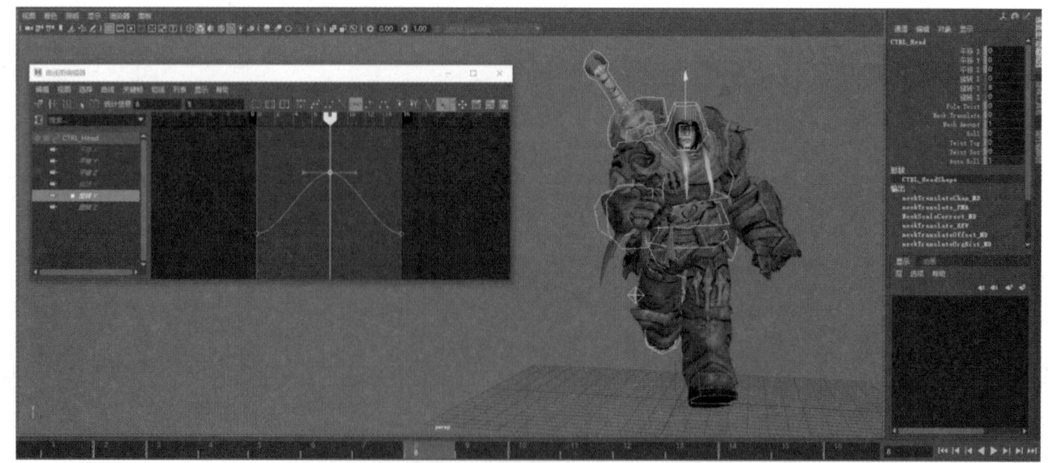

图5-39

技巧提示

要保持头与肩的稳定。头要正对前方，除非道路不平，头不要前探，两眼注视前方。肩部适当放松，避免含胸。头部的运动幅度比脊椎要小得多，不要让头部有太多不规律的运动。我们要让头部的惯性运动来匹配身体的运动。通常在一个简单的跑步循环中，头部通常都会朝向前方。

Step03 制作手臂运动，当角色右脚迈前时，左手臂向前甩臂运动，右手臂向后甩臂运动，选择左右手臂的控制器，分别在时间线的第0帧和第16帧位置处加入关键帧，动作调整如图5-40所示。

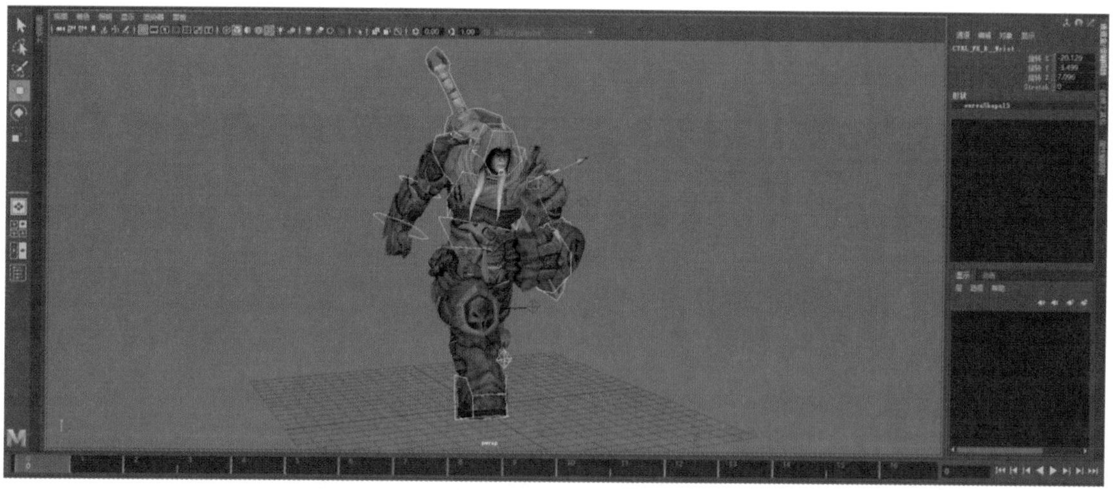

图5-40

Step04 制作手臂运动，当角色左脚迈前时，右手臂向前甩臂运动，左手臂向后甩臂运动，在时间线的第8帧处加入关键帧，动作调整如图5-41所示。

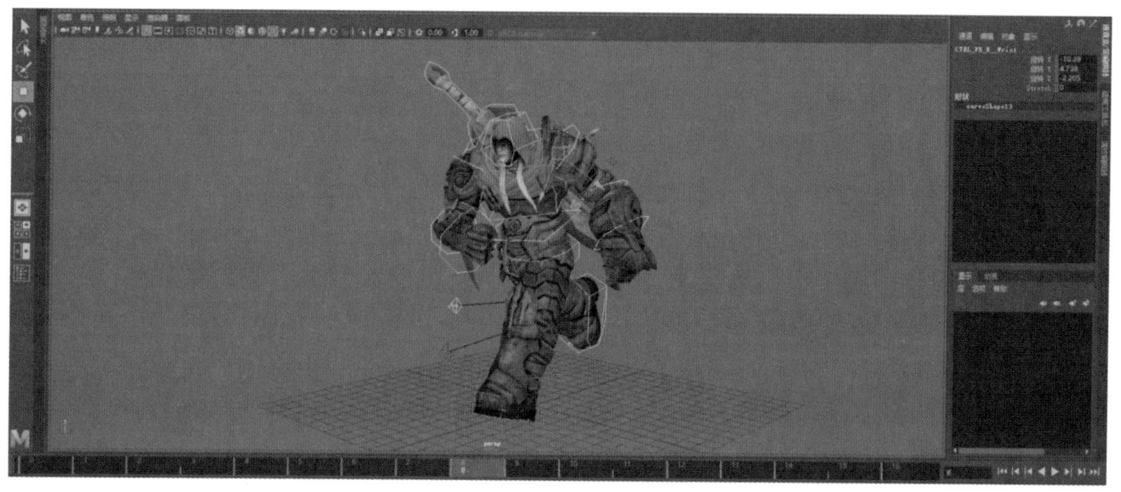

图5-41

技巧提示

摆臂是维持身体稳定的关键，摆臂动作主要是以肩为轴的前后动作，手臂应自然弯曲放在腰线以上、胸口以下，跟随跑步节奏前后摆臂，摆臂时，要前后摆动，平衡身体的前后晃动。左右动作幅度不超过身体正中线。手指、腕与臂应是放松的，肘关节角度约为90度，双手握拳不要太用力。

Step05 选择角色头部顶端的控制器显示出手的控制器，加入角色左右手握拳动作，如图5-42所示。动画曲线细节调整这里不再赘述，详细操作请参看微课视频。

图5-42

技巧提示

动画中的角色跑步动态虽然经过了夸张和改变，但是基本的规律还是遵循实际人体的运动规律和动画基本规律。动画对运动的操纵和改变，总是建立在现实的角色运动基础上，将现实的规律进行进一步的夸张，以符合动画师的制作要求。对实际人体运动的重心、运动轨迹、动态、透视等元素进行分析，是调好动画的基础。

本章小结

本章主要讲解了角色跑步的基本运动规律及制作流程，重点掌握跑步关键动作的确立，角色下半身动画制作（角色腿部的动画、角色重心的动画、角色胯部动画），角色上半身动画制作（角色胸部动画、角色头部动画、角色手臂的跟随动画制作），注意动画细节的添加，动画一定要自然流畅，不要出现滑步、僵硬、抖动、穿帮等问题，最后检查动画曲线是否顺滑。

学习角色的跑步动画是制作角色动画的关键和基础，掌握跑步动画的制作方法，可以为以后读者制作复杂的角色动画奠定扎实的基础。

5.4 习 题

（1）简述角色跑步的运动规律。

（2）简述角色跑步与角色走路动画的不同。

（3）简述角色跑步动画的制作思路与技巧。

（4）角色跑步动画的制作练习。

第6章 老虎行走动画制作

1. 学习四足动物行走动画规律
2. 学习老虎行走动画制作技巧
3. 掌握动画曲线编辑技巧

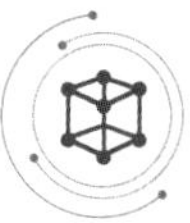

教学目标

- 四足老虎动画分析
- 老虎行走动画制作
- 掌握动画曲线编辑技巧

6.1 思维导图

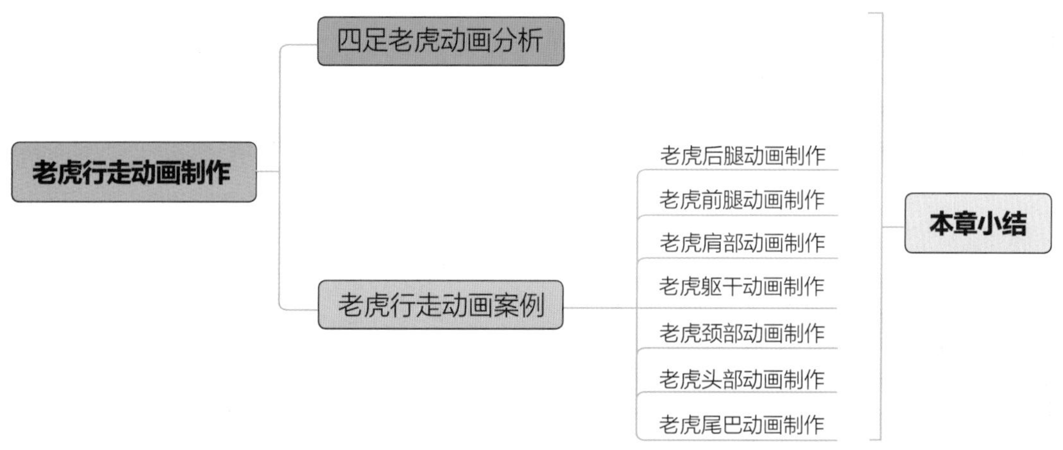

6.2 四足老虎动画分析

视频讲解

爪类动物在哺乳动物中的种类是很多的，小的如鼠类，大的如狮子、老虎等。这些爪类动物，由于形体结构不同，生活环境各异，行走的动态是不同的。

本章侧重学习四足老虎行走的运动规律。详细讲解请扫描二维码参看微课视频。

老虎属四足爪类趾行动物，脚上都长有尖锐的爪子，嘴上长有利齿，适合其猎食其他动物。老虎身上生有较长的兽毛，身体肌肉比一般蹄类动物松弛，身体矫健有力，动作灵活敏捷，能跑善跳，如图6-1所示。老虎利用指部和趾部来行走，因此弹力强，步法轻，速度快。

图6-1

爪类动物和蹄类动物行走时有一个明显不同的外部特点。蹄类动物的前肢关节是腕部关节向后弯曲，而爪类动物是肘部关节向前弯曲，所以运动正好相反。另外一个不同的特点是，蹄类动物走动时，四肢着地响而重，有“打”下去之感；而爪类动物走动时，四肢着地轻而飘，有“点”下去之感。

老虎前腿动作和后腿动作是完全不同的。老虎的行走动画就好比一个人趴在地上行走。在老虎行走的动画过程中，当老虎的盆骨向下运动时，老虎的肩部胸骨向上运动；而当老虎的盆骨向上运动时，老虎的肩部胸骨向下运动，如图6-2所示。

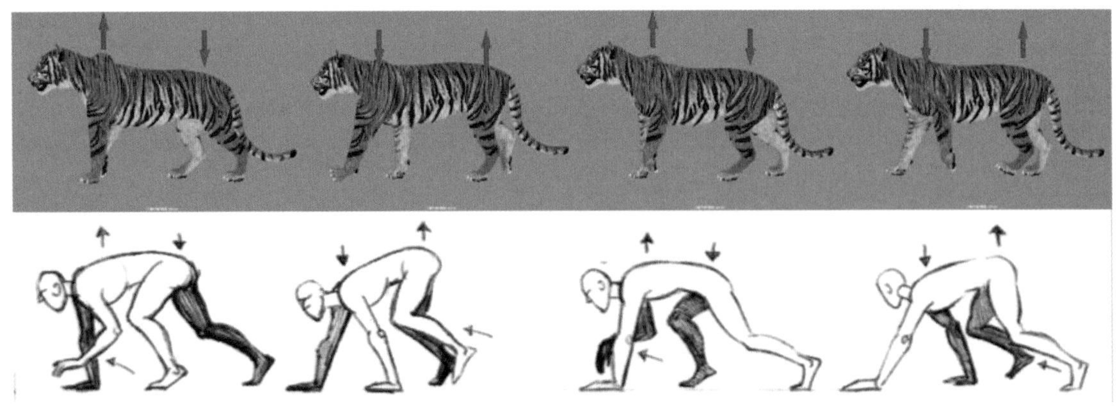

图6-2

通常完成老虎腿部动作后，需要考虑老虎身体其他部位的动作，研究老虎视频参考素材，注意观察老虎四肢是如何协同躯干进行运动的。老虎四肢运动和躯干运动完成后，开始加入老虎颈部和头部的动作，主要遵循重叠跟随原理，即当老虎身体向上运动时，头部会微微趋于下降一点，当老虎身体向下运动时，头部又会稍微抬高一些。对于老虎头部和颈部而言，老虎颈部的运动完全依赖身体的动作，而老虎头部的动作又依赖于颈部。同样，对于老虎尾巴而言，这种联动性要高出许多倍。当老虎尾根关节向上运动时，其尾部的其他关节也将会跟随它运动，而每一个关节段的运动相对于关节链中在它前面的那个关节段都会稍微延迟。注意老虎尾巴的动作不但会上下波动而且还会向两侧摆动。

案例实战

6.3 老虎行走动画案例

视频讲解

6.3.1 老虎后腿动画制作

Step01 打开绑定好的老虎文件，执行“文件”菜单下的“打开场景”命令，选择tiger_puppet_v1.ma文件，单击“打开”按钮，导入老虎绑定文件，如图6-3所示。

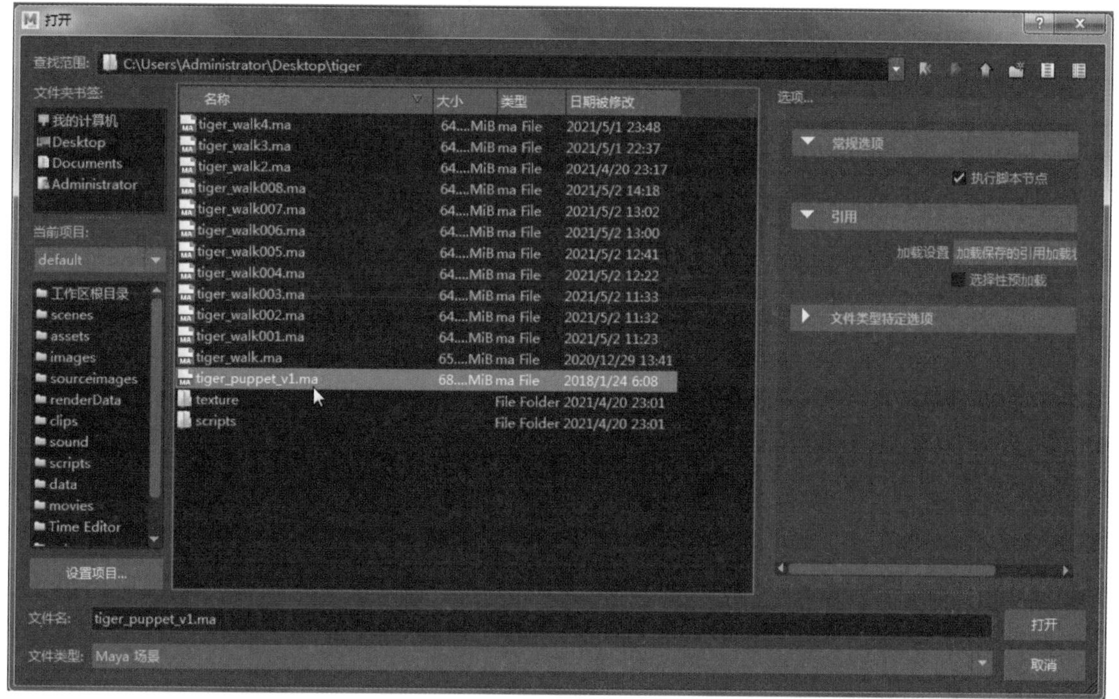

图6-3

Step02 导入绑定的老虎比例较大，选择老虎总控制器，设置Puppet_Scale为0.01，按下F键，模型全局显示，然后按下数字6键，显示老虎的纹理贴图，在“视图”窗口“照明”菜单下选择使用“平面照明”，这样老虎贴图会高亮显示，如图6-4所示。

图6-4

Step03 在状态栏设置对象选择“遮罩”，单击小三角图标下拉选择“禁用所有对象”，只开启“曲线对象”，如图6-5所示.

图6-5

Step04 时间线设置老虎循环行走的动画周期时长为34帧，设置动画时间长度为0～34帧，打开“首选项”，设置“时间滑块”，帧数率设置为“24fps”，动画关键帧显示大小设置为“4x”，播放速度为“24fps×1”，单击“保存”按钮，如图6-6所示。

Step05 选择老虎盆骨的控制器向下移动平移Y轴为-4度，在第0帧位置按下S键，开启自动记录关键帧按钮，和第1帧动作一样在第17帧和第34帧按下S键记录关键帧，如图6-7所示。

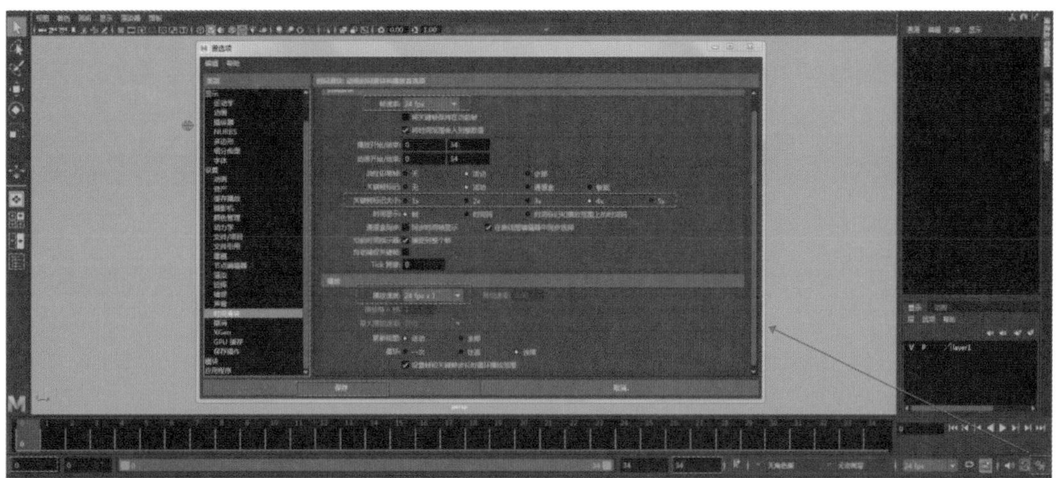
图6-6

图6-7

Step06 选择老虎盆骨的控制器向上移动平移Y轴为2度，在时间线的第8帧和第25帧位置按下S键，如图6-8所示。

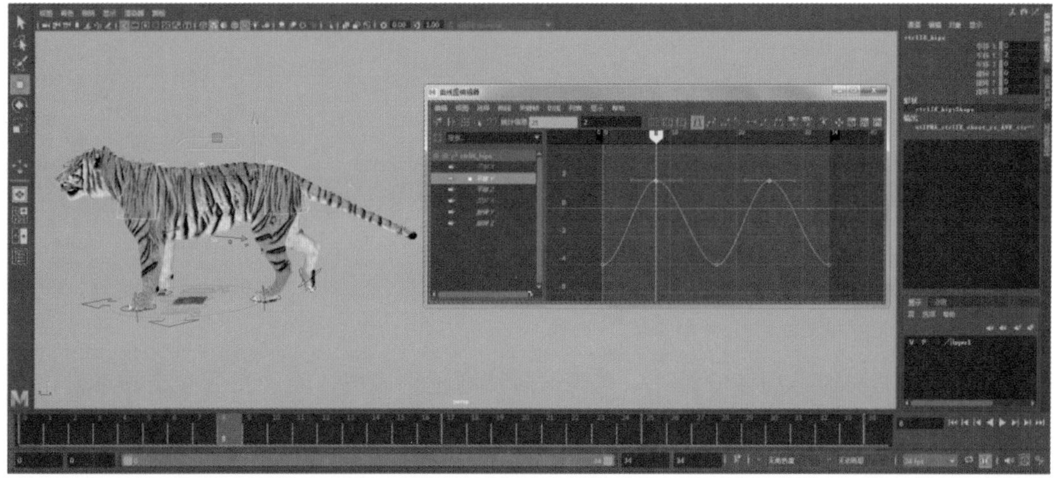
图6-8

Step07 调整老虎后腿的动作，选择老虎两条后腿的控制器，左后腿向前移动，右后腿向后移动，在时间线的第0帧位置按下S键，第0帧和第34帧动作一样，因此复制第0帧的关键帧粘贴至34帧位置处，如图6-9所示。

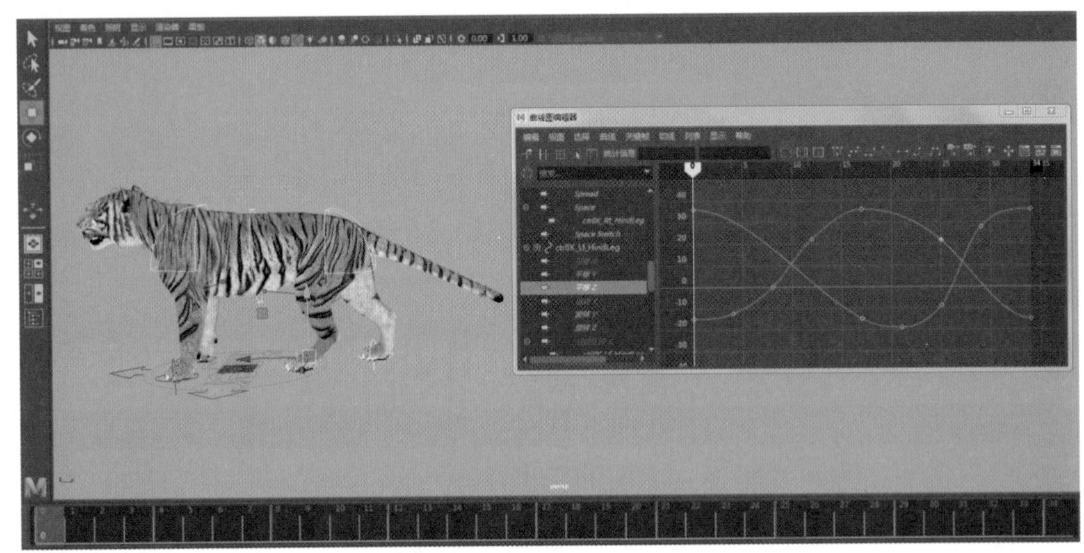

图6-9

Step08 在时间线的第17帧位置处，对调镜像老虎两条后腿的动作，调整左后腿向后移动，右后腿向前移动，如图6-10所示。

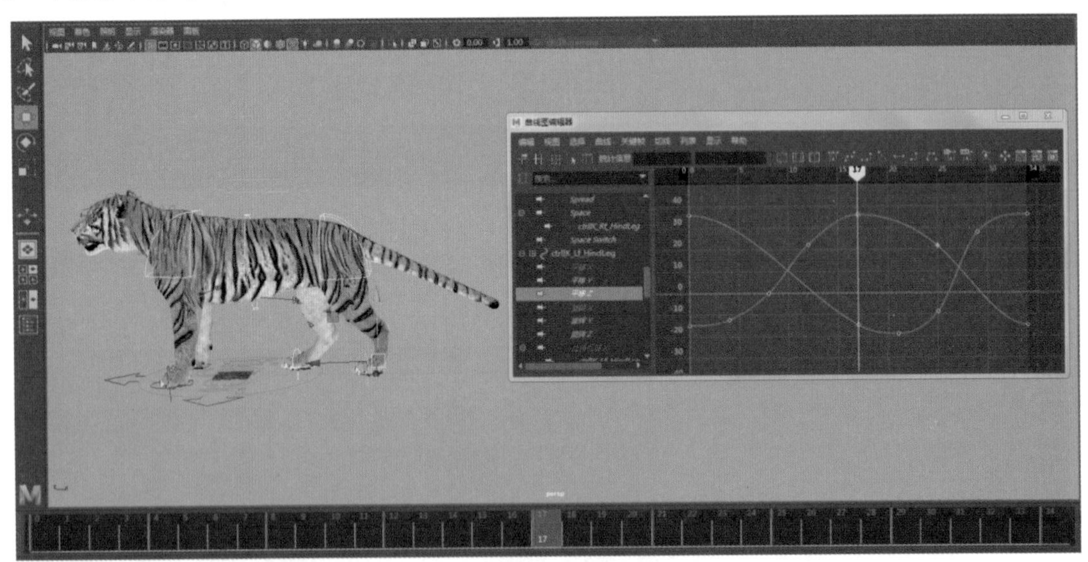

图6-10

Step09 在时间线的第8帧位置处，老虎盆骨重心达到最高，老虎右后腿支撑地面，老虎左后腿进行弯曲抬起，如图6-11所示。

Step10 在时间线的第25帧位置处，老虎盆骨重心达到最高，老虎左后腿支撑地面，老虎右后腿进行弯曲抬起，如图6-12所示。

图6-11

图6-12

Step11 在时间线的第4帧位置处，调整老虎左后腿继续向后移动进行蹬地动作，如图6-13所示。

图6-13

Step12 在时间线的第12帧位置处，老虎右后腿支撑地面，老虎左后腿继续抬起向前移动，如图6-14所示。

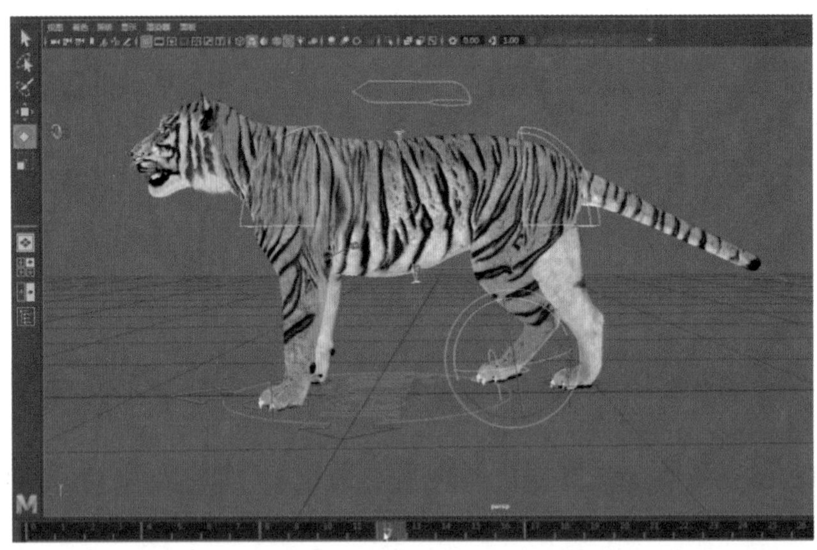

图6-14

Step13 在时间线的第0帧位置处，分别选择老虎左后腿和右后腿的控制器向内进行移动，如图6-15所示。第0帧和第34帧动作一样，因此复制第0帧的关键帧粘贴至34帧位置处。

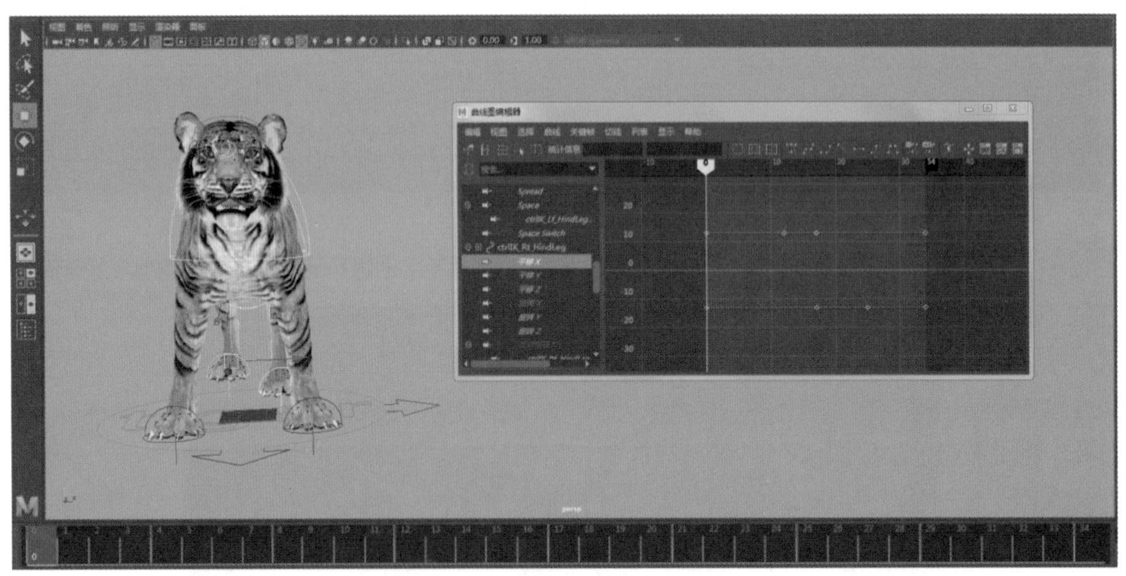

图6-15

Step14 选择盆骨控制器，在时间线的第8帧位置处，盆骨控制器平移X轴为4度，调整老虎的重心转移在支撑地面的左后腿上，如图6-16所示。

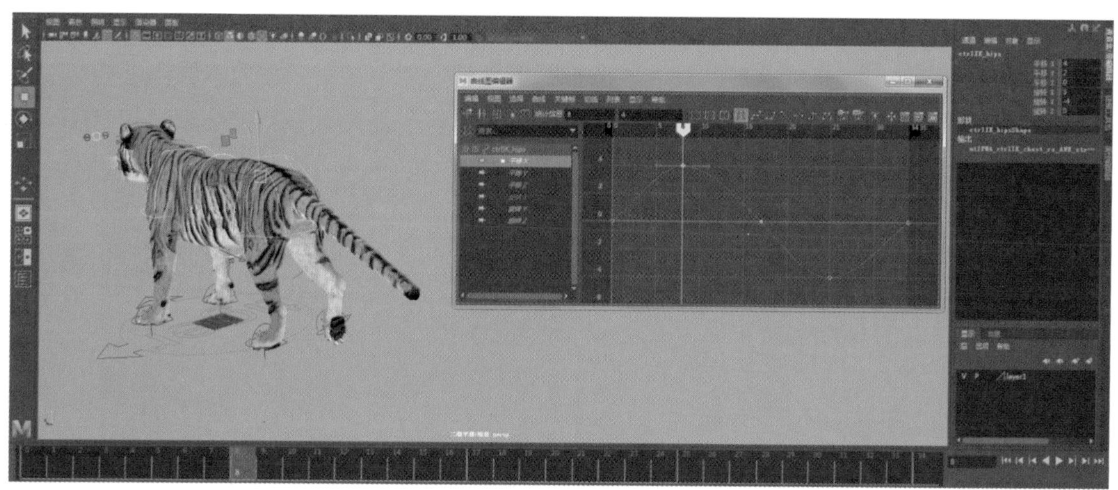

图6-16

Step15 同理，在时间线的第25帧位置处，选择盆骨控制器平移X轴为-4度，调整老虎的重心转移在支撑地面的右后腿上，如图6-17所示。

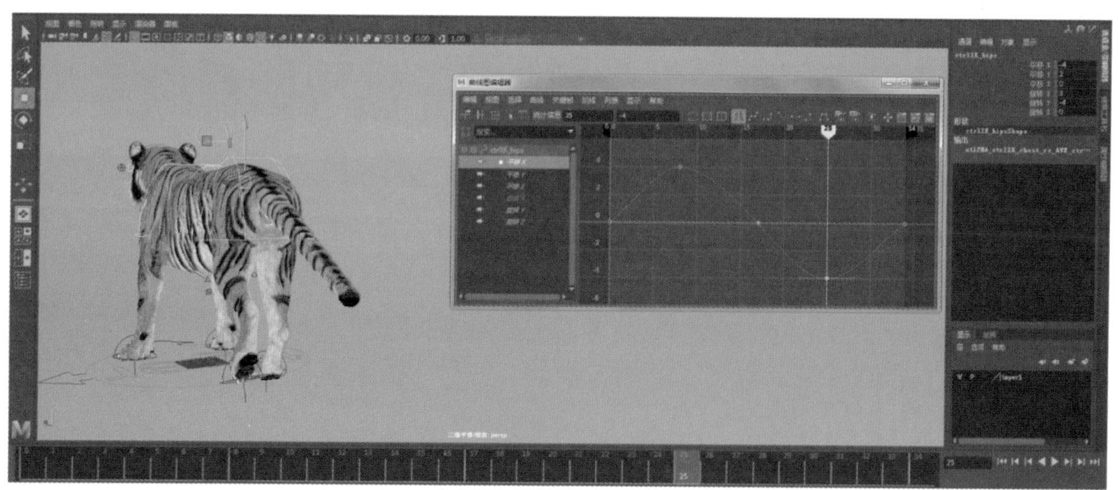

图6-17

Step16 打开动画曲线图编辑器来修正动画曲线。执行“窗口”菜单的“动画编辑器”下的“曲线图编辑器”命令，分别选择曲线执行“样条线切线”，分别将曲线调整平滑。最后丰富动画细节，加入老虎后腿的爪子细节动画制作，这里不做赘述，具体详细操作请参看微课视频。

6.3.2 老虎前腿动画制作

视频讲解

Step01 制作老虎前腿动画，当老虎盆骨下移时，老虎的胸部是上升的。选择老虎胸部的控制器向上移动，分别在时间线的第0帧、第17帧和第34帧设置关键帧。然后在时间线的第8帧和第25帧重心下移，如图6-18所示。

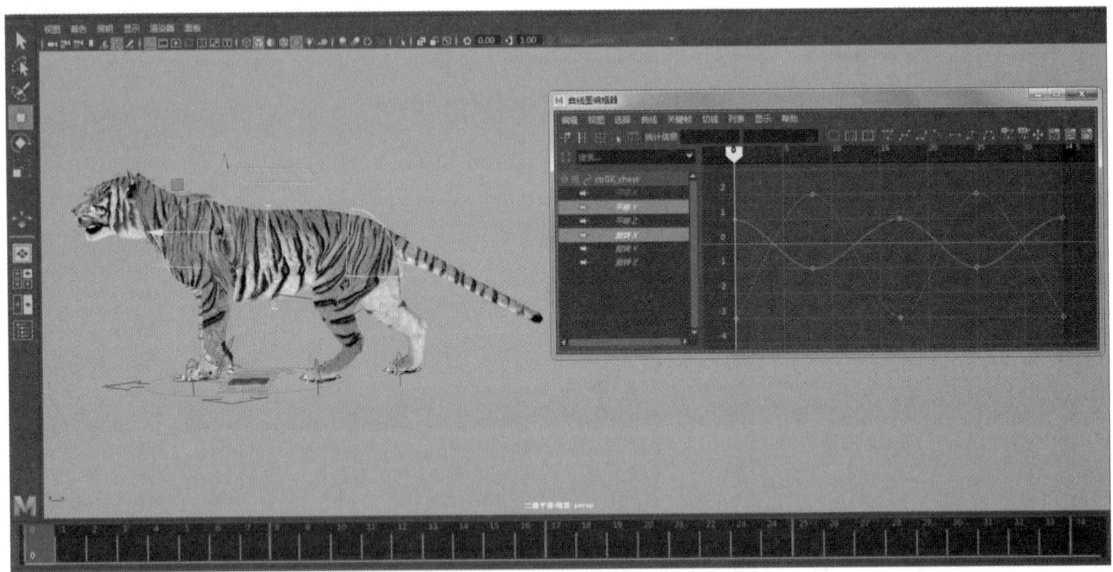

图6-18

Step02 选择老虎右前腿的控制器向上移动并进行旋转，分别在时间线的第0帧和第34帧设置关键帧。调整老虎左前腿为支撑地面，右前腿为弯曲抬起动作，如图6-19所示。

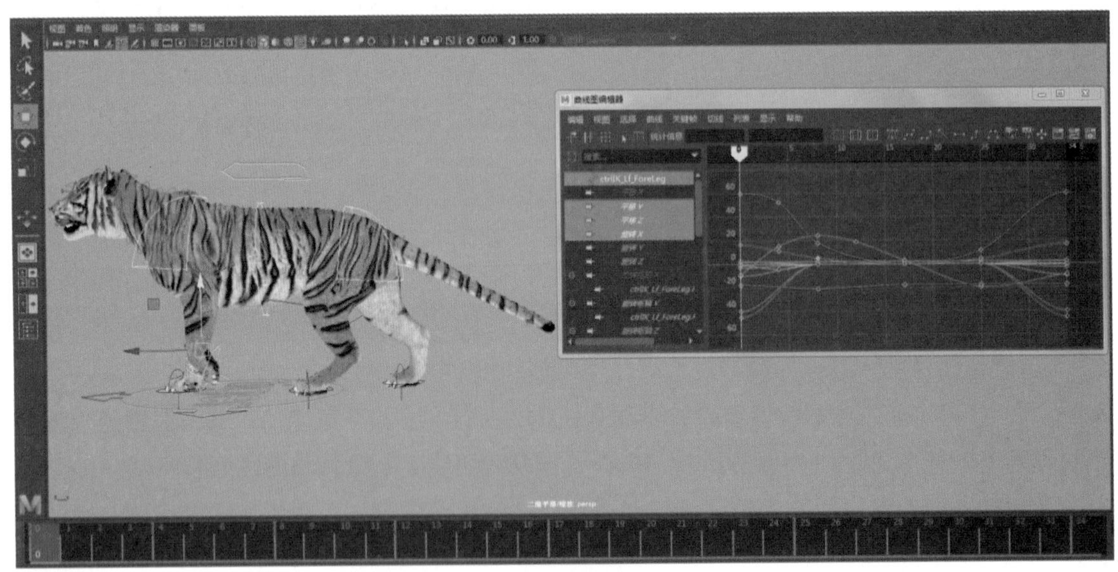

图6-19

Step03 选择老虎左前腿的控制器向上移动并进行旋转，在时间线的第17帧位置处设置关键帧。调整老虎左前腿为支撑地面，右前腿为弯曲抬起动作，如图6-20所示。

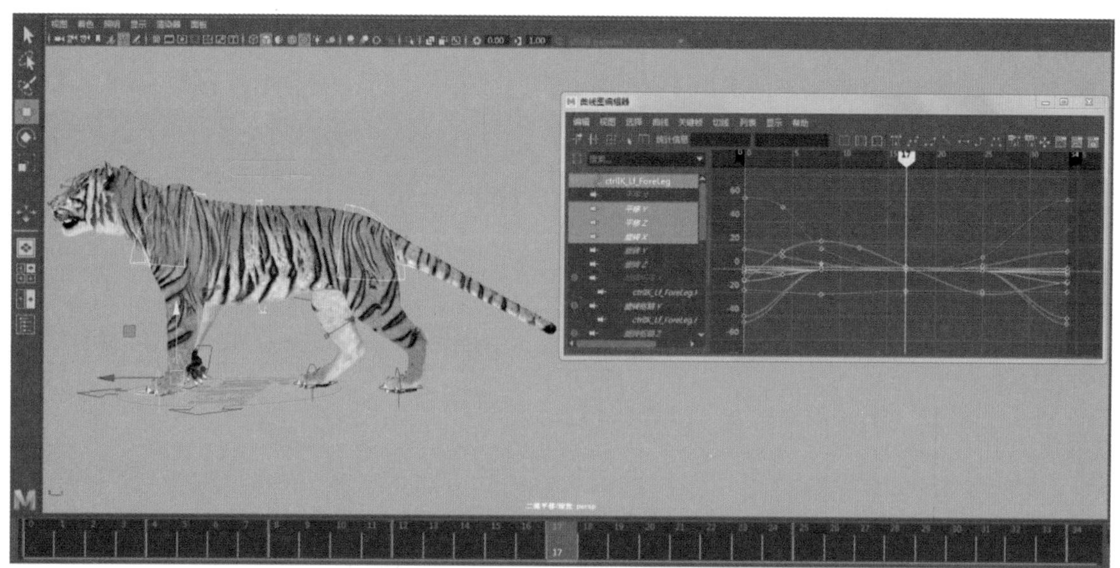

图6-20

Step04 在时间线的第4帧位置处设置关键帧。调整老虎右前腿为支撑地面，左前爪向前抬起并做弯曲动作，注意调整老虎的爪子是向内翻的动作，如图6-21所示。

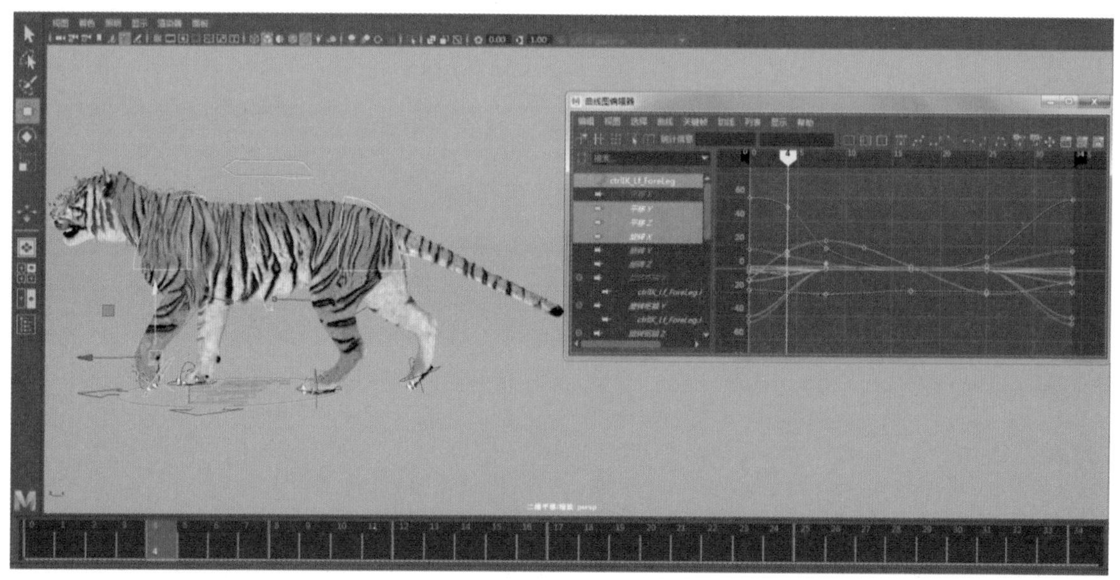

图6-21

Step05 在时间线的第8帧位置处设置老虎过渡位置关键帧。调整老虎左前腿做向前迈步动作，老虎右前腿做向后迈步动作，如图6-22所示。

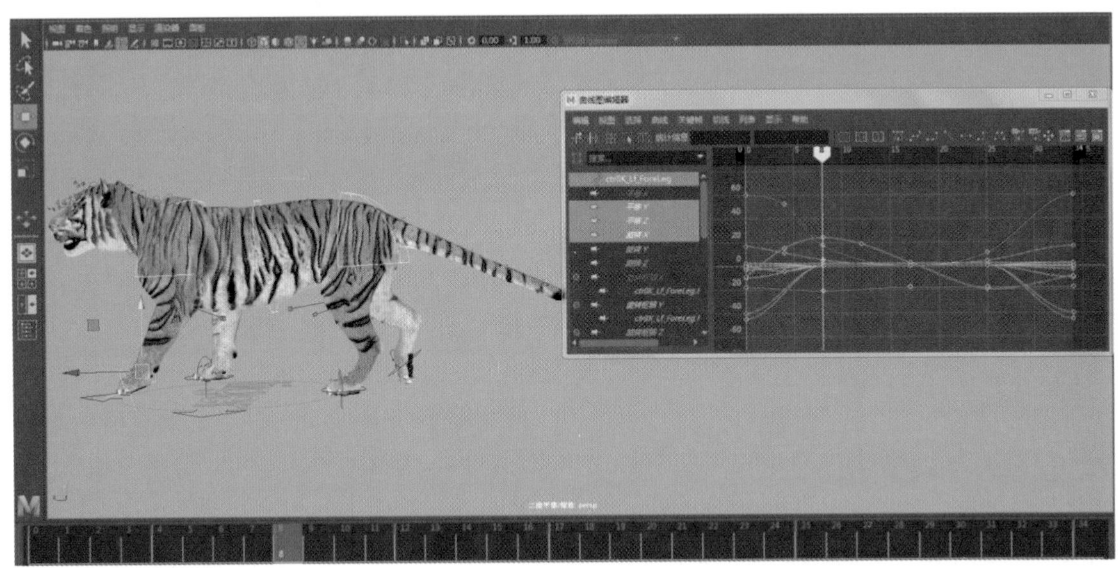

图6-22

Step06 在时间线的第12帧位置处设置老虎过渡位置关键帧。调整老虎左前腿为支撑地面，右前爪向前抬起并做向内翻的动作，如图6-23所示。

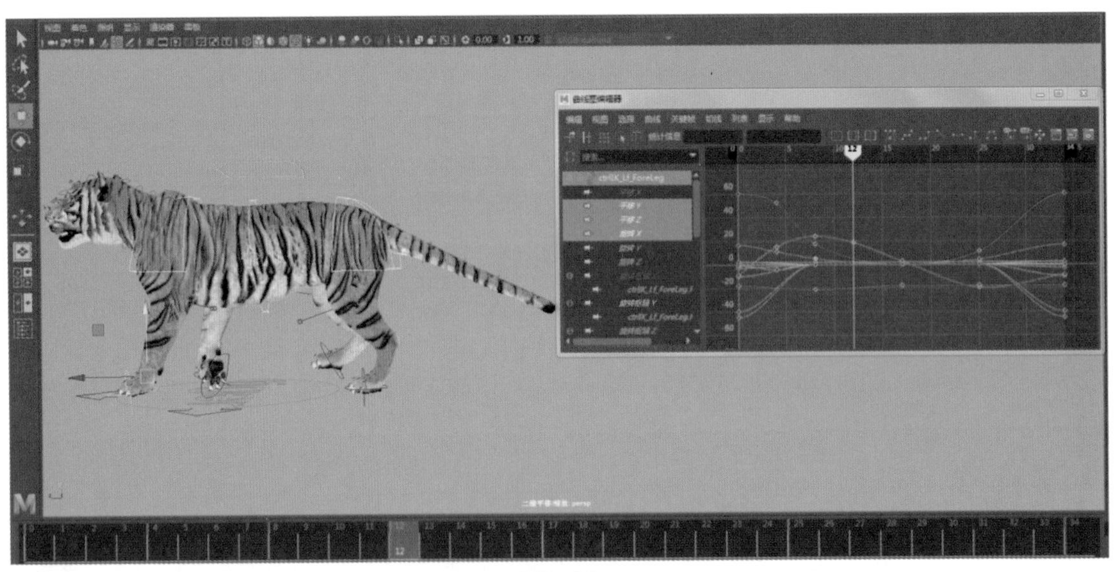

图6-23

Step07 在时间线的第21帧位置处设置关键帧。调整老虎左前腿为支撑地面，右前爪向前抬起并做弯曲动作，注意调整老虎的爪子是向内翻的动作，如图6-24所示。

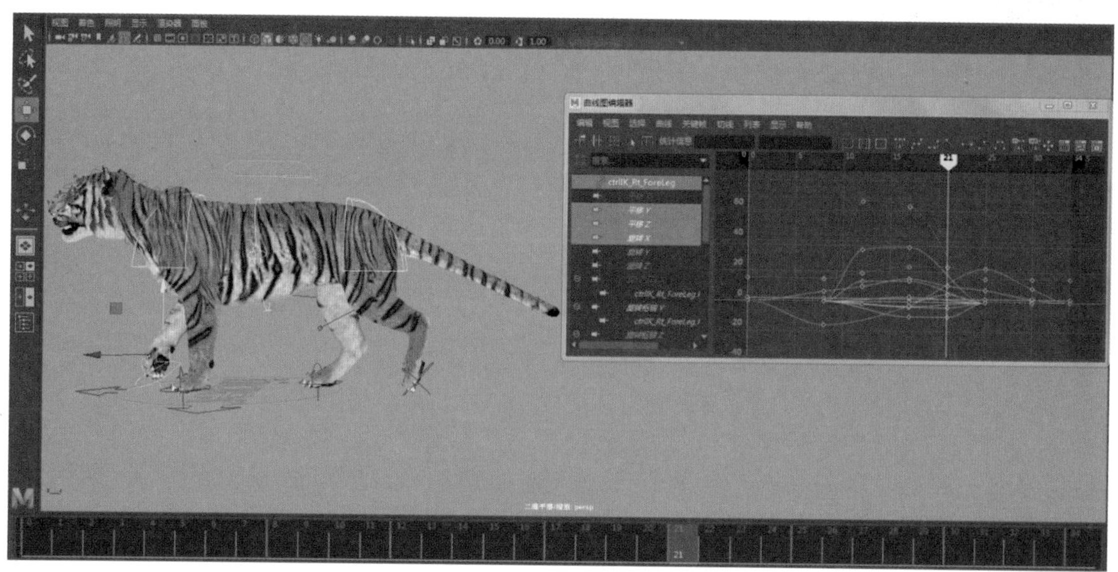

图6-24

Step08 在时间线的第25帧位置处设置老虎过渡位置关键帧。调整老虎右前腿做向前迈步动作，老虎左前腿做向后迈步动作，如图6-25所示。

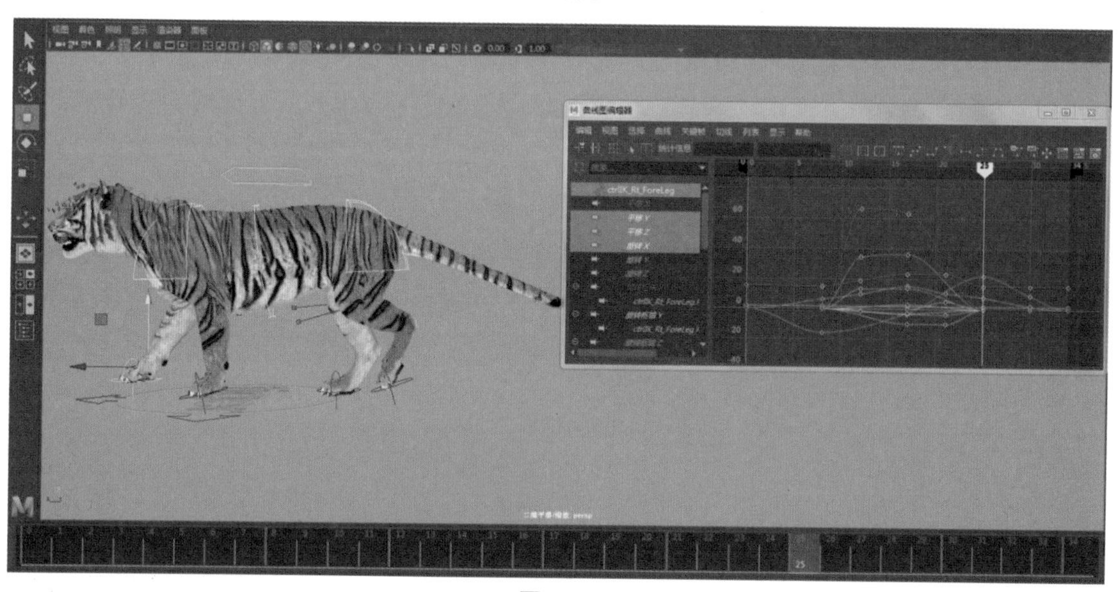

图6-25

Step09 在时间线的第30帧位置处设置老虎过渡位置关键帧。调整老虎右前腿为支撑地面，左前爪向前抬起并做向内翻的动作，如图6-26所示。

图6-26

Step10 打开动画曲线图编辑器来修正动画曲线。执行“窗口”菜单的“动画编辑器”下的“曲线图编辑器”命令，分别选择曲线执行“样条线切线”，分别将曲线调整平滑。最后丰富动画细节，加入老虎前腿的爪子细节动画制作，这里不做赘述，具体详细操作请参看微课视频。

视频讲解

6.3.3 老虎肩部动画制作

Step01 加入老虎肩部肩胛骨的动画细节，选择老虎左侧肩胛骨控制器向前旋转，在时间线的第0帧和第34帧位置处设置关键帧，如图6-27所示。

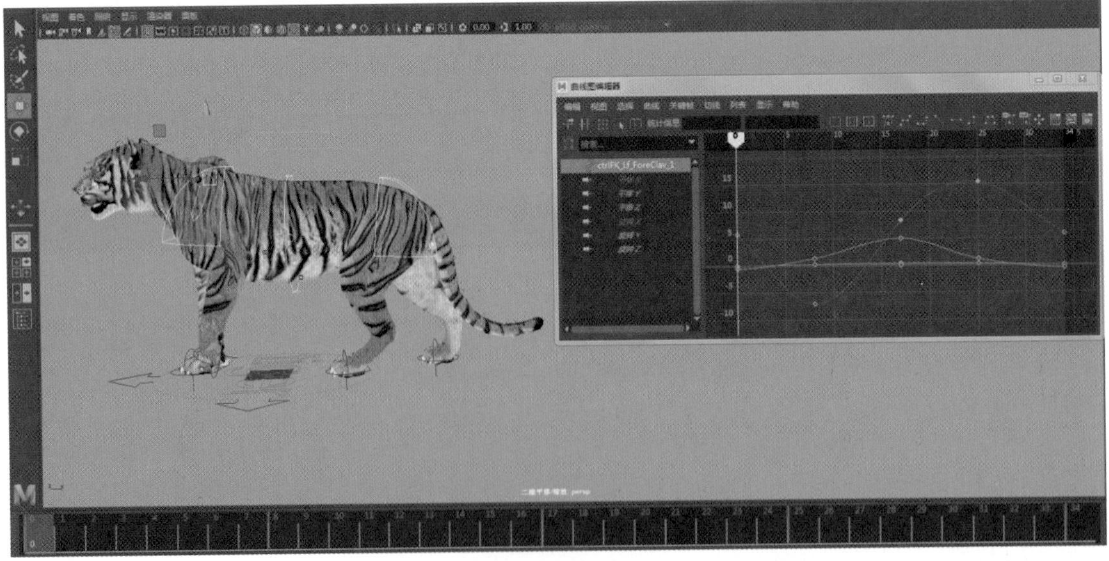
图6-27

Step02 在时间线的第17帧位置处，当老虎左前腿支撑地面时，老虎的左侧肩胛骨位移达到最高位置，左侧肩胛骨控制器动画曲线如图6-28所示。

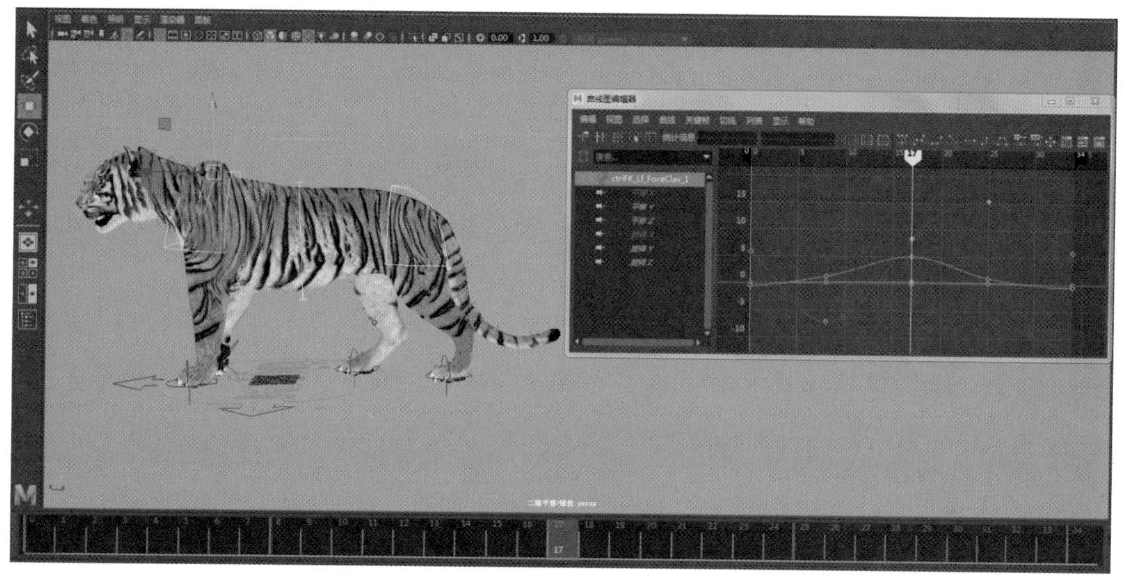

图6-28

Step03 在时间线的第8帧位置处，老虎左前腿、右前腿与地面接触时，老虎的左侧肩胛骨继续向前旋转，如图6-29所示。

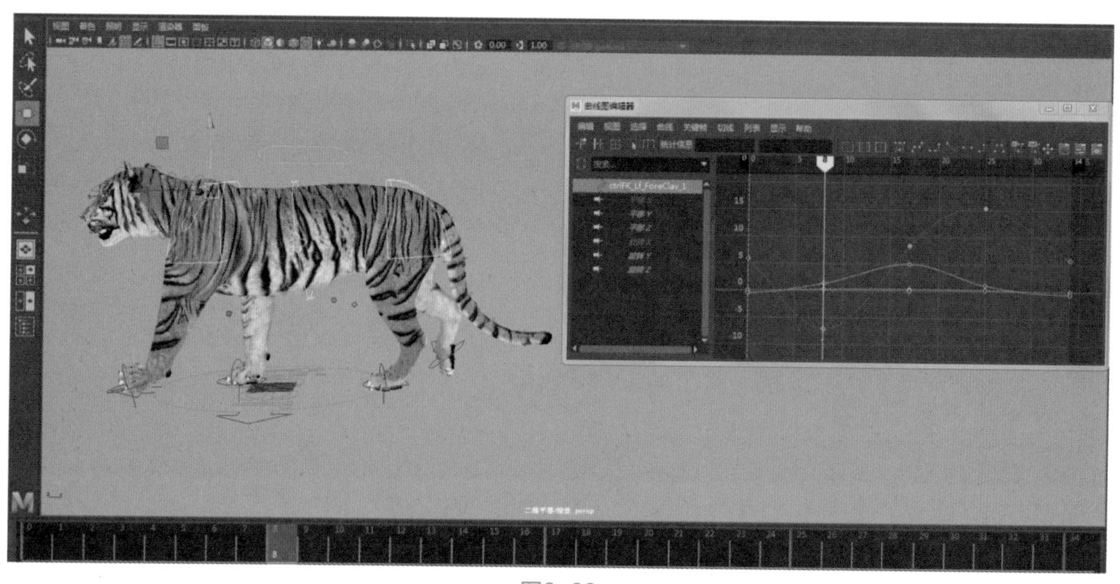

图6-29

Step04 在时间线的第25帧位置处，老虎左前腿、右前腿与地面接触时，老虎左侧肩胛骨向后旋转，如图6-30所示。

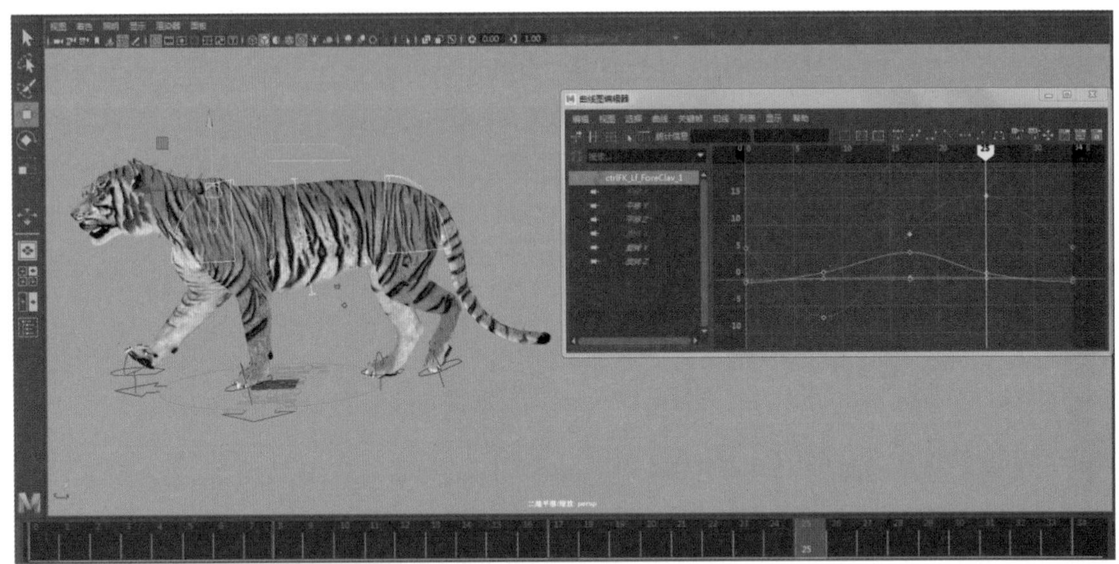

图6-30

Step05 在时间线的第0帧位置处，选择老虎肩部的控制器，加入肩部的X轴旋转动画，设置旋转X轴为-3度，此时老虎的重心偏移在老虎的右腿上，调整肩部的X轴位移动画，设置位移X轴为-3度，如图6-31所示。开始动作等于结束动作即第34帧动作等于第0帧动作，将第0帧关键帧选择按住鼠标中键拖拽至第34帧，按下S键即可。

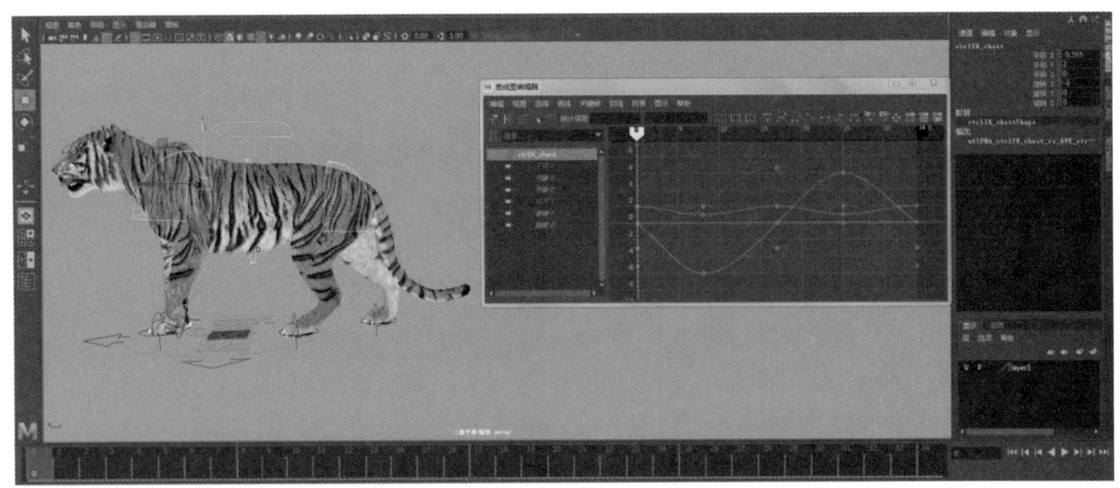

图6-31

Step06 在时间线的第17帧位置处，选择老虎肩部的控制器，加入肩部的X轴旋转动画，设置旋转X轴为3度，此时老虎的重心偏移在老虎的左腿上，调整肩部的X轴位移动画，设置位移X轴为-3度，如图6-32所示。

Step07 在时间线的第8帧位置处，选择老虎肩部的控制器，加入肩部的Y轴旋转动画，设置旋转Y轴为-6度，如图6-33所示。

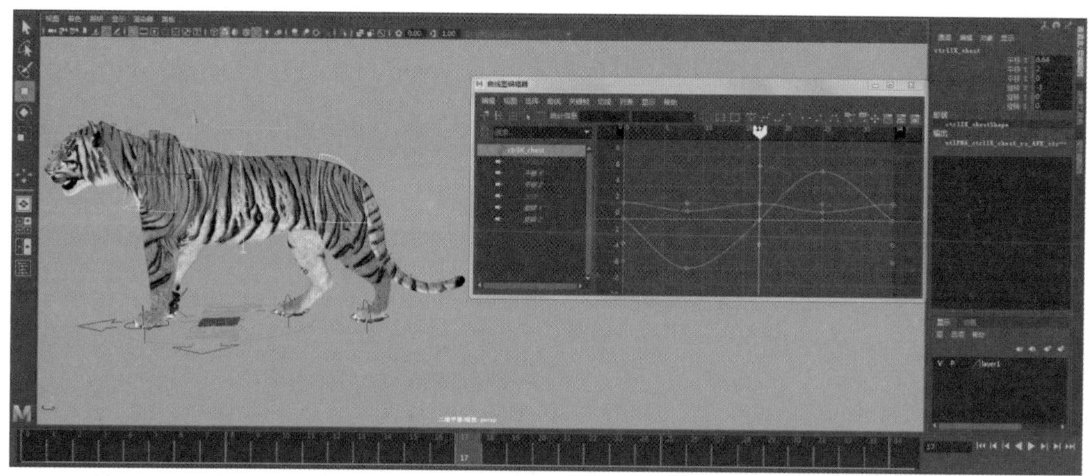

图6-32

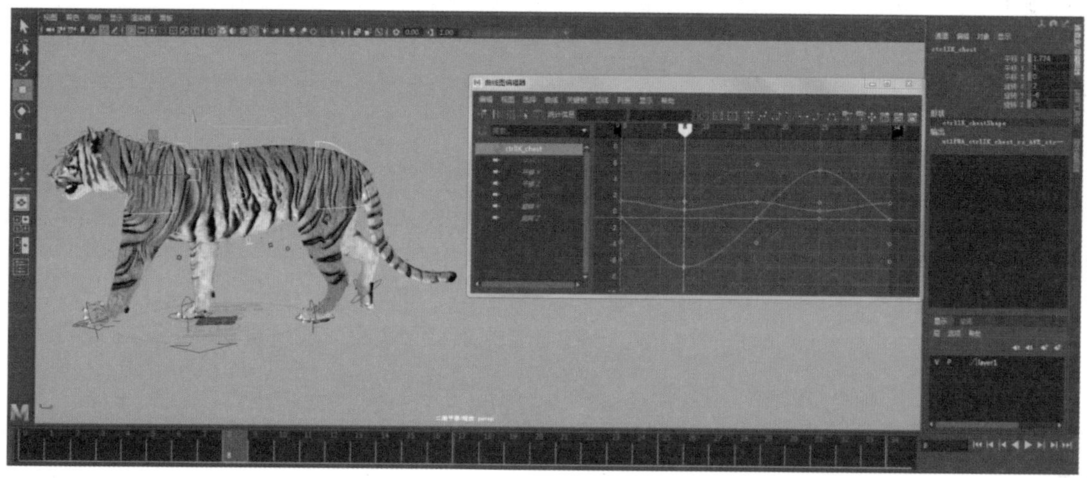

图6-33

Step08 在时间线的第25帧位置处，选择老虎肩部的控制器，加入肩部的Y轴旋转动画，设置旋转Y轴为6度，如图6-34所示。

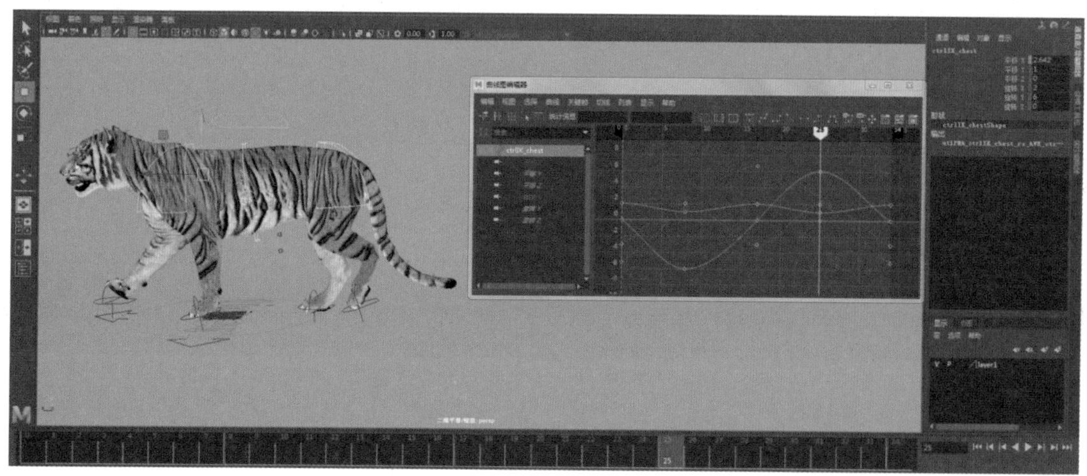

图6-34

视频讲解

6.3.4 老虎躯干动画制作

Step01 加入老虎躯干的动画，选择老虎中间腹部的控制器，在时间线的第0帧、第17帧和第34帧设置控制器向下移动，如图6-35所示。

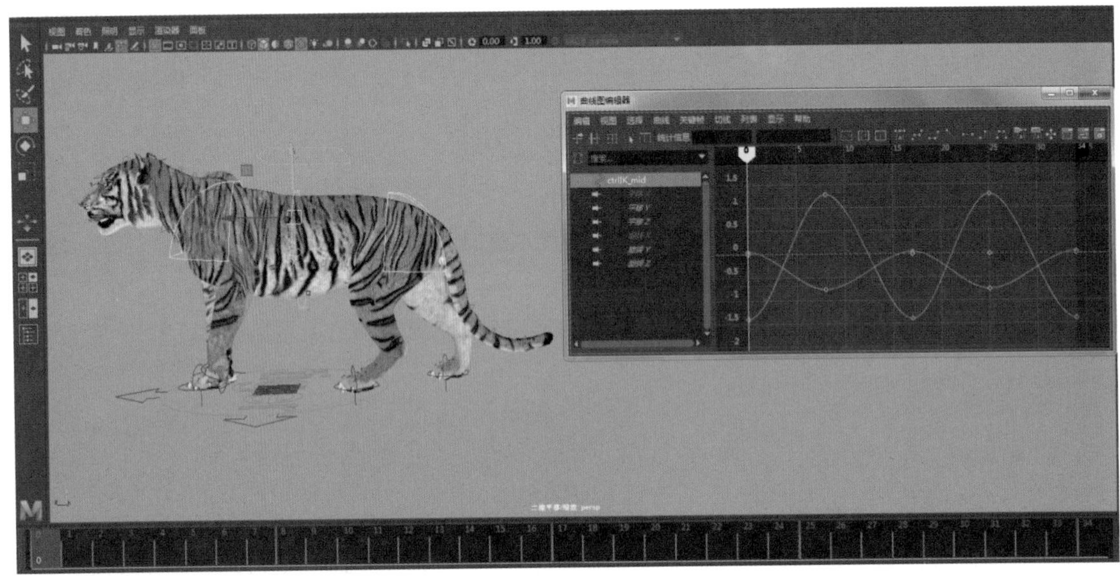

图6-35

Step02 选择老虎中间腹部的控制器，在时间线的第8帧和第25帧设置控制器向上移动，如图6-36所示。

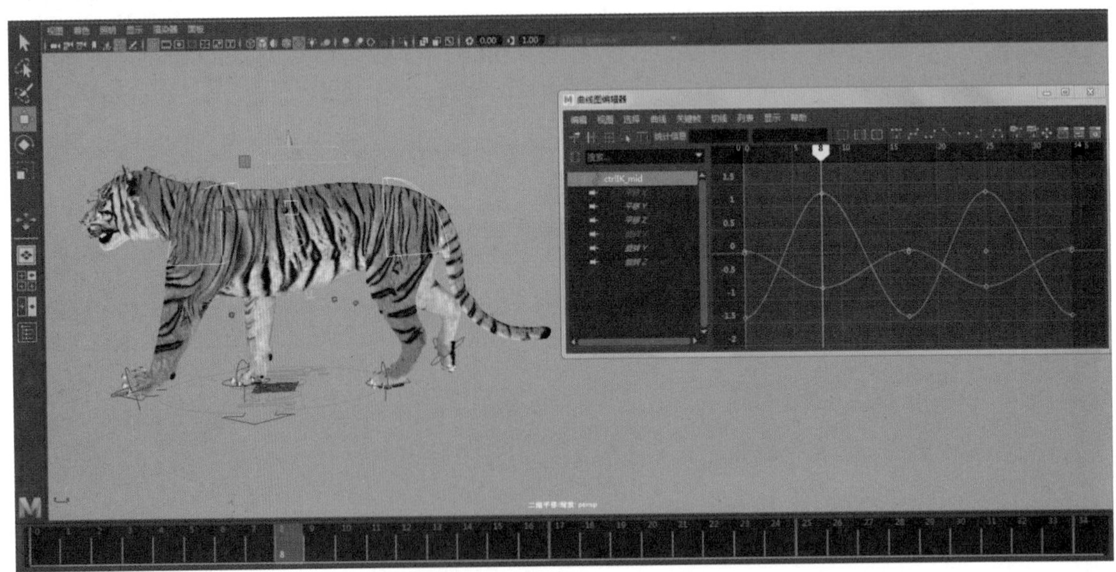

图6-36

6.3.5 老虎颈部动画制作

Step01 加入老虎颈部的跟随动画细节。在时间线的第0帧选择老虎颈部的控制器向上旋转，时间线的第34帧关键帧动作等于第0帧关键帧动作，如图6-37所示。

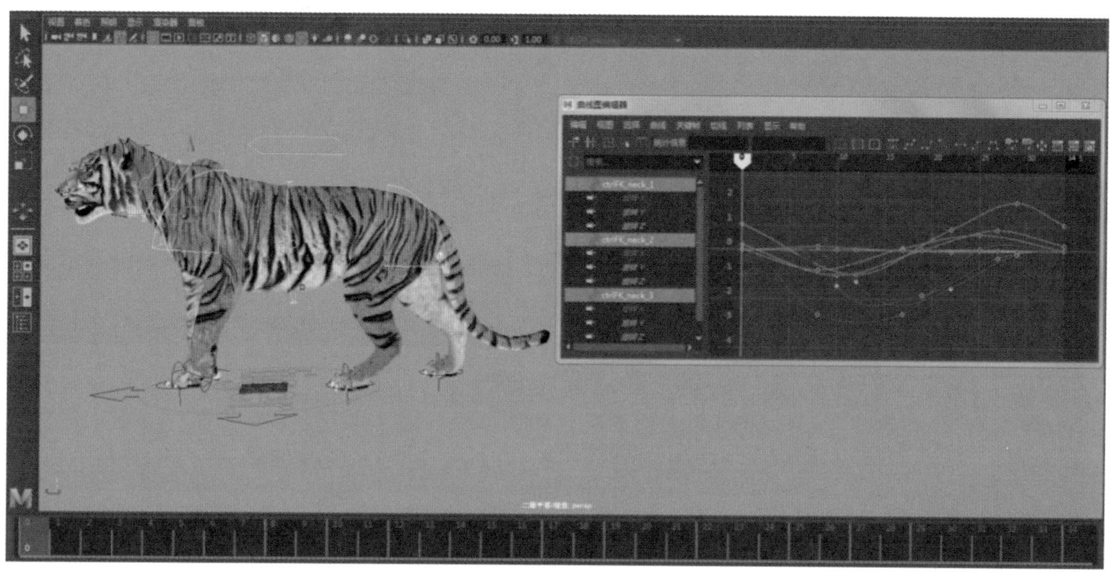

图6-37

Step02 在时间线的第8帧选择老虎颈部的控制器向下旋转，如图6-38所示。

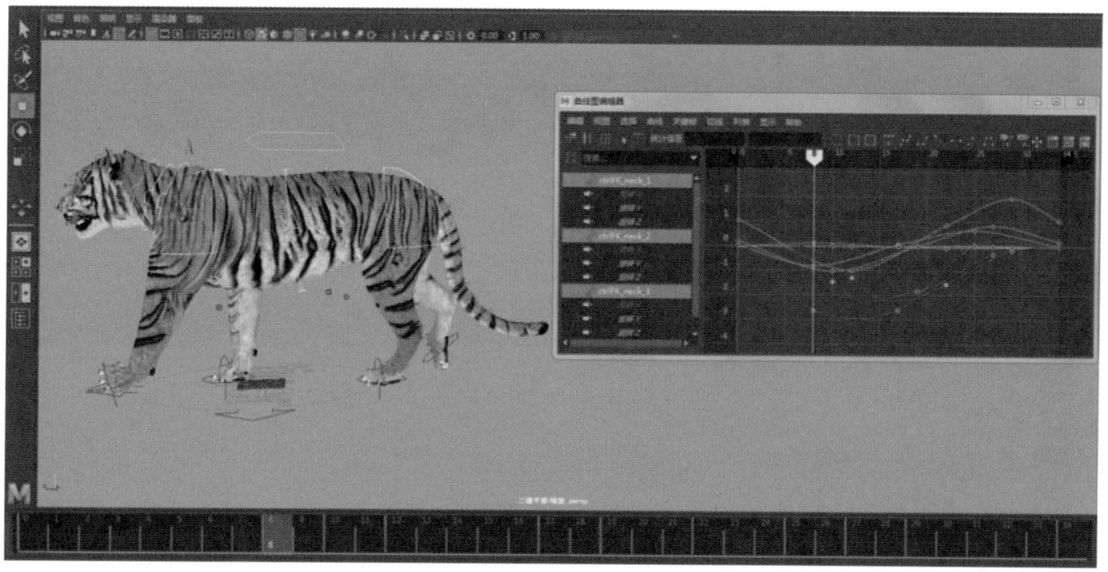

图6-38

Step03 在时间线的第17帧选择老虎颈部的控制器向上旋转，如图6-39所示。

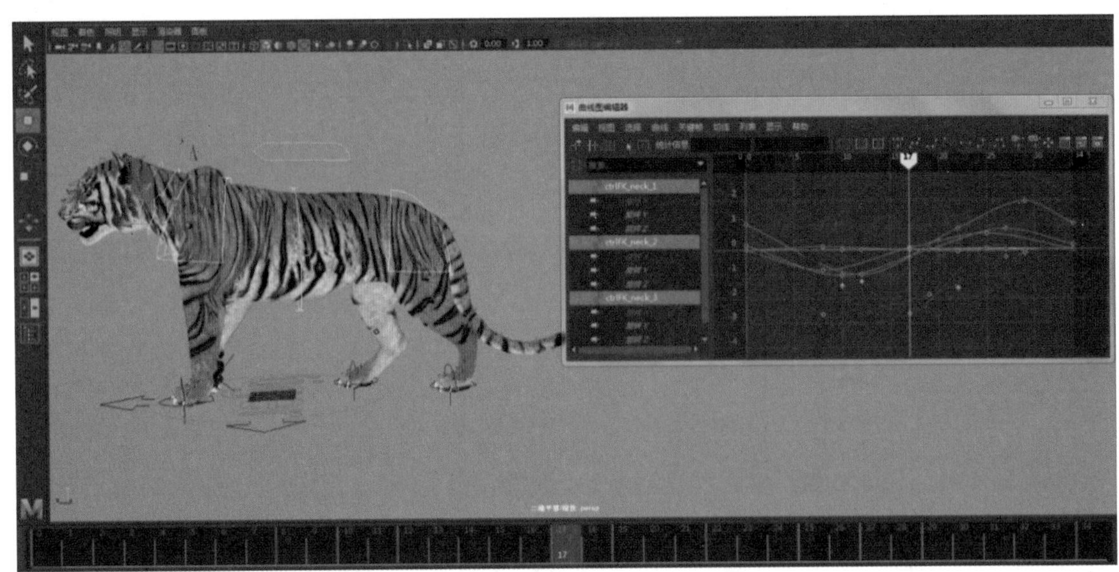

图6-39

Step04 在时间线的第25帧选择老虎颈部的控制器向下旋转，如图6-40所示。

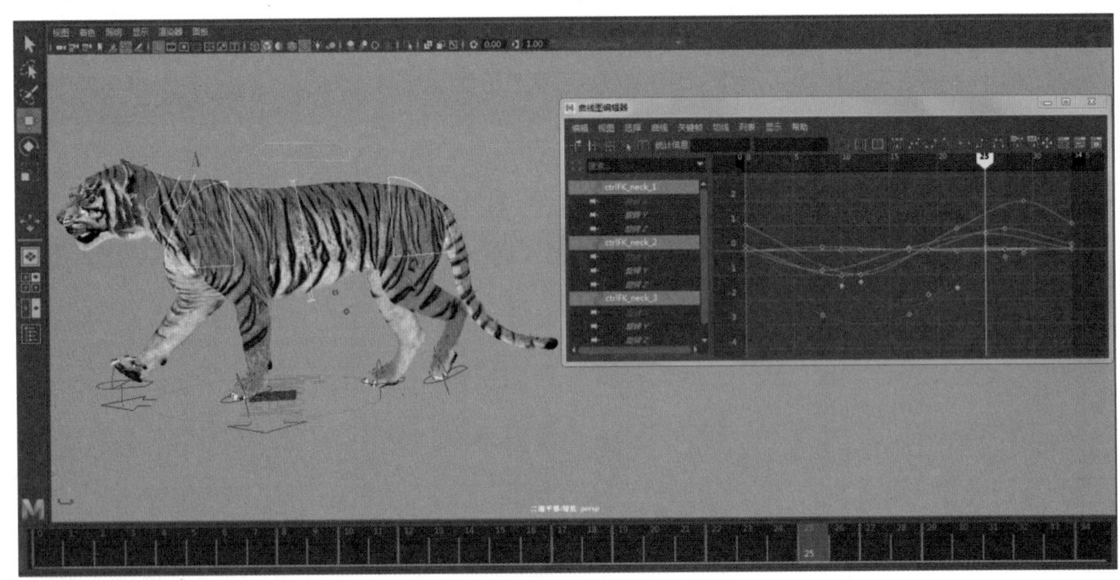

图6-40

Step05单独选择老虎颈部的控制器在曲线图编辑器中进行动画曲线的延迟，通过曲线图编辑器对老虎的动画曲线进行修正，以达到流畅的动画效果，这里不再赘述，详细操作请参看微课视频。

视频讲解

6.3.6 老虎头部动画制作

Step01 加入老虎头部的跟随动画细节。在时间线的第0帧加入关键帧，选择老虎头部的控制器设置旋转X轴为 -6度，加入老虎低头动作，如图6-41所示。

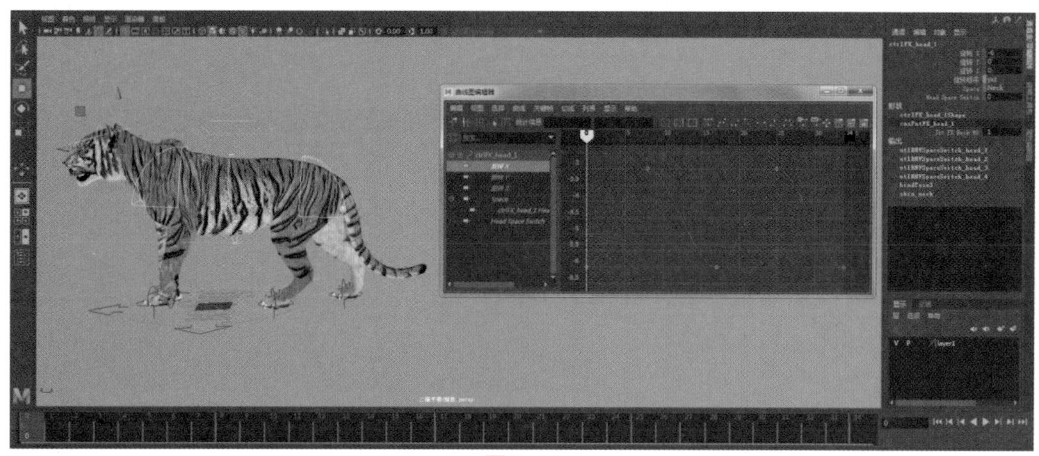

图6-41

Step02 在时间线的第8帧加入关键帧，选择老虎头部的控制器设置旋转X轴为-3度，加入老虎抬头动作，如图6-42所示。

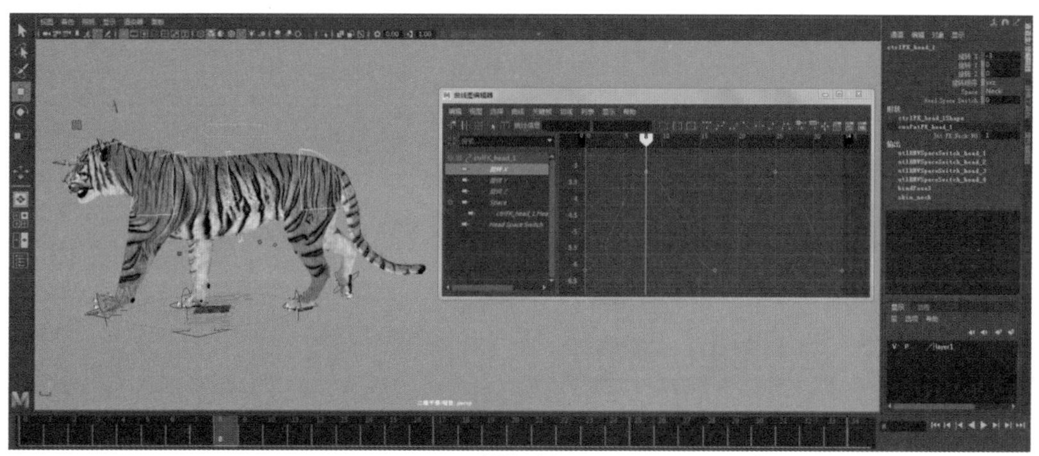

图6-42

Step03 在时间线的第17帧加入关键帧，选择老虎头部的控制器设置旋转X轴-6度，如图6-43所示。

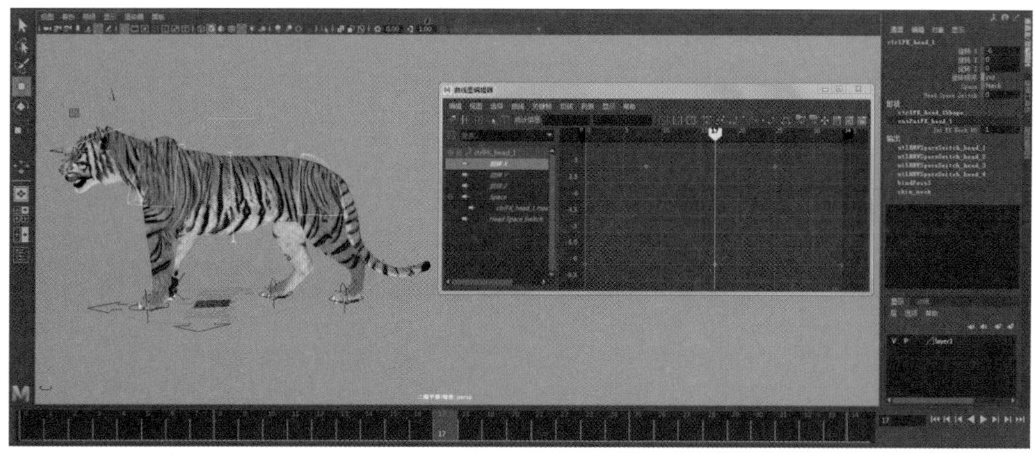

图6-43

Step04 在时间线的第25帧加入关键帧，选择老虎头部的控制器设置旋转X轴为-3度，如图6-44所示。

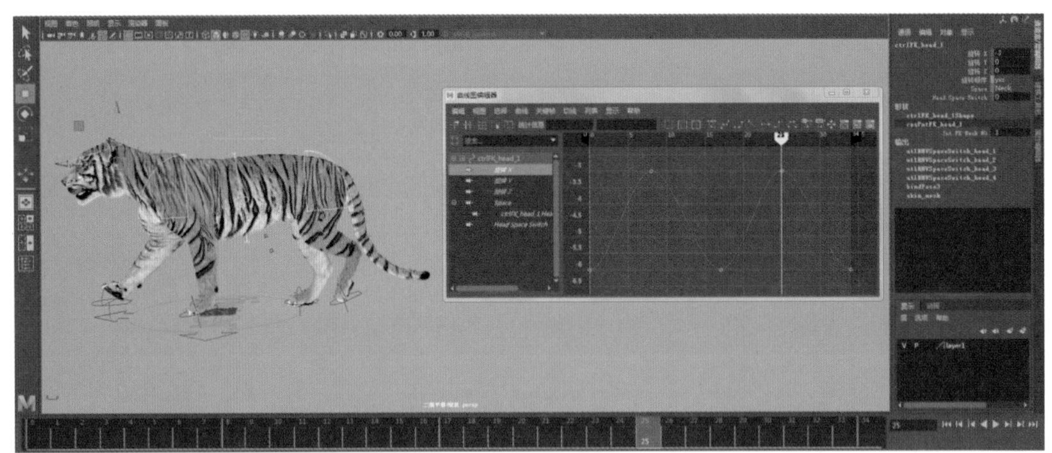

图6-44

技巧提示

选择要调整的动画曲线，在动画曲线图编辑器中统计信息属性栏输入语句 * = 0.5(表示关键帧数值缩放0.5倍)按下Enter键，可以对动画的幅度大小快速进行调整。详细操作请参看微课视频。

同理，属性栏输入-/+ = 8(表示关键帧向下/向上移动8的位移)。

视频讲解

6.3.7 老虎尾巴动画制作

Step01 时间线的第0帧动作等于第34帧，在时间线的第0帧位置处，选择老虎尾巴的控制器分别进行向下旋转，设置关键帧，调整尾巴的动画曲线，如图6-45所示。

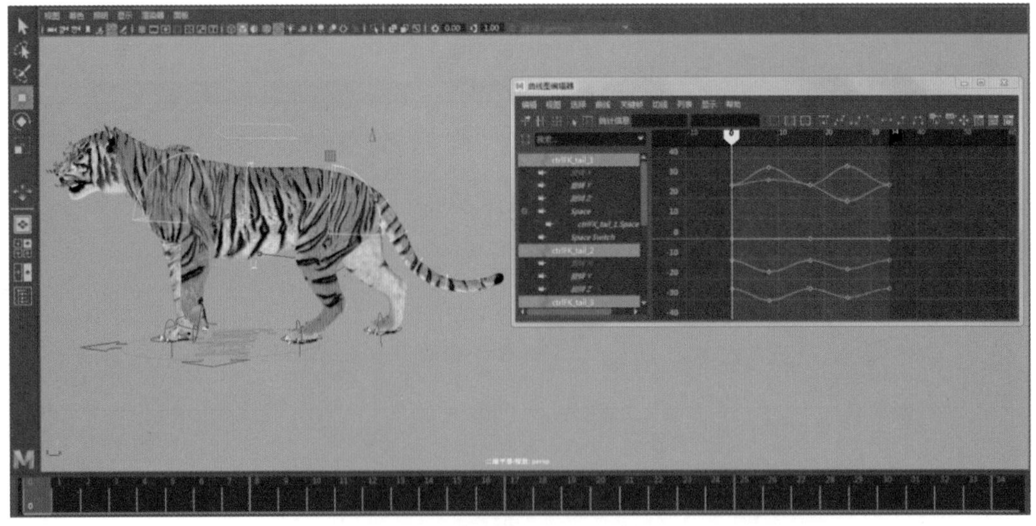

图6-45

Step02 在时间线的第8帧位置处，选择老虎尾巴的控制器分别进行向上旋转，调整尾巴的动画曲线，如图6-46所示。

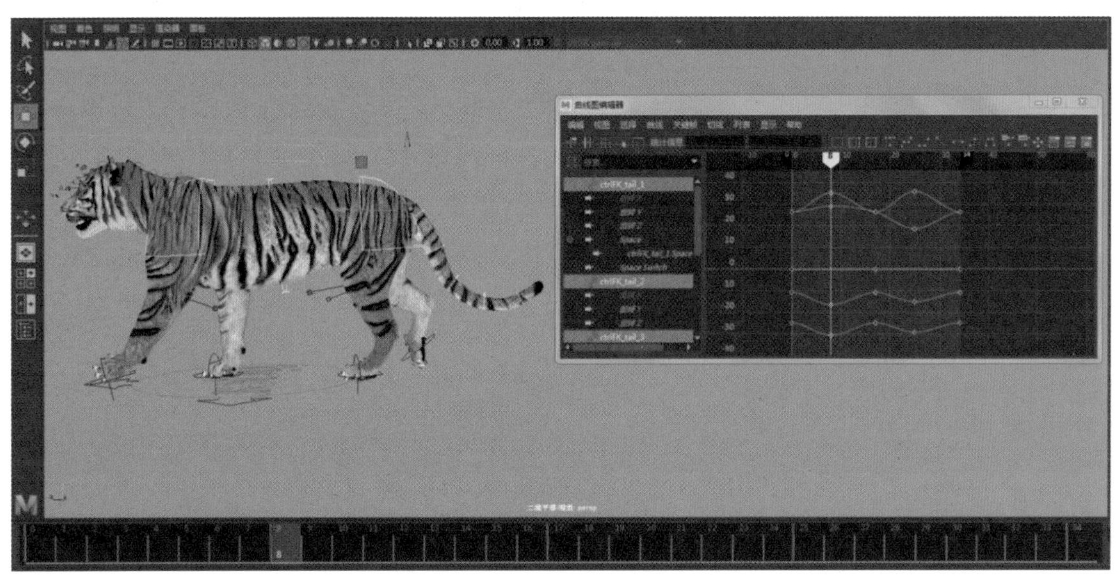

图6-46

Step03 时间线的第17帧老虎尾巴的动作等于第0帧老虎尾巴的动作，如图6-47所示。

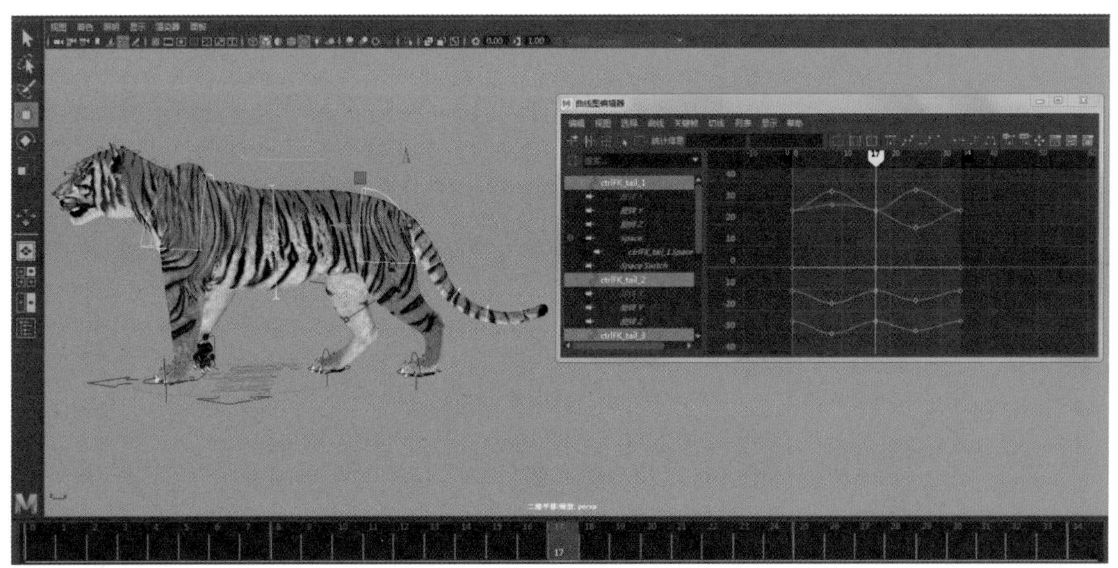

图6-47

Step04 时间线的第25帧老虎尾巴的动作等于第8帧老虎尾巴的动作，复制时间线的第8帧的关键帧粘贴到时间线的第25帧，如图6-48所示。

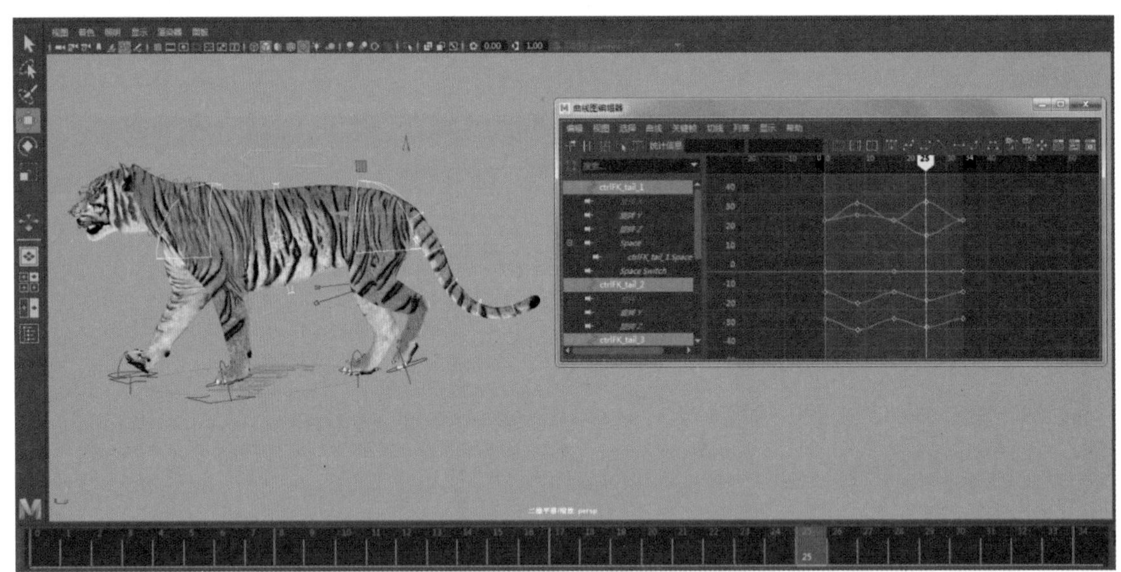

图6-48

Step05 加入老虎尾巴跟随的动画效果，选择老虎尾巴根部控制器，然后按Shift键依次加选老虎尾巴其他控制器，然后打开“摄影表”，在“摄影表”中对尾巴控制器分别进行延迟2帧操作，如图6-49所示。

图6-49

Step06 加入老虎尾巴的左右摆动效果。在时间线的第0帧选择老虎尾巴的控制器旋转X轴为-0.353度，第0帧动作等于第34帧动作，如图6-50所示。

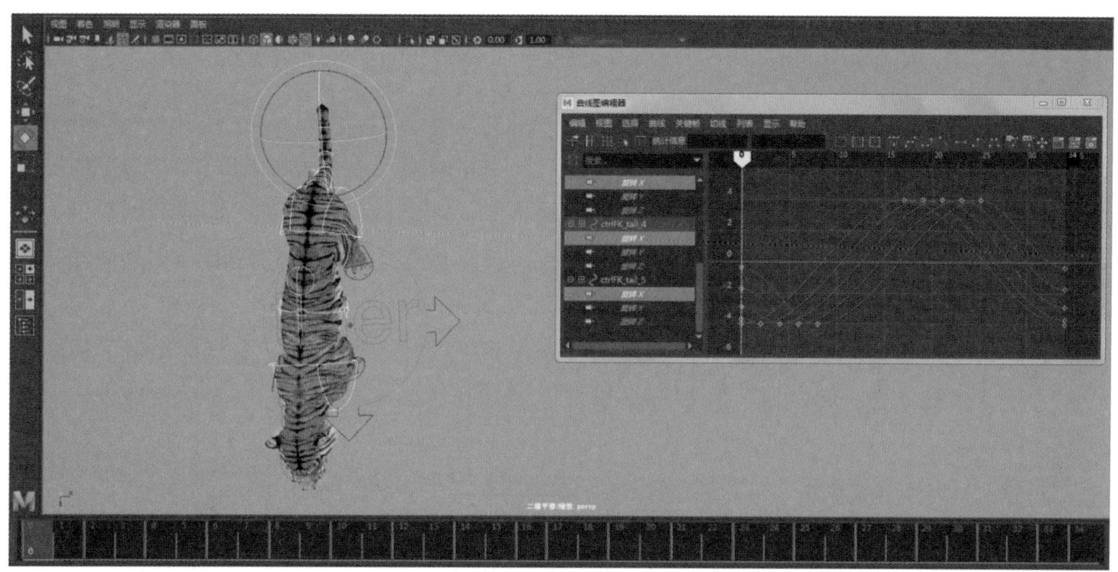

图6-50

Step07 在时间线的第17帧选择老虎尾巴的控制器旋转X轴为0.353度，老虎尾巴旋转动画曲线如图6-51所示。

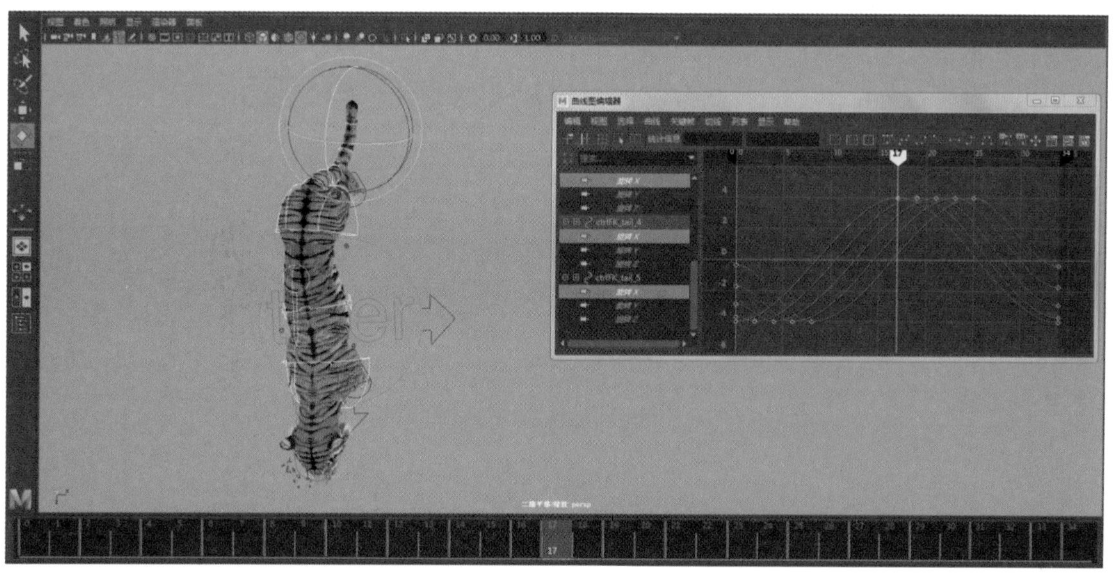

图6-51

Step08 单独选择老虎的控制器在曲线图编辑器中进行动画曲线的调整，通过曲线图编辑器对老虎的动画进行细化，以达到流畅的动画效果，这里不再赘述，详细操作请参看微课视频。

本章小结

本章学习了四足爪类老虎行走的运动规律，重点讲解老虎行走动画的制作（老虎后腿动画、老虎前腿动画、老虎肩部动画、老虎躯干动画、老虎颈部动画、老虎头部动画、老虎尾巴动画），注意循环动画首尾关键帧要保持一致，最后检查动画曲线的顺滑，动画曲线一定要自然流畅，不要出现僵硬、卡顿、穿帮等问题。

四足老虎行走动画制作是动画师必修的动画课程之一。掌握老虎行走循环动画的原理与制作方法，掌握老虎行走动画制作技巧，老虎四肢动画、颈部头部动画以及尾巴跟随动画的制作技巧。

6.4 习 题

（1）简述老虎行走的运动规律。

（2）简述爪类动物与蹄类动物的区别。

（3）简述老虎行走动画的制作思路与技巧。

（4）老虎行走动画的制作练习。

第 7 章 老鹰飞翔动画制作

1. 学习飞禽动物飞翔动画规律
2. 学习老鹰飞翔动画制作技巧
3. 掌握动画曲线编辑技巧

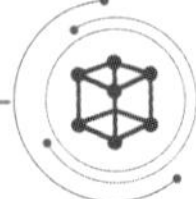

教学目标

- 鸟类飞翔的原理
- 老鹰的飞翔规律
- 老鹰飞翔动画制作

7.1 思维导图

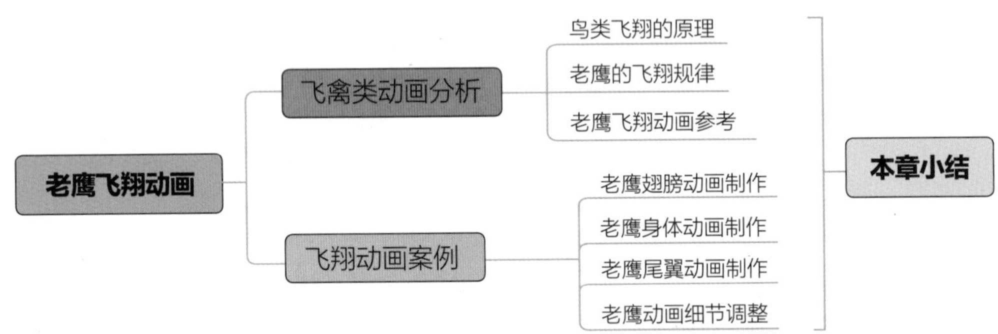

视频讲解

7.2 飞禽类动画分析

7.2.1 鸟类飞翔的原理

鸟类的身体外面是轻而温暖的羽毛，羽毛不仅具有保温作用，而且使鸟类外形呈流线型，在空气中运动时受到的阻力最小，有利于飞翔。飞翔时，两只翅膀不断上下扇动，鼓动气流，就会发生巨大的下压抵抗力，使鸟身体快速向前飞行。

鸟类的骨骼坚薄而轻，骨头是空心的，里面充有空气。通过解剖鸟的身体骨骼可以看出，鸟的头骨是一个完整的骨片，身体各部位的骨椎也相互愈合在一起，肋骨上有钩状突起，互相钩接，形成强固的胸廓。鸟类骨骼的这些独特的结构，减轻了重量，加强了支持飞翔的能力。鸟类翅膀可以概括为翅根、翅中、翅尖三个部分，分别对应人类骨骼的上臂、小臂、掌骨，如图7-1所示。

鸟的胸部肌肉非常发达，还有一套独特的呼吸系统，与飞翔生活相适应，鸟类的肺实心而呈海绵状，还连有9个薄壁的气囊。在飞翔时，鸟由鼻孔吸收空气后，一部分用来在肺里直接进行碳氧交换，另一部分存入气囊，然后再经肺而排出，这样鸟类在飞行时，一次吸气，肺部可以完成两次气体交换，鸟类这种特有的“双重呼吸”保证了鸟在飞行时有充足的氧气。而且气囊有助于减轻体重。

另外，在鸟类身体中，骨骼长骨中空，消化速度快，排泄只要一个小时，还有生殖等器官机能的构造，都趋向于减轻体重，增强飞翔能力，使鸟能克服地球吸引力而展翅高飞。

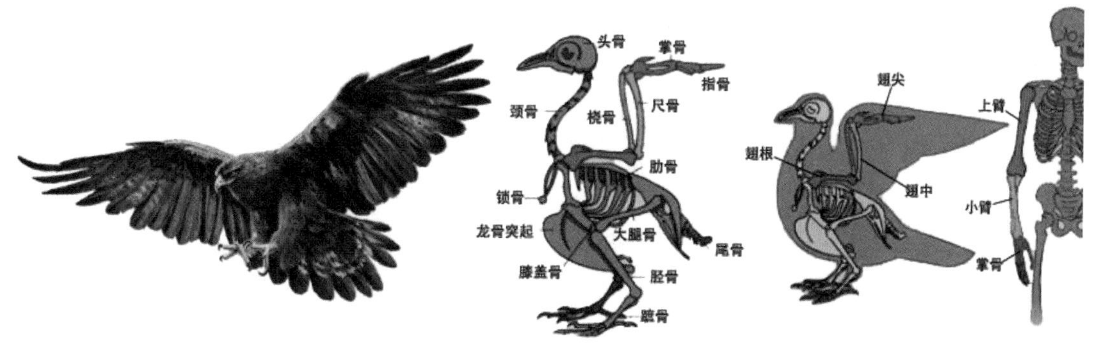

图7-1

7.2.2 老鹰的飞翔规律

老鹰属于阔翼类飞禽，翅膀长而宽，颈部较长而且灵活。老鹰有四个组成飞行能力的部分：翅膀、尾翼、鹰腿、鹰身，如图7-2所示。翅膀可使老鹰产生飞行动力；尾翼可使老鹰飞得平稳；鹰腿是起飞和着陆的工具；鹰身将各个部分连成一个整体，附在身上的飞行肌肉可以扇动翅膀，产生力量，鹰身主要由羽毛和羽翼组成。

图7-2

老鹰的飞翔主要是靠翅膀的扇动来完成，翅膀的扇动分为上扇和下扇。下扇是主体动作，目的是获得升力和前进的推动力；上扇是附属动作，目的是让翅膀回到起点，进行再次下扇。老鹰挥动翅膀主要应用的是动画十二法则中的动作跟随原理。首先是老鹰翅膀的翅根骨骼先挥动，然后带动翅膀的末端骨骼运动，所以从骨骼运动的时间上来讲，末梢骨骼总是比上一级骨骼延迟1～2帧，当然具体的延迟帧数由最终的动画效果决定。

老鹰的翅膀宽大，飞翔时扇翅动作一般比较缓慢，飞翔时空气对翅膀产生升力和推力（还有阻力），托起身体上升和前进。当翅膀下扇时，鹰的身体向上升；当翅膀上扇时，鹰的身体略微向下沉。翅膀下扇时，翅膀外形呈凹状，翅膀展得略开，动作有力；上扇时，翅膀外形呈凸状，翅膀比较收拢，动作柔和。注意下扇的力量和速度要大于上扇的力量和速度。老鹰飞翔主要动作分解如图7-3所示（图中数字代表动画帧数）。

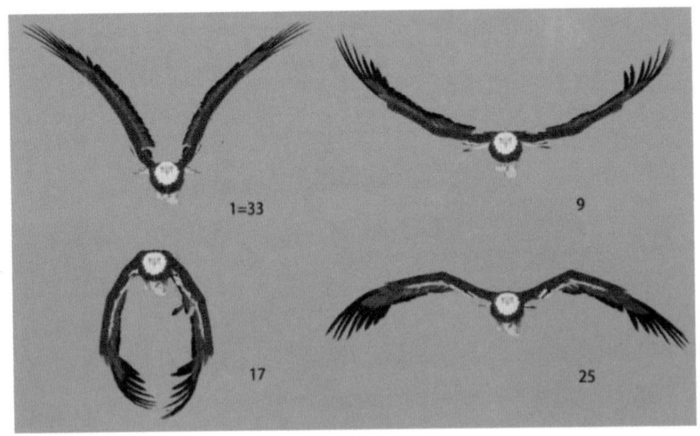

图7-3

老鹰飞翔中的前进轨迹是一条上下起伏的波浪线，老鹰翅膀扇动过程中的运动轨迹呈现“8”字形的曲线循环状态，如图7-4所示。

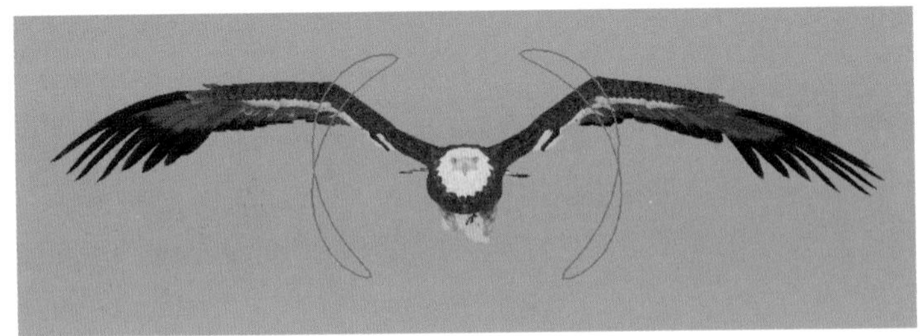

图7-4

7.2.3 老鹰飞翔动画参考

老鹰飞翔动画大部分出现在大场景中，起到渲染环境、烘托气氛的作用，很多游戏、电影、动画进行环境交代时会有鹰的飞翔镜头，如《小马王》电影、《万国志》动画，如图7-5所示。

图7-5

案例实战

7.3 老鹰飞翔动画案例

视频讲解

7.3.1 老鹰翅膀动画制作

Step01 打开绑定好的老鹰文件，执行“文件”菜单下的“打开场景”命令，如图7-6所示。

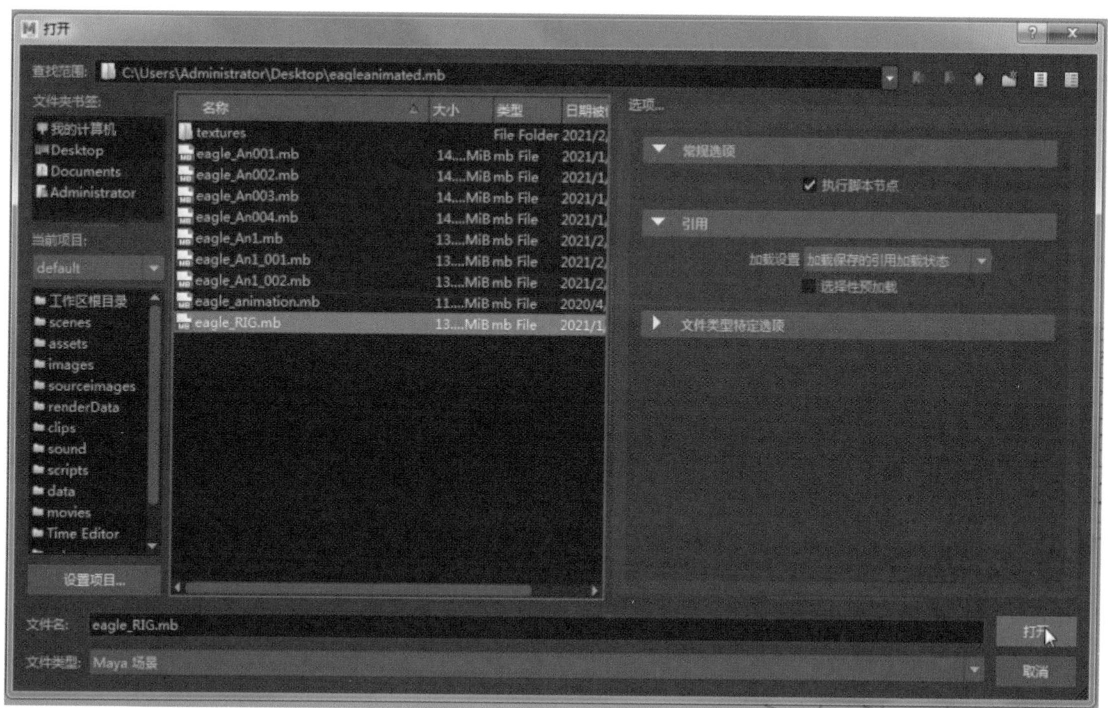

图7-6

Step02 开启面锁定，老鹰飞翔动画周期时长为32帧，设置动画时间长度为1～33帧，以32帧为一个循环来制作老鹰的飞翔动画，如图7-7所示。

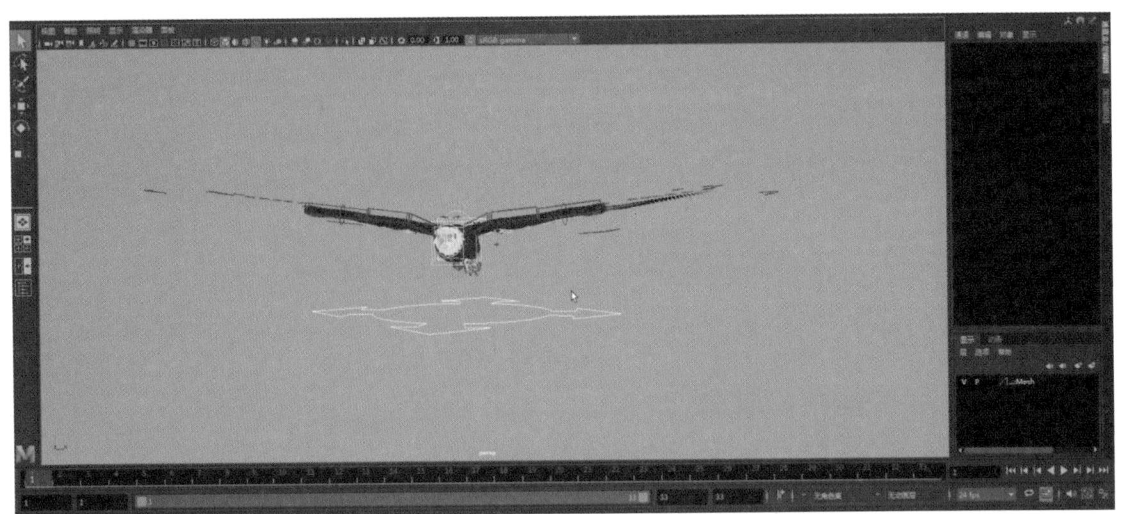

图7-7

Step03 制作老鹰翅膀动画之前首先分析一下老鹰的翅膀结构。老鹰翅膀的翅根、翅中、翅尖分别对应人类骨骼的上臂、小臂、掌骨。制作老鹰飞翔动画时需要重点考虑老鹰翅膀关节的随动，切换到前视图，设置第1帧老鹰向上抬起翅膀的关键Pose，如图7-8所示。

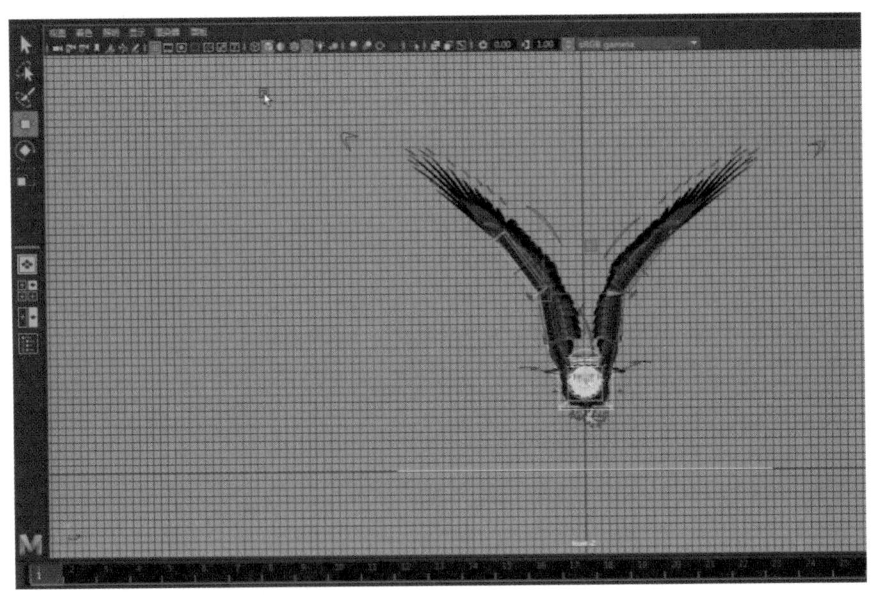

图7-8

注意旋转老鹰控制器的X轴，让老鹰翅膀向后收拢。左边翅膀与右边翅膀设置一样，详细操作请参看微课视频。

Step04 制作第17帧向下扇动翅膀的关键Pose，如图7-9所示。注意查看一下是否开启自动记录关键帧按钮。此时单击播放会发现翅膀扇动比较机械，动画没有节奏变化，如图7-9所示。

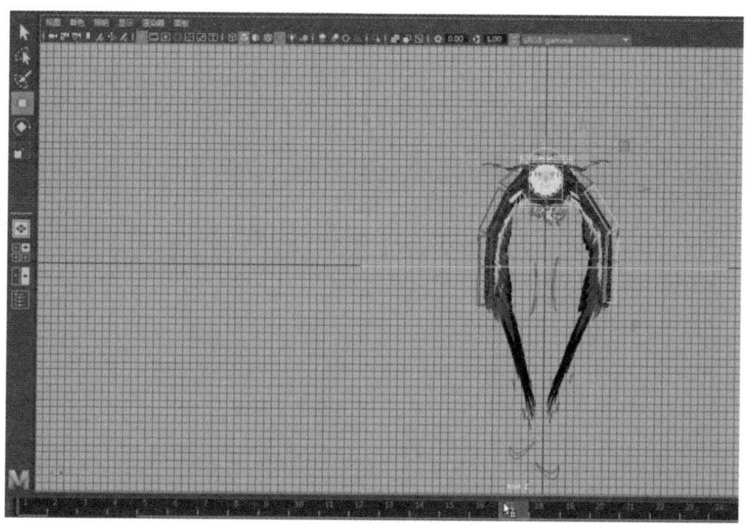

图7-9

Step05 继续添加老鹰飞翔的过渡Pose，制作第8帧翅膀的关键Pose，如图7-10所示。

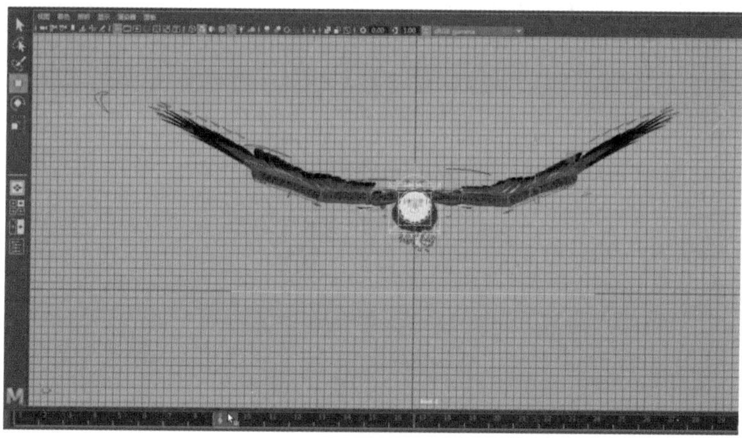

图7-10

Step06 在第13帧和第33帧之间继续添加老鹰飞翔的过渡Pose，在第25帧加入翅膀的关键Pose，如图7-11所示。

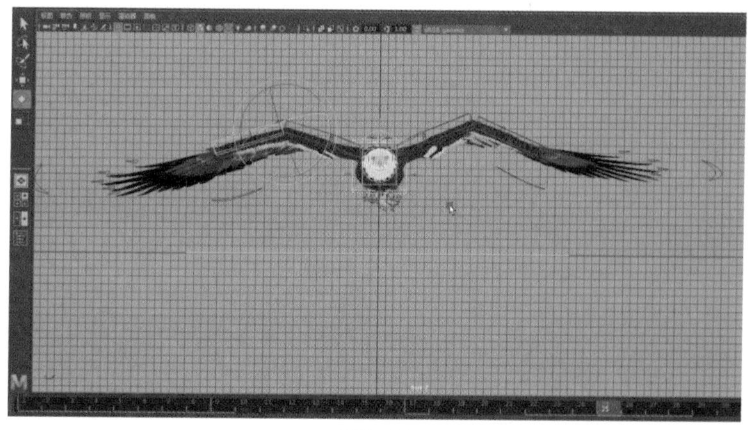

图7-11

Step07 加入老鹰翅尖羽毛的动画细节。先来制作左翅翅尖羽毛动画，分别在第1帧和第33帧按下S键，老鹰翅膀Pose调整如图7-12所示。右翅翅尖羽毛动画制作同理，详细操作请参看微课视频。

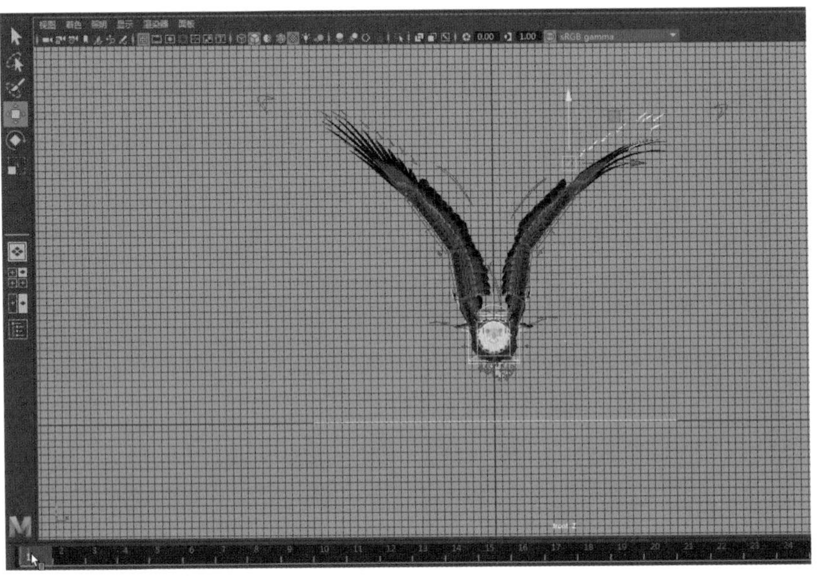

图7-12

Step08 为了使老鹰翅膀的飞行动画看起来更舒展和流畅，还要对其控制器进行动作跟随的处理。添加翅膀关节动作的延迟，选择老鹰翅膀的主要控制器，注意选择顺序一定不要出现错误，然后执行“窗口”菜单的“动画编辑器”下的“摄影表”命令，如图7-13所示。具体详细操作请参看微课视频。

图7-13

技巧提示

鸟类翅膀扇动的频率因鸟的大小和当时状况的不同而有所变化。通常小鸟翅膀扇动得快，而大鸟则扇动得慢。

Step09 在摄影表中首先选择eagle_animation:R_Wing_Elbow_Ctrl和eagle_animation:L_Wing_Elbow_Ctrl执行Shift键加鼠标中键向后移动，延迟1帧，其次选择eagle_animation:R_Wing_Wrist_Ctrl和eagle_animation:L_Wing_Wrist_Ctrl执行Shift键加鼠标中键向后移动，在Wing_Elbow_Ctrl（老鹰肘部控制器）基础上延迟1帧，最后选择eagle_animation:R_Primary_Ctrl和eagle_animation:L_ Primary_Ctrl，执行Shift键加鼠标中键向后移动，在Wing_Wrist_Ctrl（老鹰腕部控制器）基础上延迟1帧，如图7-14所示。具体详细操作请参看微课视频。

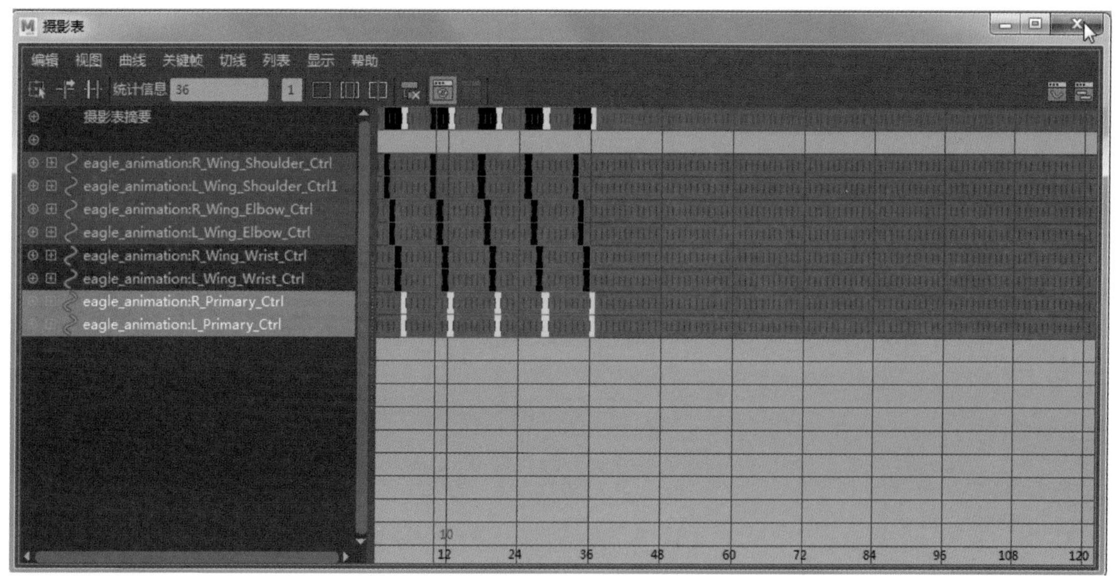

图7-14

技巧提示

力是通过某种媒介传递的，从一端逐渐过渡到另一端的过程叫作力的传递。对于有生命的物体来说，以老鹰的翅膀为例，肌肉收缩产生的力，通过关节进行传递，传递过程是由力的始发点（肩关节）向身体的其他部位（翅膀末梢）过渡，而无生命物体则是通过自身的属性（软硬质感）来传递受到的外力，传递过程是由受力点向末端过渡。

Step10 再次打开动画曲线图编辑器来修正动画曲线。执行“窗口”菜单的“动画编辑器”下的“曲线图编辑器”命令，分别选择曲线执行曲线“样条线切线”，分别将曲线调整平滑。由于之前执行关键帧错帧操作的原因，在时间线第33帧需要按下S键，记录一下当前关键帧，然后将第33帧关键帧复制并粘贴到时间线的第1帧处，保证第33帧动作等于第1帧动作，最后在动画曲线图编辑器中将超出33帧之后的关键帧选中并删除，保证动画曲线的流畅，如图7-15所示。右侧曲线调整同理，这里不做赘述，具体详细操作请参看微课视频。

图7-15

Step11 调整老鹰右侧翅尖羽毛的动画曲线，分别在第13帧处加入动作延迟，动画曲线，如图7-16所示。

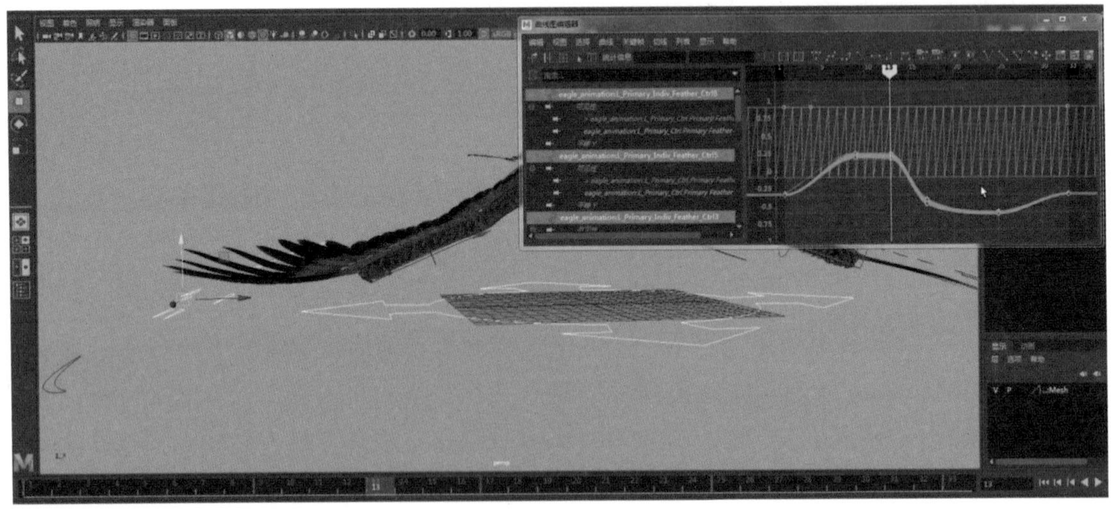

图7-16

Step12 调整老鹰右侧翅尖羽毛的动画曲线，分别在第21帧处加入动作延迟，如图7-17所示。

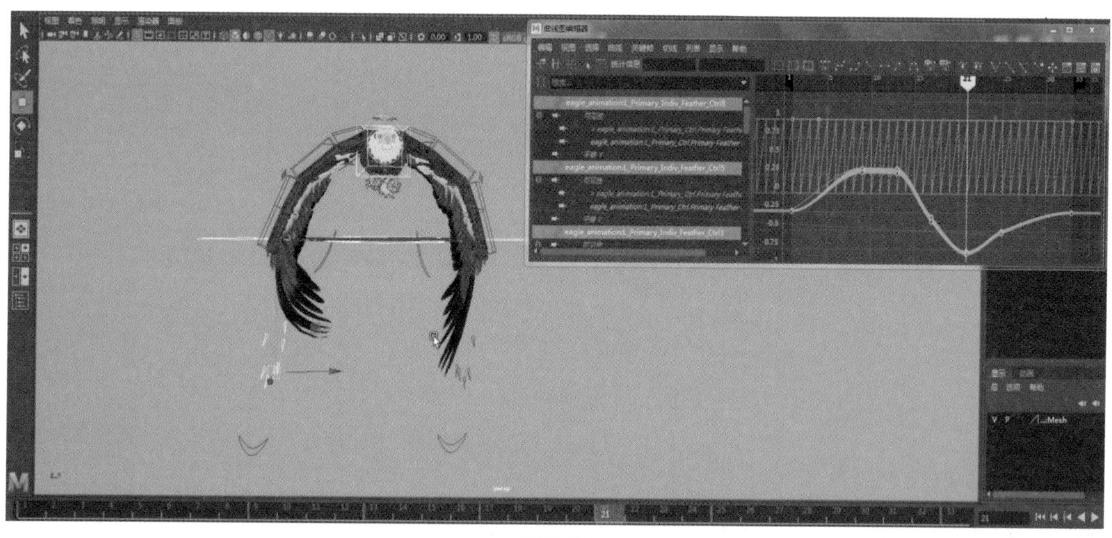

图7-17

Step13 左侧翅尖羽毛的动画曲线调整同理右侧过程，如图7-18所示，这里不做赘述，详细操作请参看微课视频。

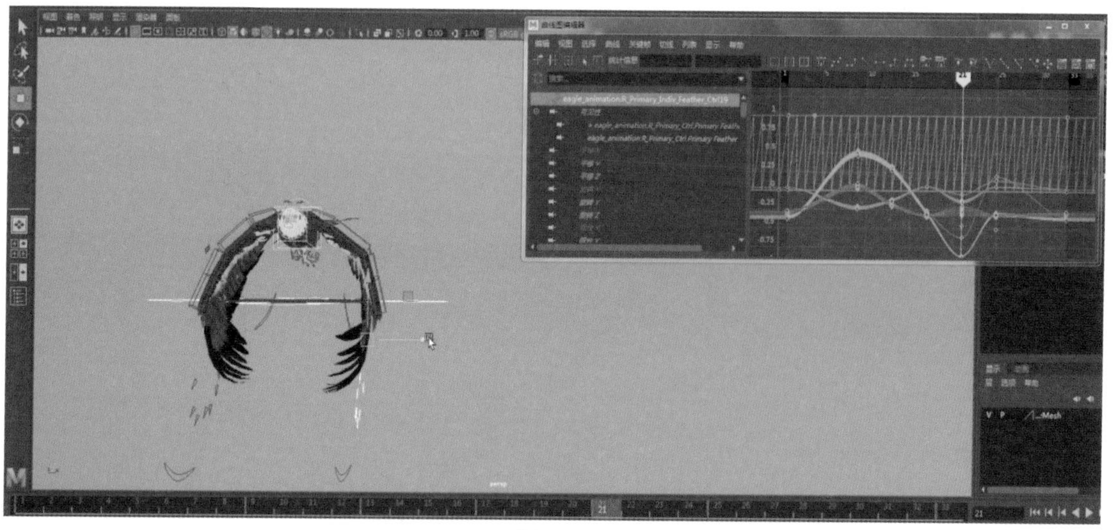

图7-18

视频讲解

7.3.2 老鹰身体动画制作

Step01 制作老鹰身体重心的起伏，选择老鹰根部的控制器Shift键加选两条腿的控制器，分别在第1帧、第33帧和第17帧设置关键帧，然后在第9帧重心下移，如图7-19所示。

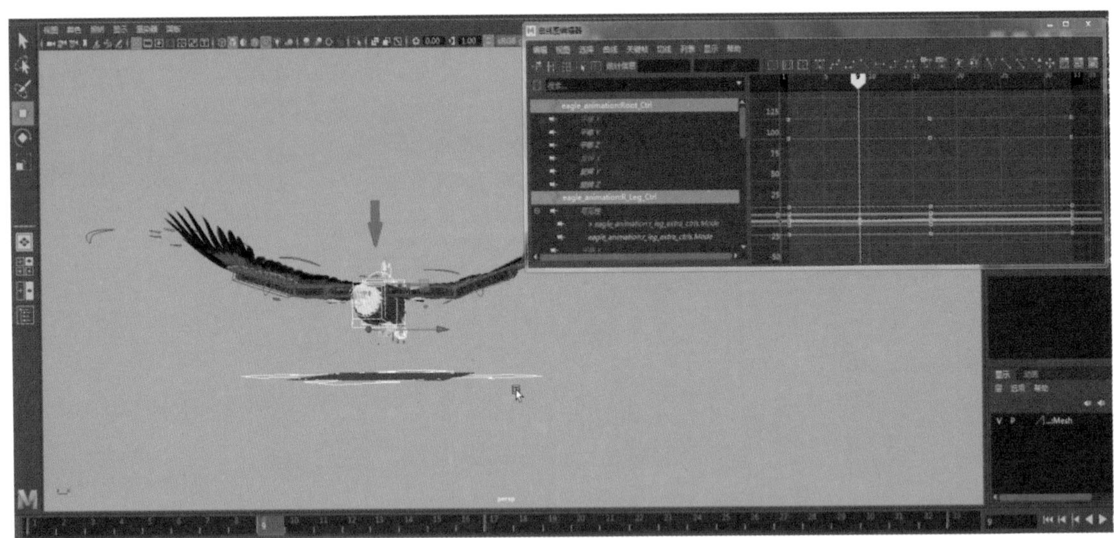

图7-19

Step02 选择老鹰根部的控制器Shift键加选两条腿的控制器，然后在第25帧重心上移，设置关键帧，如图7-20所示。

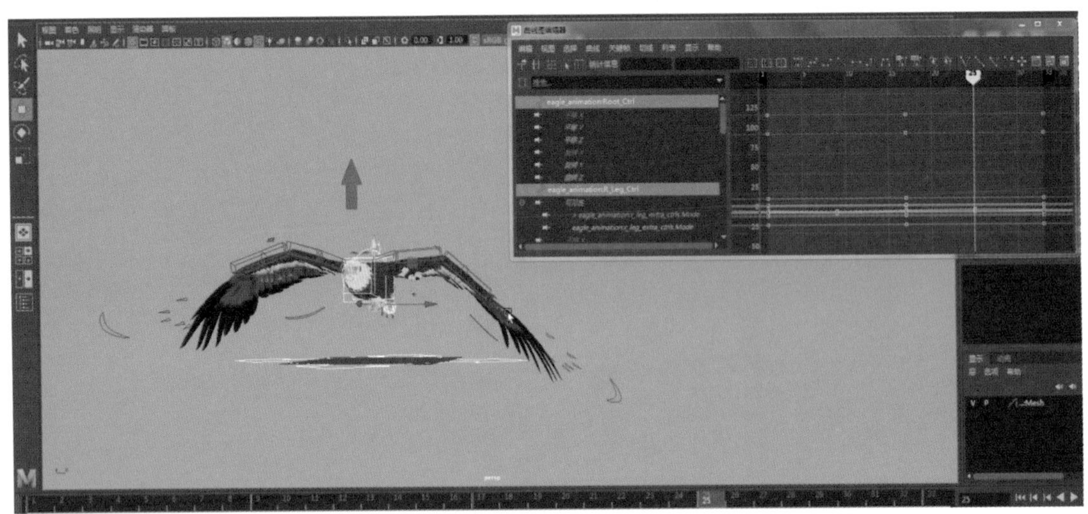

图7-20

Step03 在曲线图编辑器中选择eagle_animation:Root_Ctrl调整平移Y轴属性，选择开始和结束的关键帧，在“曲线图编辑器”中执行“样条线切线”，将曲线调整到平滑流畅，如图7-21所示。

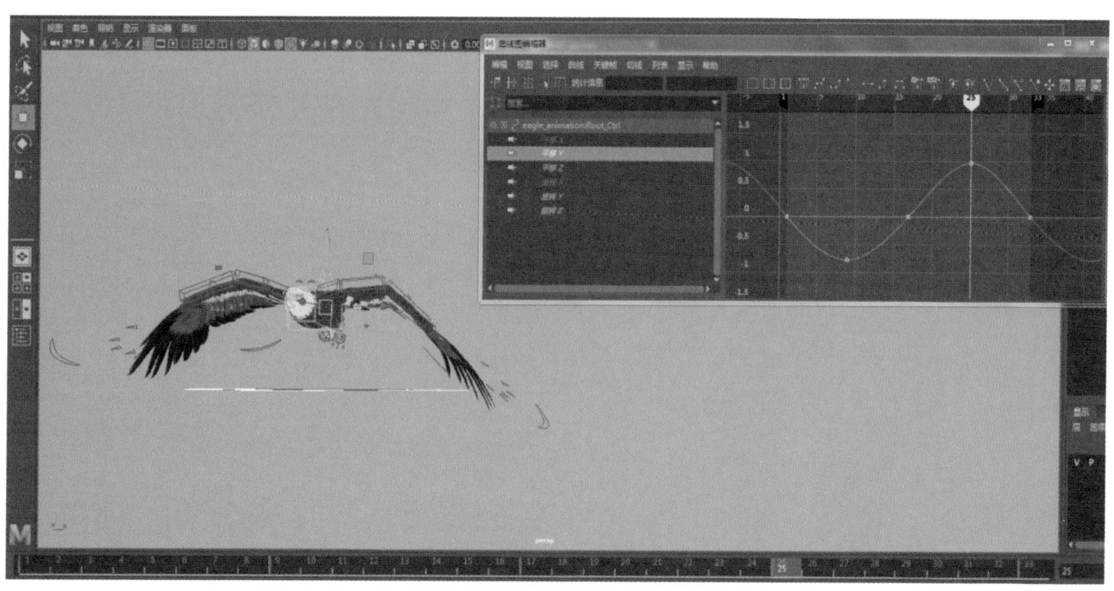

图7-21

Step04 制作老鹰的胸部动画，老鹰翅膀抬起时，老鹰胸部是向上旋转的，设置第1帧和第33帧关键帧胸部控制器向上旋转，如图7-22所示。

图7-22

Step05 制作老鹰的胸部动画，老鹰向下扇动翅膀时，老鹰胸部是向下旋转的，设置第17帧向下旋转，如图7-23所示。

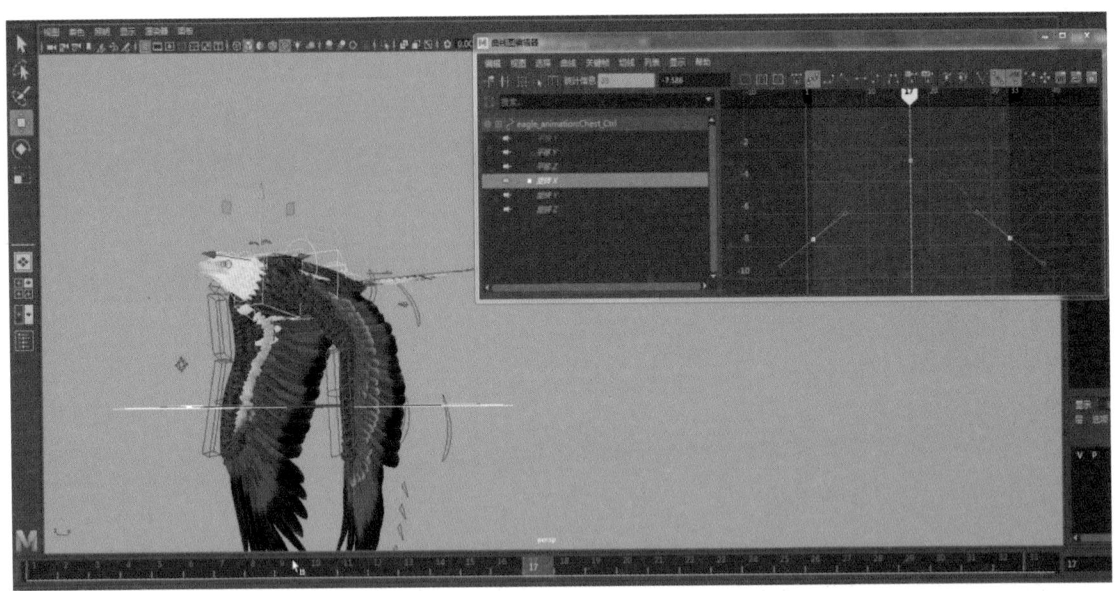
图7-23

Step06 制作老鹰胸部的延迟动画，分别在第9帧和第33帧设置胸部控制器向上旋转，如图7-24所示。

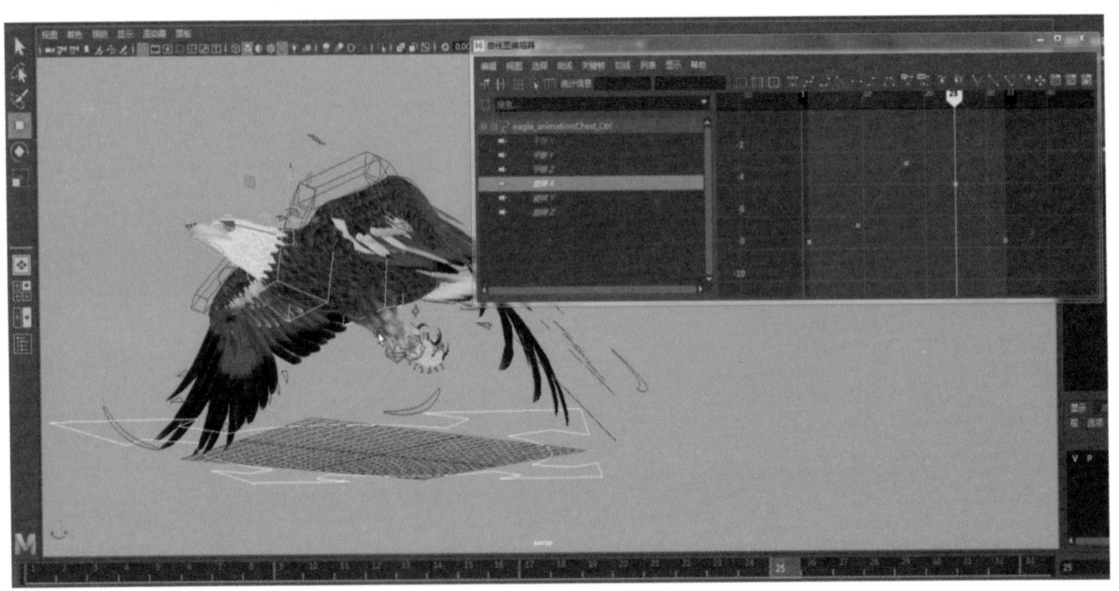
图7-24

Step07 制作老鹰臀部的旋转动画，第1帧和第33帧设置臀部控制器向上旋转，第17帧向下旋转，如图7-25所示。

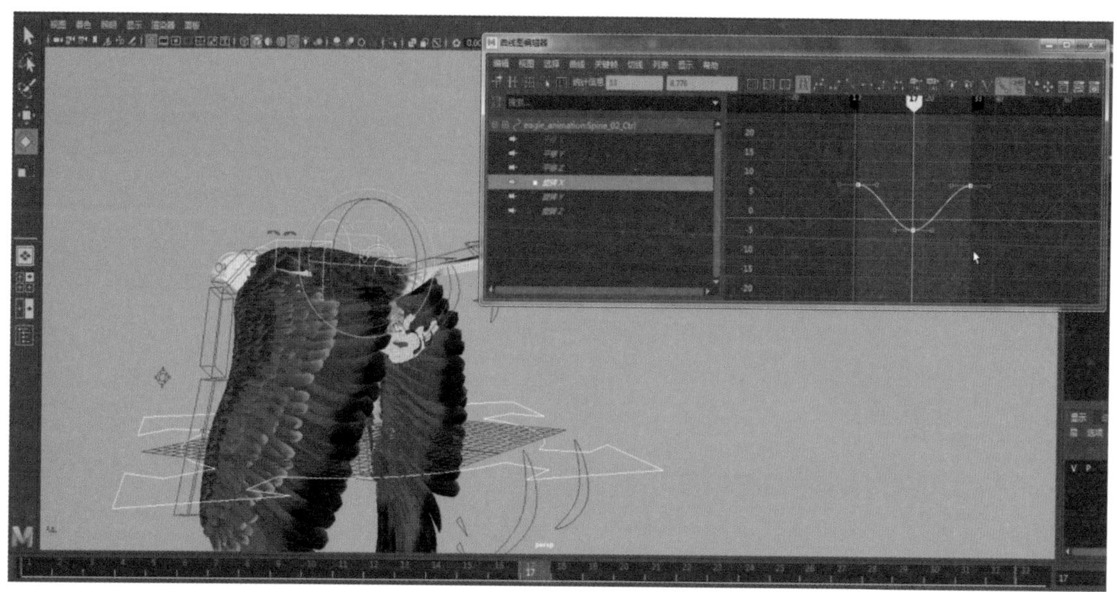

图7-25

Step08 制作老鹰头部的动画，首先选择老鹰脖子的控制器进行设置，制作老鹰脖子部位的旋转动画，分别在第1帧和第33帧设置脖子控制器向上旋转，第17帧向下旋转，在第9帧向上旋转，第25帧向下旋转，如图7-26所示。

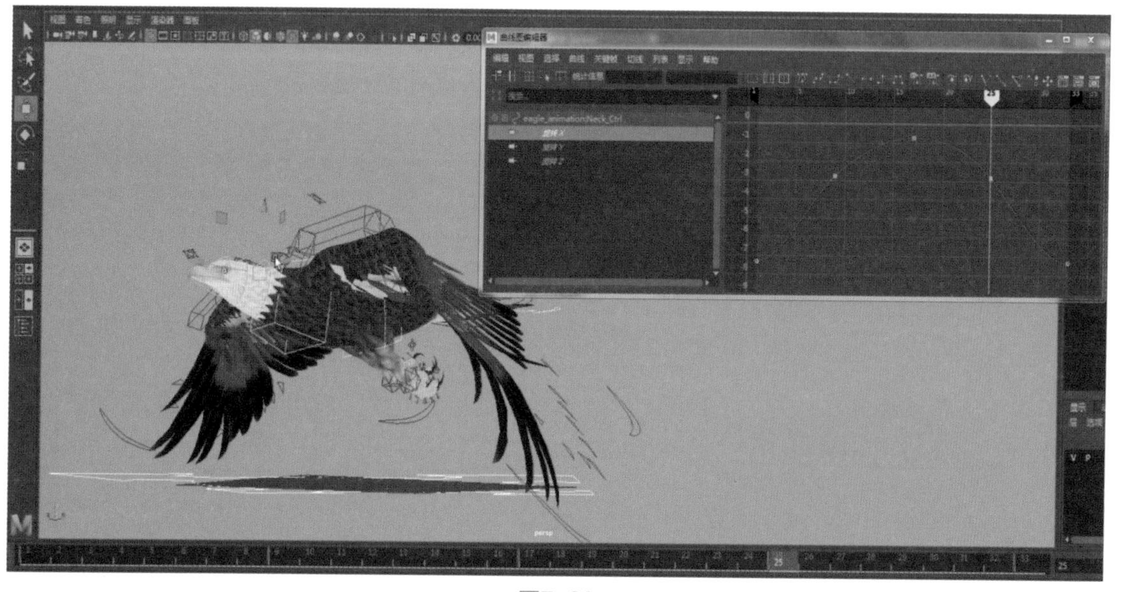

图7-26

Step09 接着制作老鹰头部的动画，在制作时可以延迟2帧进行动画制作。选择老鹰头部的控制器进行设置，分别在第1帧、第3帧、第10帧、第25帧和第33帧设置头部控制器的关键帧动画，加入头部的旋转微动的动画效果，头部动画曲线调整效果如图7-27所示。

图7-27

视频讲解

7.3.3 老鹰尾翼动画制作

Step01 加入老鹰尾翼的动画，选择老鹰尾巴的两个控制器，制作老鹰尾巴的旋转动画，第1帧和第33帧设置尾巴控制器向上旋转，第17帧设置尾巴控制器向下旋转，然后再设置第9帧稍微向上旋转，第25帧稍微向下旋转，动画曲线调整效果如图7-28所示。

图7-28

Step02 在“曲线图编辑器”中错开关键帧，在“曲线图编辑器”中按下W键，然后选择旋转Z轴的曲线，Shift键加鼠标中键向后移动1帧，如图7-29所示。

图7-29

Step03 选择尾翼的三个控制器动画，选择中间控制器在第1帧和第33帧设置中间的控制器往上旋转，选择两边的控制器向下旋转，在第17帧设置中间的控制器往下旋转，两边的控制器向上旋转，如图7-30所示。

图7-30

Step04 当老鹰翅膀在伸展状态时，尾翼是舒展的，所以在第9帧处设置关键帧，将尾翼的控制器向外旋转，尾翼舒展，如图7-31所示。

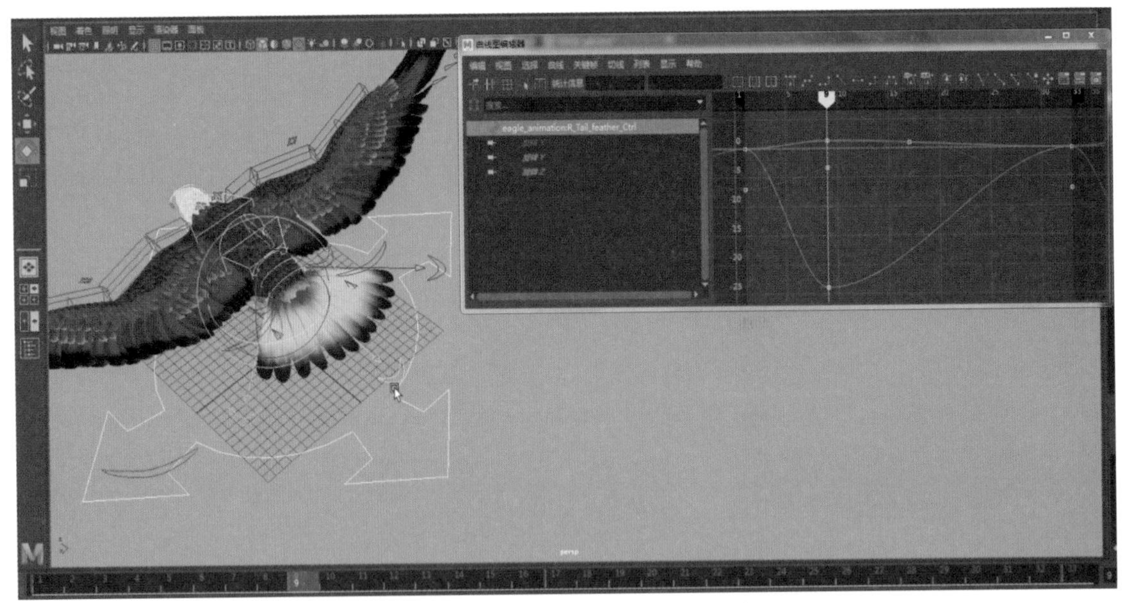

图7-31

Step05 当老鹰翅膀在收拢状态时，尾翼是收紧的，所以在第25帧处设置关键帧，将尾翼的控制器向内旋转，尾翼收紧，如图7-32所示。

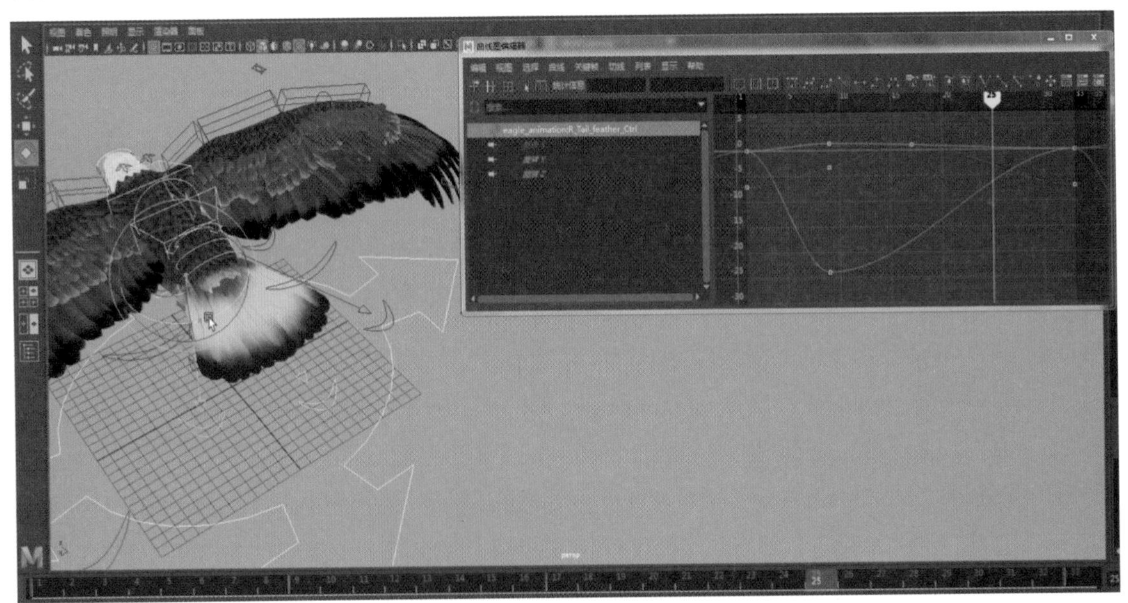

图7-32

视频讲解

7.3.4 老鹰动画细节调整

Step01 加入老鹰爪子的跟随动画细节。在第9帧选择老鹰腿部的控制器往下移动和向下旋转，在第25帧选择老鹰腿部的控制器往上移动和向上旋转，如图7-33所示。

图7-33

Step02 单独选择老鹰腿部的控制器，在“曲线图编辑器”中进行动画曲线的调整，通过“曲线图编辑器”对翅膀的动画进行细化，以达到流畅的动画效果，如图7-34所示。这里不再赘述，详细操作请参看微课视频。

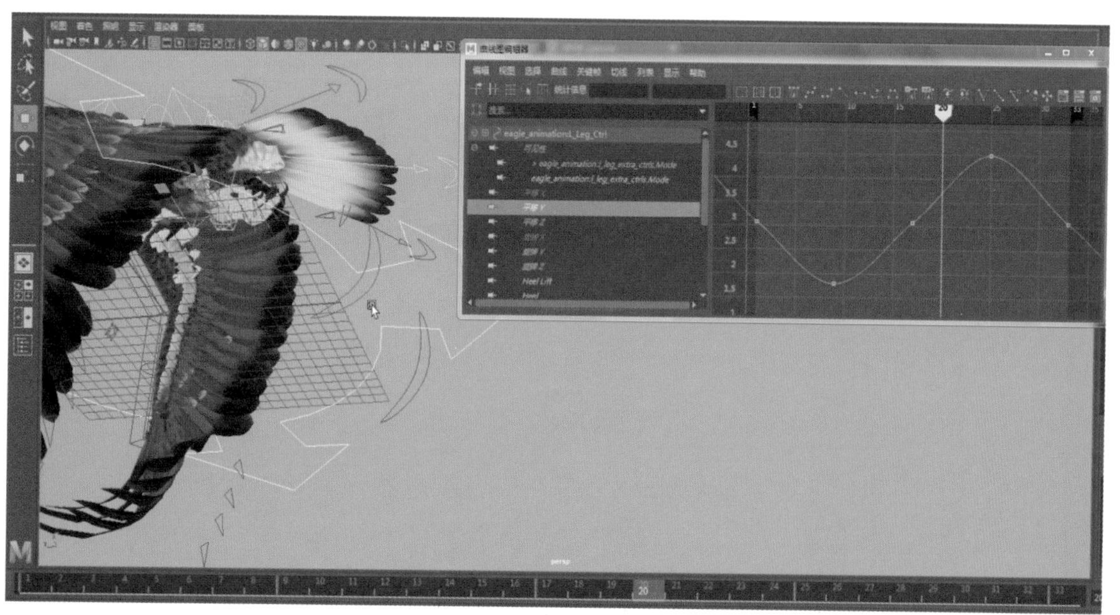

图7-34

Step03 查看老鹰翅膀“8”字形曲线运动轨迹，选择翅膀的控制器，切换到动画模块，执行“可视化”菜单下“创建可编辑的运动轨迹”命令，如图7-35所示。

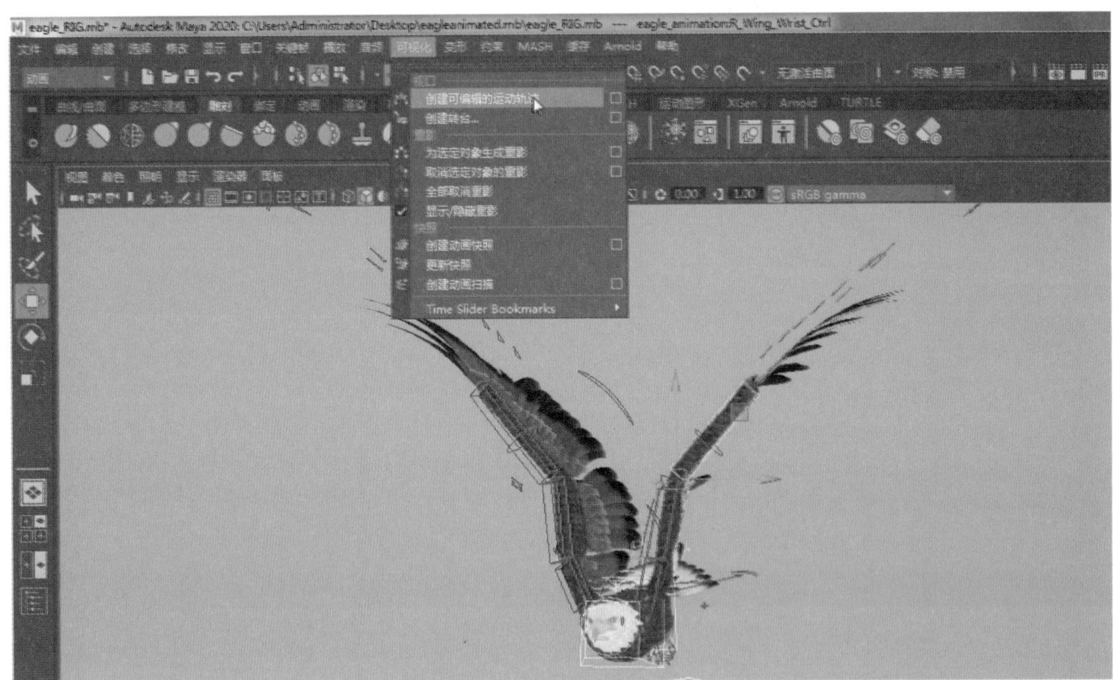

图7-35

Step04 在视窗“显示”菜单下注意查看是否勾选“运动轨迹”，只有勾选了，老鹰左侧翅膀“8”字形曲线运动轨迹才会显示，如图7-36所示。

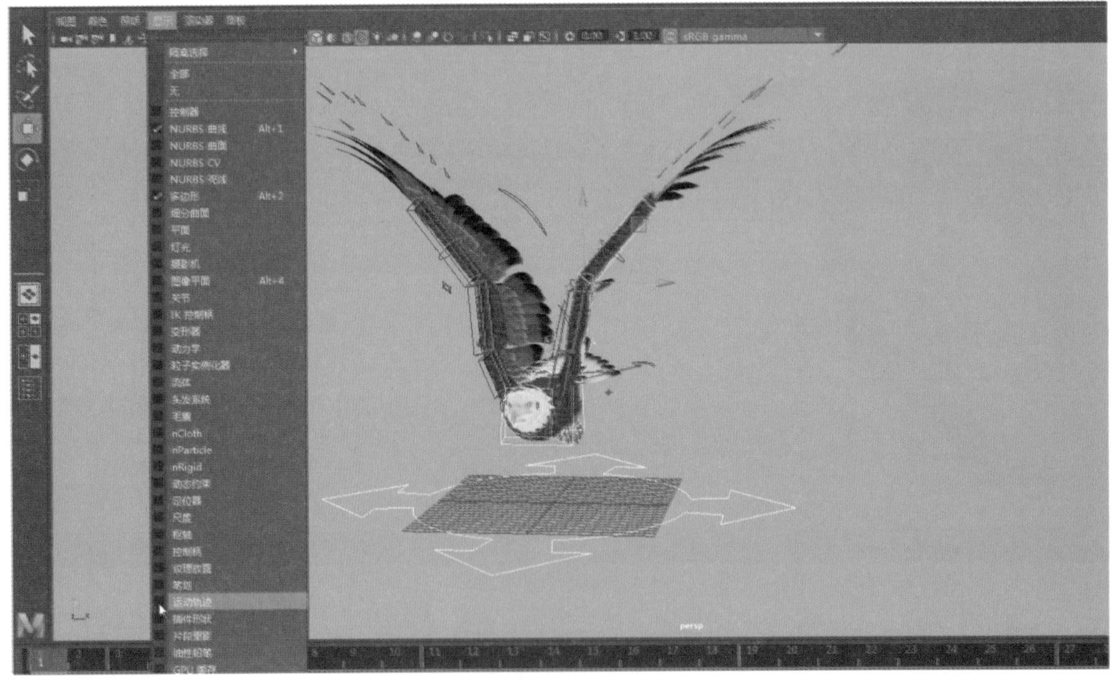

图7-36

Step05 选择右侧翅膀控制器，同理显示在视窗中显示的老鹰翅膀“8”字形曲线运动轨迹，如图7-37所示。

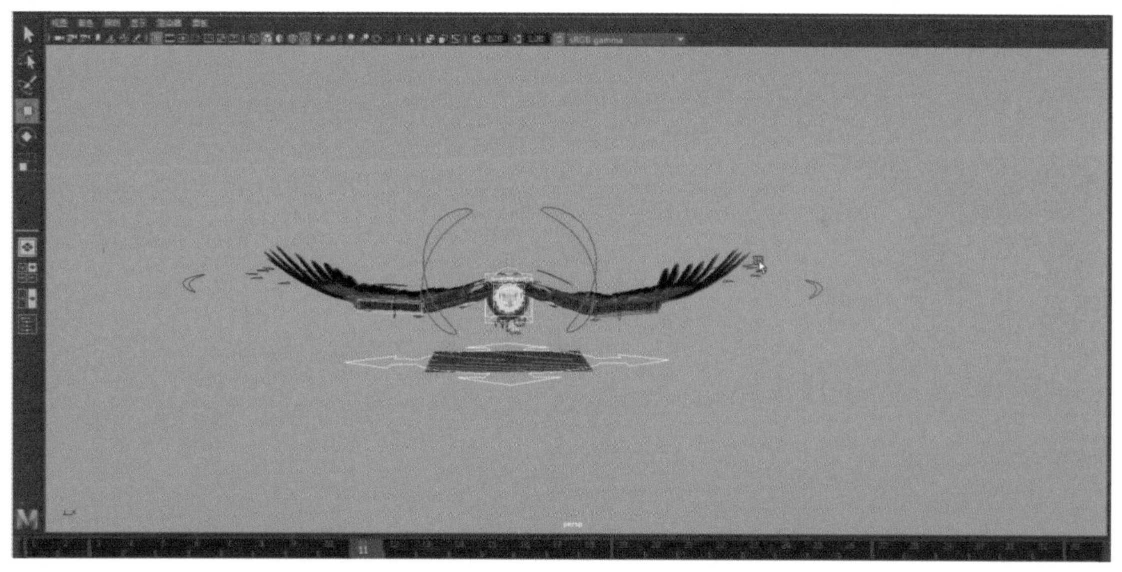

图7-37

本章小结

本章学习了鸟类飞翔的原理和飞禽类老鹰飞翔的运动规律，重点讲解了老鹰飞翔动画的制作，包括老鹰翅膀动画、老鹰身体动画、老鹰尾翼动画、老鹰动画细节调整，注意动画节奏的变化；检查动画曲线是否顺滑，动画曲线一定要自然流畅，不要出现僵硬、卡顿、穿帮等问题。

飞禽类飞翔动画制作是动画师必修的课程之一，应掌握老鹰飞翔循环动画的原理与制作方法，掌握老鹰飞翔时翅膀展翅与收翅的“8”字形曲线运动轨迹，掌握老鹰身体动画、尾翼动画以及爪子跟随动画的制作技巧。

7.4 习　题

（1）简述鸟类飞翔的原理。

（2）简述老鹰飞翔的运动规律。

（3）简述老鹰飞翔动画的制作思路与技巧。

（4）老鹰飞翔动画的制作练习。

第 8 章 动捕数据应用动画

1. 学习动作捕捉技术
2. 掌握角色快速绑定方法
3. 掌握动捕数据应用动画技巧

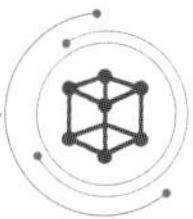

教学目标

- 定位角色骨骼
- 生成角色蒙皮
- 匹配动捕数据
- 烘焙动画数据

8.1 思维导图

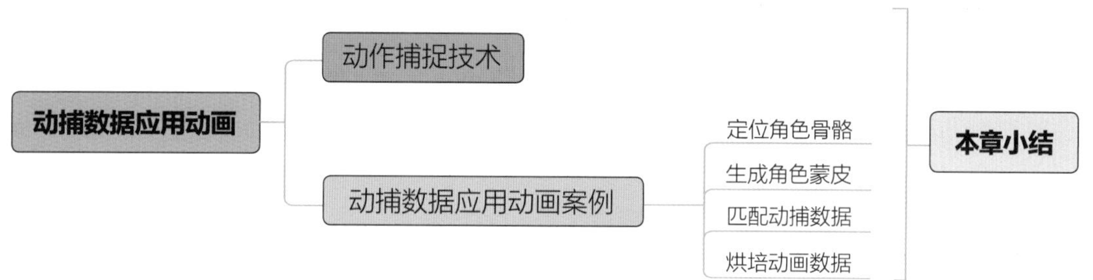

8.2 动作捕捉技术

视频讲解

随着科学技术的发展，数字技术进入动画制作领域，特别是动作捕捉（简称“动捕”）技术的出现，为动画设计提供了许多便利。所谓动作捕捉技术，原理就是在穿着动捕服真人演员的关键部位设置跟踪器，由Motion capture系统捕捉跟踪器位置，再经过计算机处理后得到三维空间坐标的动作数据，然后动画师再调试这些动作数据来应用到绑定好的动画角色上。一般来说，经验丰富的动画设计师一天能制作8秒动作就非常难得了，而如果应用动作捕捉技术制作动画，一天可以制作几十分钟的动画。相比于手Key动画制作，动画制作速度更快，效率更高。

詹姆斯·卡梅隆导演的电影《阿凡达》全程应用动作捕捉技术完成，实现动作捕捉技术在电影中的完美应用，具有里程碑式的意义。 其他运用动作捕捉技术拍摄的著名电影有《猩球崛起3》中的猩猩之王凯撒，由梦工厂制作的全息动作捕捉动画电影《驯龙高手2》，以及由二十世纪福克斯电影公司出品的科幻动作片《阿丽塔：战斗天使》，此影片由真人动作捕捉加实景拍摄再结合CG特效，画面细节甚至精细到阿丽塔毛孔里的汗毛，动用3万台计算机，历经4亿小时才打造而成，如图8-1所示。动捕技术发展详细介绍请扫码二维码参看微课视频。

图8-1

动画创作是一个团队工作，由于动画设计师之间的水平差异，导致同一部动画影片不同设计师制作的部分质量差别很大。动作捕捉技术将捕捉到的真人的表演数据运用到动作设计中，这样就能保证动画影片的动作与真人表演的动作基本一致。动作捕捉技术重点要求动画师为指定的三维角色模型设定相应的动作捕捉数据，并结合动画项目实际需要对其进行动作微调，这样就可以有效完成三维动画制作，大大降低了制作成本。动作捕捉技术目前还存在一定不足，使用光学系统进行动作捕捉的价格成本较高，需要准确捕捉表演者身上的光学标记点，一旦捕捉过程中动作数据出现问题，后期进行调整与修改的工作量就会相对较大。

除了在现有的三维动画制作、影视剧制作、游戏制作中可以应用动作捕捉技术外，随着动作捕捉技术的发展，未来动作捕捉技术还可以和虚拟现实、人工智能等技术相结合，达到新的技术高度，其应用范围与应用领域也将变得更加广阔。

案例实战

视频讲解

8.3 动捕数据应用动画案例

Step01 打开角色模型文件，选择AnimRig_War_T_POSE.ma文件并打开，如图8-2所示。

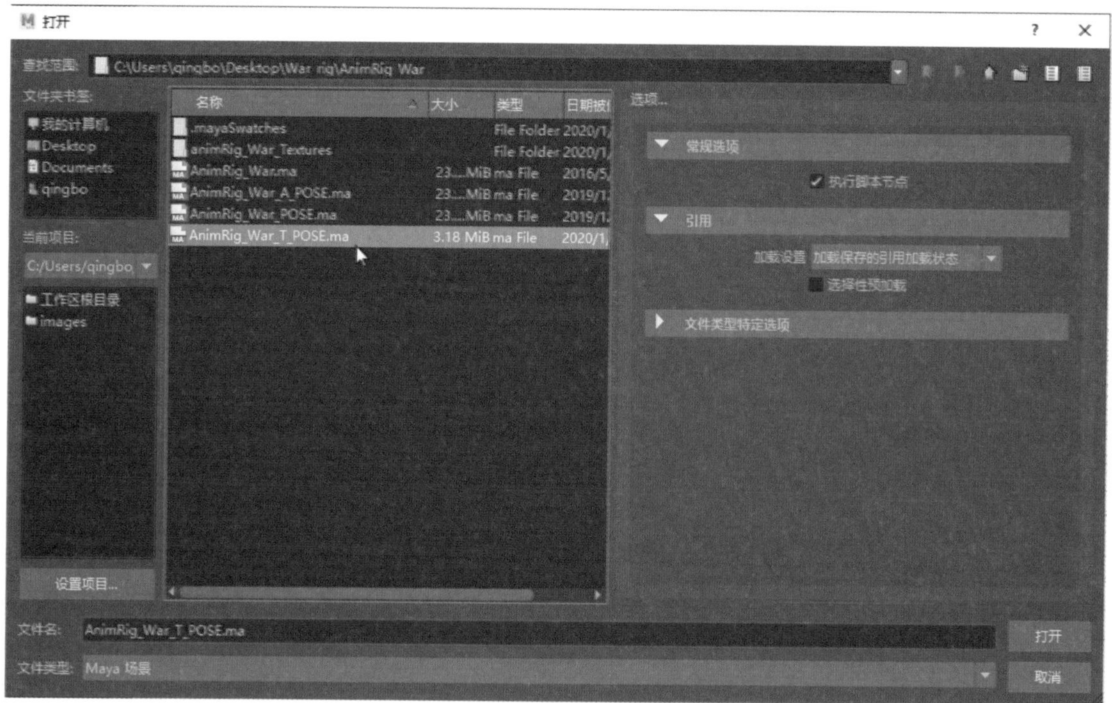

图8-2

Step02 切换到绑定模块，执行“骨架”菜单下的“快速绑定”命令，如图8-3所示。

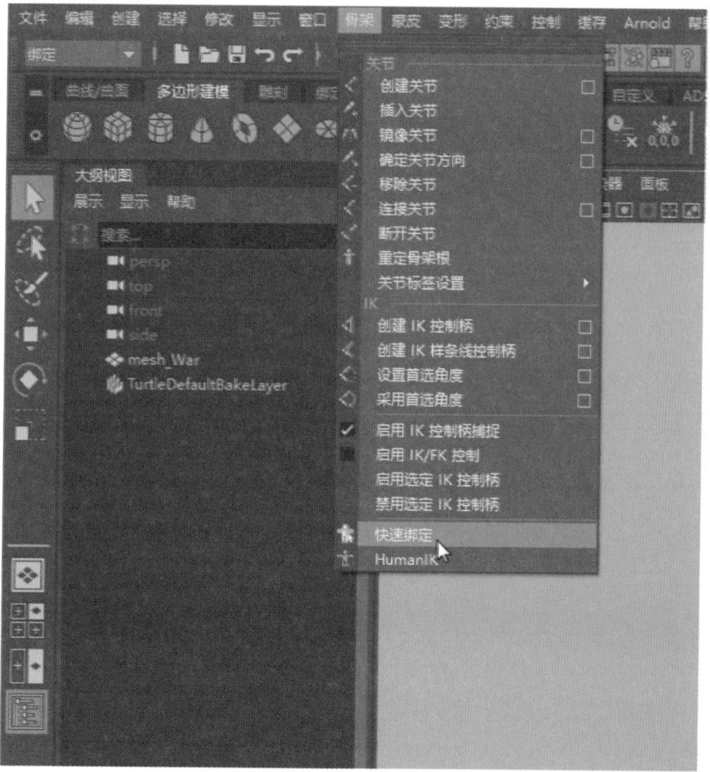

图8-3

Step03 单击“快速绑定”栏中的“创建新角色”，选择“分布”，在场景中选择模型，在快速绑定栏“1）几何体”下添加选定的网格mesh_Warshape，如图8-4所示。

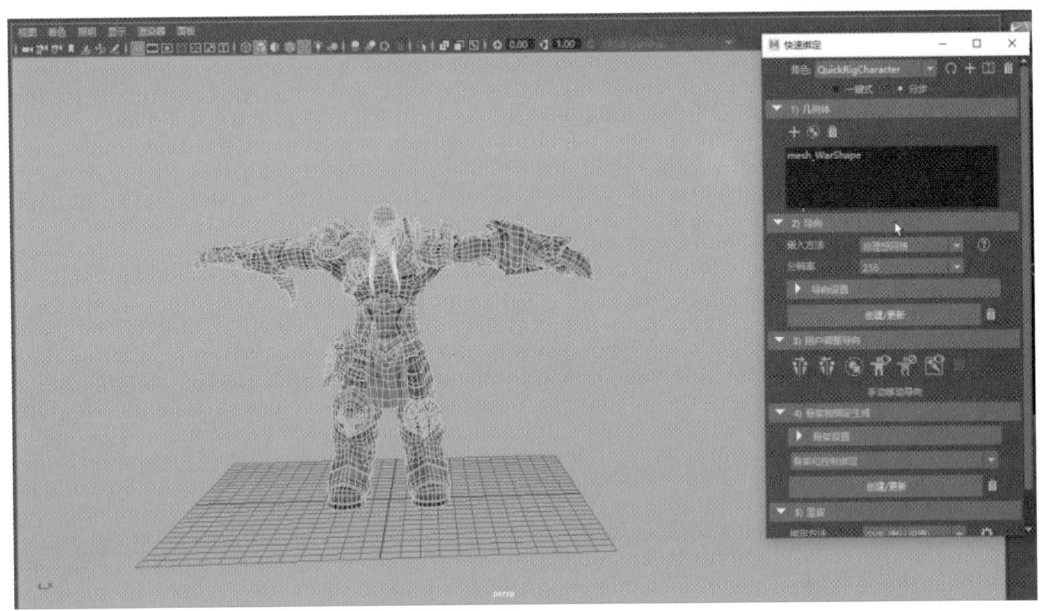

图8-4

Step04 在“2）导向”中单击“创建/更新”命令，此时Maya会在场景中自动创建一些关节点，如图8-5所示。

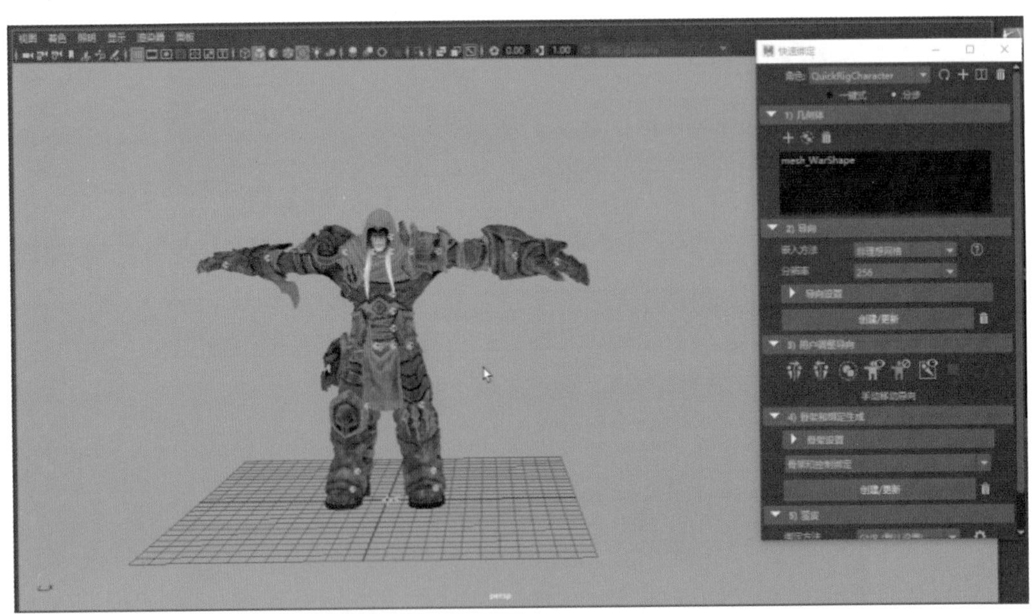

图8-5

Step05 调整角色关节点的位置。首先确立根关节位置和脊柱关节位置，然后再确立左侧的大腿关节、膝盖关节、脚踝关节、脚尖关节的位置。调整好左侧腿部关节的位置后，可以通过“3）用户调整导向”，单击“镜像关节”命令快速得到右侧关节，如图8-6所示。

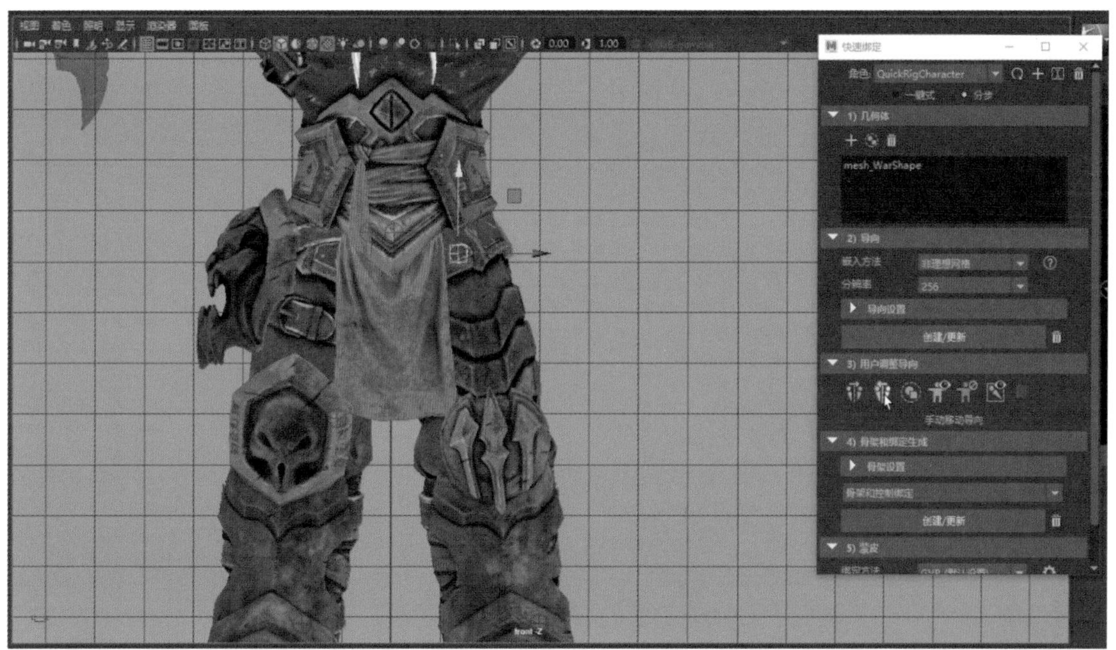

图8-6

Step06 切换到顶视图，打开“X射线显示”，确定肘部关节的位置，如图8-7所示。

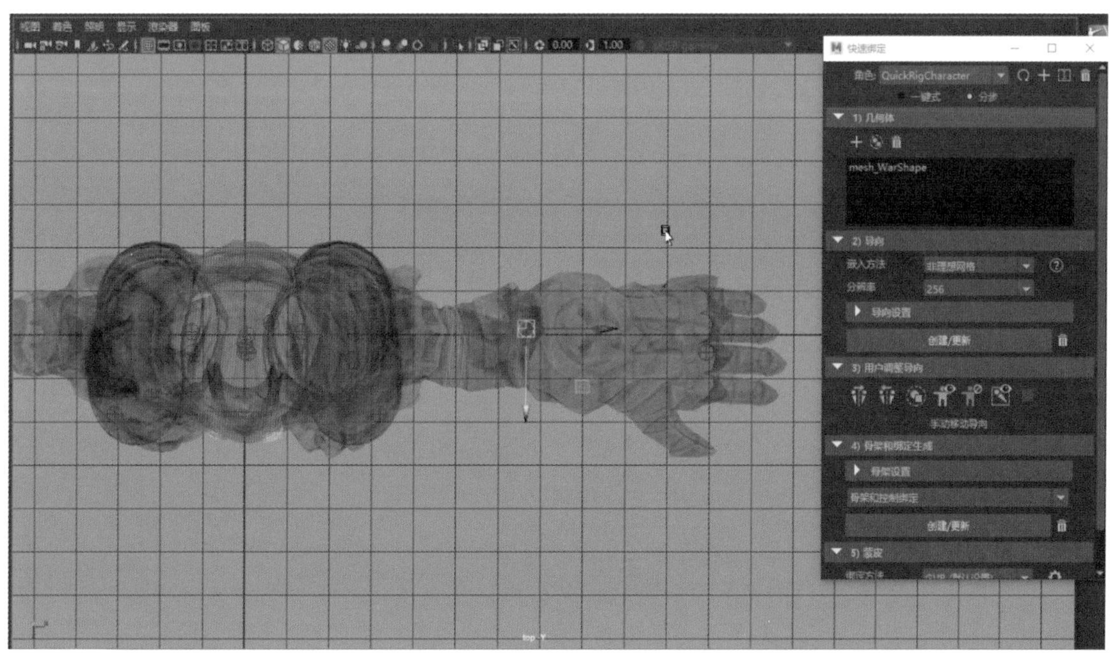

图8-7

Step07 确定手腕关节的位置。左侧骨骼定位确立后，单击“镜像关节”命令快速得到右侧关节，如图8-8所示。

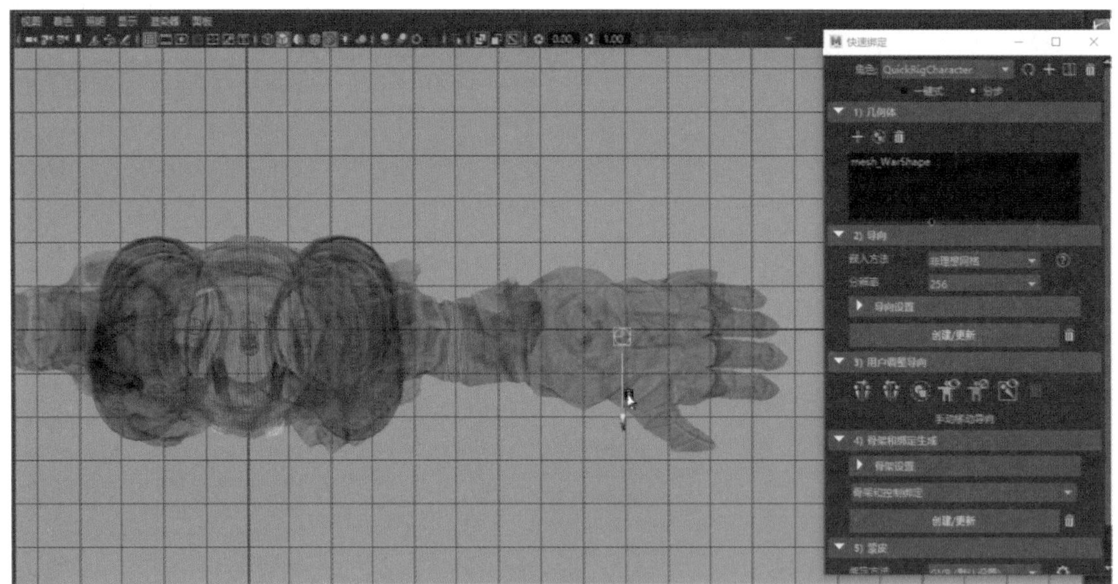

图8-8

Step08 在“骨架和绑定生成”栏下，单击“创建/更新”按钮，如图8-9所示。

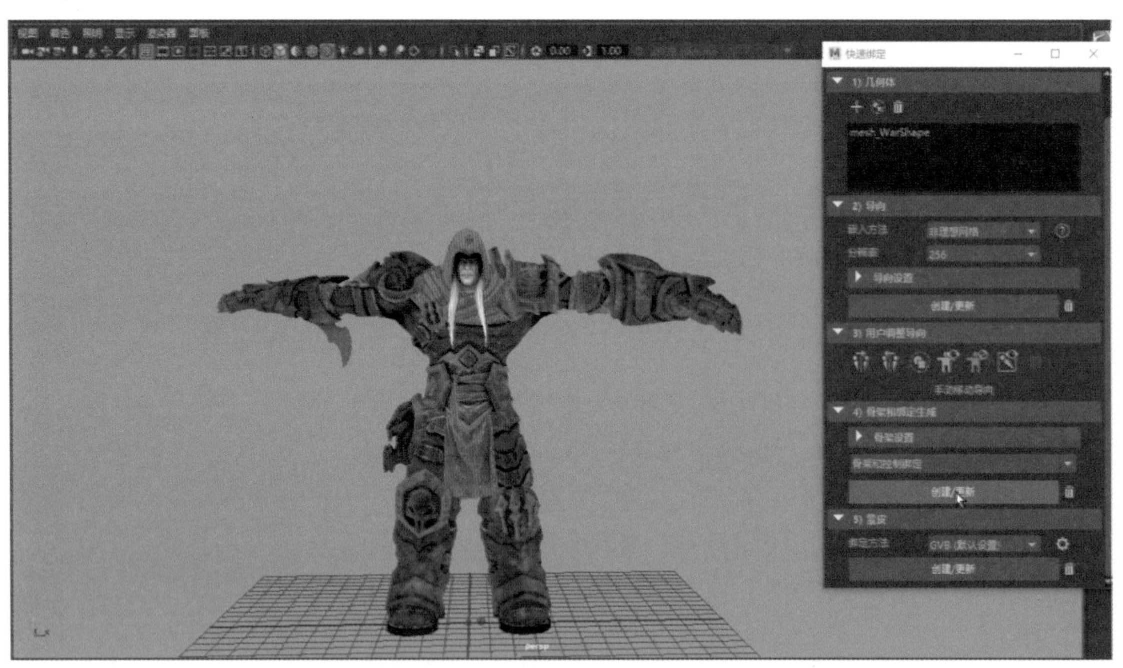

图8-9

Step09 此时Maya会自动运算生成一套骨骼绑定系统，测试一下骨骼系统，如果没有问题，可以在“蒙皮”栏下单击“创建/更新”按钮，进行蒙皮操作，如图8-10所示。

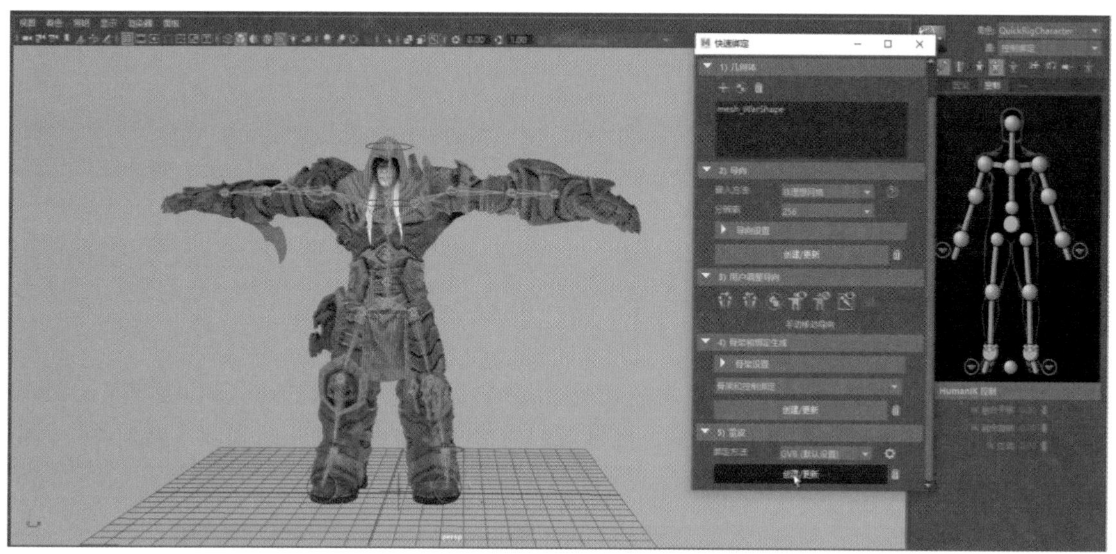

图8-10

Step10 导入动捕数据，选择“文件”菜单下的“导入”命令，选择walk1.ma文件，单击“导入”按钮，如图8-11所示。

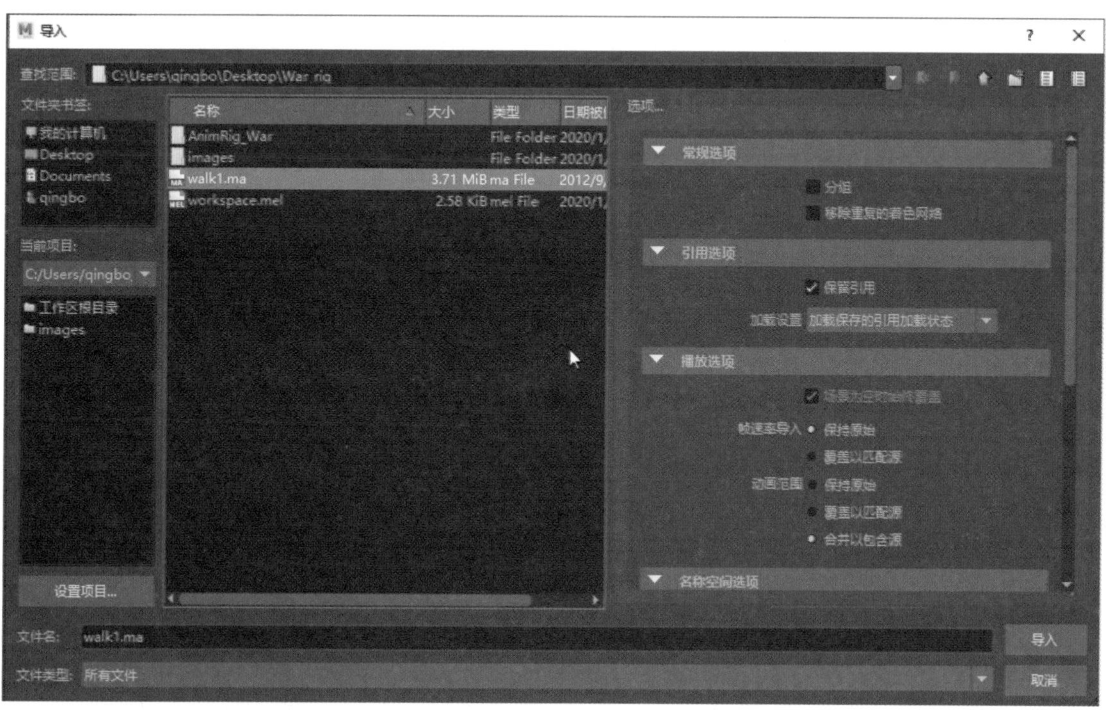

图8-11

技巧提示

动作捕捉数据的应用：打开Visor编辑器，打开“Mocap示例”选项卡，Maya软件自带一些动作捕捉系统捕捉的动画数据素材。用鼠标中键直接拖入场景进行释放或选择动画数据素材，右击选择“导入”即可。播放时间滑块，可以看到这是一段带有完整动作数据的骨骼模型。

当制作项目时，为提高动画制作效率，通常都是采用上面讲的动画传递技术利用动画资源库中的动作数据来制作动画片段。

Step11 在角色控制面板中，将角色设置为QuickRigCharacter，源设置为walk1：MocapExample，设置时间线为100帧，动画数据已传递给角色，单击时间线“动画播放”按钮，角色就可以进行行走动画，如图8-12所示。

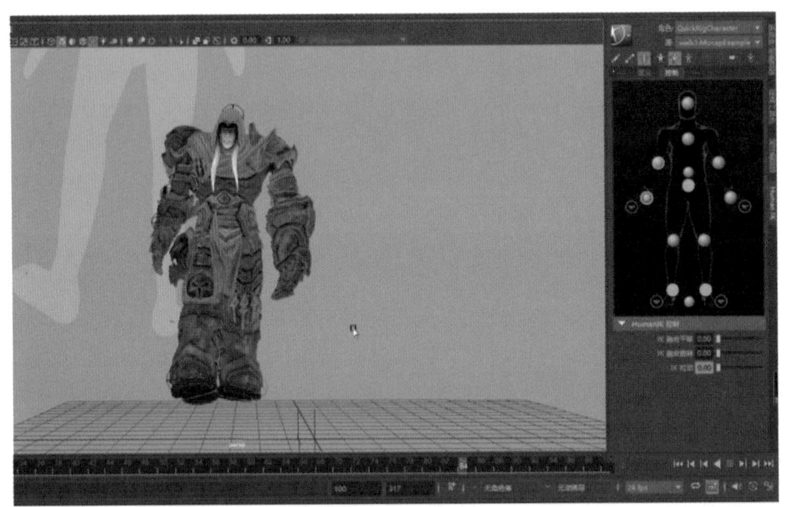

图8-12

Step12 通过右侧“角色控制面板”中的控制点，进行动画数据的调整，如图8-13所示。

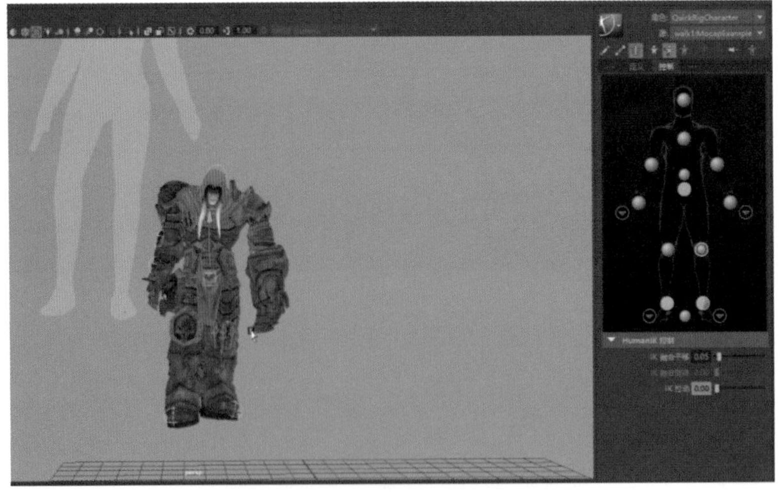

图8-13

Step13 为了保留角色的动画数据，选择角色的根关节，右击选择“选择层级”命令，此时会选中角色的所有关节，如图8-14所示。

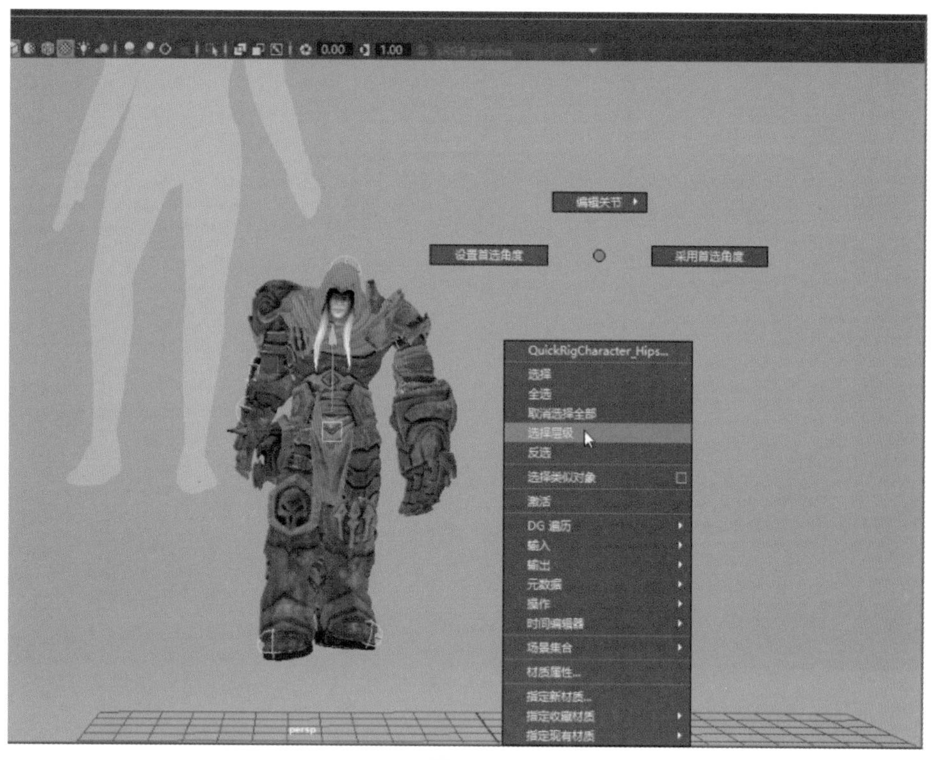

图8-14

Step14 将选中的角色所有关节执行“编辑”菜单“关键帧”下的“烘焙模拟”命令，如图8-15所示。

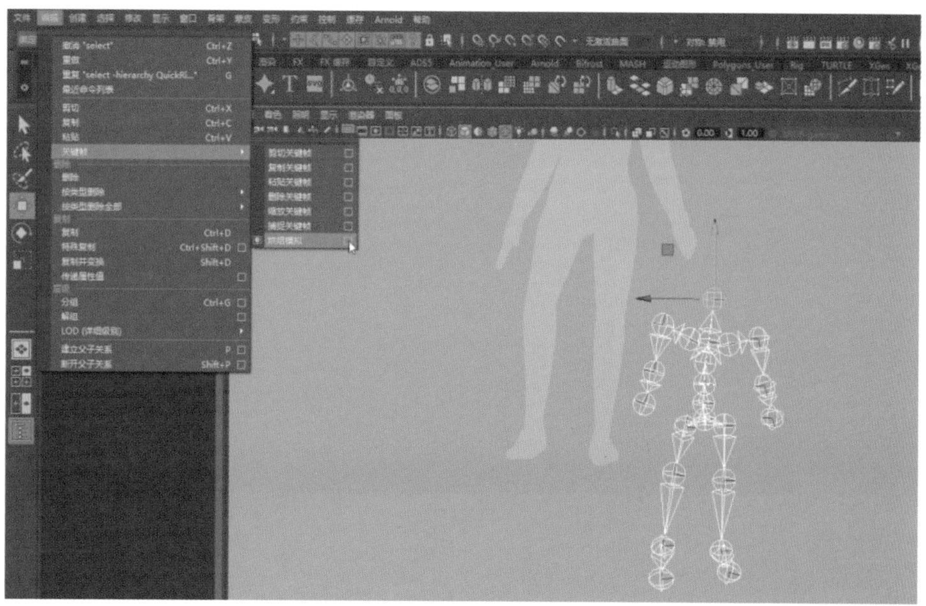

图8-15

Step15 此时所有的关节动画就会被烘焙到动画时间线上，变成逐帧关键帧动画，如图8-16所示。

图8-16

Step16 现在可以把大纲视图中的动捕数据删除，角色的行走动画就被保留下来，如图8-17所示。

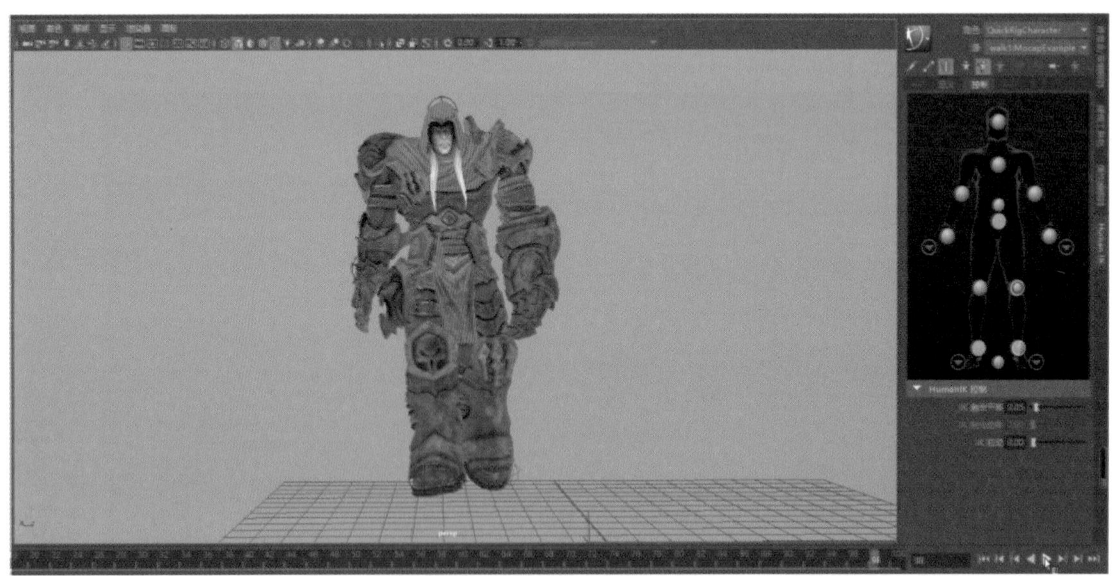

图8-17

本章小结

本章通过游戏角色行走动画案例制作，学习如何将动作捕捉数据应用到Maya软件中的绑定角色，主要学习Maya的快速绑定命令，应掌握Maya软件是如何应用动作捕捉数据的，以及把动画数据传递到Maya软件中的绑定角色。

动作捕捉技术是目前游戏、电影行业必不可少的动画制作技术，掌握扎实的动作捕捉技术是非常有必要的。配合动作捕捉设备，捕捉出非常稳定的动作数据，是动画师需要掌握的必备技术。

8.4 习 题

（1）简述动作捕捉技术与手Key动画的区别。

（2）简述动作捕捉技术的优势。

（3）简述动作捕捉技术的应用领域。

（4）角色快速绑定并应用动捕数据来制作动画片段。

参考文献

[1] 张爱华，李竞仪. 动画运动规律（升级版）[M]. 上海：上海人民美术出版社，2017.

[2] 克里斯・韦伯斯特. 动画师工作手册：动作分解[M]. 薛蕾，翟旭，译. 北京：人民邮电出版社，2017.

[3] 托尼・怀特. 动画师工作手册：动画影片制作[M]. 付娇，译. 北京：人民邮电出版社，2017.

[4] 托尼・怀特. 动画师工作手册：运动规律[M]. 栾恋，译. 北京：人民邮电出版社，2015.

[5] 基思・奥斯本. Maya卡通动画角色设计：掌握夸张的动画艺术[M]. 北京：中国青年出版社，2015.

[6] 汤姆・班克罗夫特. 动画角色设计：造型表情姿势动作表演[M]. 王俐，何锐，译. 北京：清华大学出版社，2014.

[7] 李靓，房晓溪，高元华. Maya动画[M]. 西安：西安交通大学出版社，2013.

[8] 哈罗德・威特克，等. 动画的时间掌握（修订版）[M]. 北京：中国电影出版社，2012.

[9] 威廉姆斯. 原动画基础教程：动画人的生存手册（经典版）[M]. 2版. 邓晓娥，译. 北京：中国青年出版社，2011.